Electrones, Neutrinos y Quarks

Director:
José Manuel Sánchez Ron

Electrones, Neutrinos y Quarks

La física de partículas ante el nuevo milenio

F. J. Ynduráin

CRÍTICA
Barcelona

Composición tipográfica realizada con $\mathrm{P_{H}ys^{Ma}T_{E}X}$

Diseño de la colección: JOAN BATALLÉ
Fotocomposición: EDIMAC

EDITORIAL CRÍTICA, S.L., Provença, 260, 08008 Barcelona
e-mail: editorial@ed-critica.es
http: //www.ed-critica.es
ISBN: 84-8432-258-0
Depósito legal: M-33.241-2001
Impreso en España
2001.- BROSMAC, S.L., Polígono Industrial 1,
Calle C, 31, 28932 Móstoles (Madrid)

Prólogo

El texto que sigue representa un intento de acercar al gran público uno de los logros más impresionantes del intelecto humano, el desvelar la estructura última de la materia a partir de la cual se puede, en principio, entender todo el cosmos. Este ha sido en buena parte un logro de la ciencia del siglo XX y podemos acotarlo en el tiempo entre el año 1897, en que se descubrió la primera partícula elemental (el electrón), y 1995, cuando se encontró el último quark, el llamado quark t. Entremedias ha habido prodigios de ingeniería, para construir los enormes aceleradores y detectores con los que se explora el universo del microcosmos, y prodigios de inventiva, para poder desentrañar el complejo rompecabezas de la existencia e interacciones de electrones, neutrinos y quarks. Esta es la historia que forma la base del presente texto, completada por la descripción de algunas especulaciones que intentan ir más allá y que serán, muy probablemente, la base de la física de partículas en el siglo que entra.

Este libro, como tantas veces ocurre, tiene su origen en artículos de divulgación y en series de conferencias pronunciadas por el autor, cuyo contenido forma lo que podríamos llamar la *columna vertebral* del mismo: quien haya sido lector u oyente de aquellos encontrará sin duda ecos de los mismos en el presente texto. Es un placer el reconocer la deuda contraída con las entidades patrocinadoras de tales conferencias y artículos: la Sociedad Estatal España Nuevo Milenio, la Universidad Internacional Menéndez y Pelayo, la Residencia de Estudiantes, la Academia de Ciencias, el Instituto de España, la Revista de Física, etc. Pero estas conferencias y artículos tal vez no hubieran sido suficientes sin el empujón final que dio José Manuel Sánchez Ron: a quien también debo buena parte de lo que sé acerca de cómo escribir un libro en el que, como este, la parte histórica, aun subordinada a las cuestiones científicas, constituye un componente esencial; además de una utilísima lectura crítica del texto. Por este último motivo estoy también muy agradecido a M. Elices, a quien debo más de una importante sugerencia.

Quiero además dar las gracias a los colegas que me han proporcionado material gráfico y/o algunas de las anécdotas que (espero) forman la salsa de este volumen: Barreiro, J. García-Bellido, Jarlskog, Labarga, Perkins, del Peso, Sánchez Ron, Veltman.

Madrid, abril 2001

Contenido

CAPÍTULO 1.

Introducción

"Por convenio dulce y por convenio amargo, por convenio caliente y por convenio frío; por convenio los colores. En realidad, sólo átomos y el vacío."
DEMÓCRITO DE ABDERA,
hacia 420 a. de C.

§1.1. Moléculas, átomos y partículas elementales

Si comenzamos a dividir una substancia, digamos un grano de sal, en trozos cada vez más finos, llega un momento que no podemos seguir adelante sin cambiar las propiedades del material: esto ocurre cuando en la subdivisión del grano de sal hemos llegado al nivel *molecular*. A pesar de su apariencia sólida, la sal (o cualquier otro compuesto) está formado de pequeños *corpúsculos*, las moléculas. Éstas tienen todas las propiedades del material original; si tuviésemos el sentido del gusto infinitamente desarrollado, comprobaríamos que una molécula de sal sabe salada. De hecho, las antenas de los insectos son sensibles a unas pocas moléculas.

La sal tiene como símbolo químico $ClNa$; esto se debe a que, si rompemos la molécula de sal, encontramos que está hecha de un átomo de cloro (símbolo químico Cl) y otro de sodio (Na). Similarmente, la molécula de agua está formada por un átomo de oxígeno y dos de hidrógeno (H_2O), algo que puede comprobarse utilizando sencillas reacciones químicas.

Podemos intentar seguir con el proceso de exploración de pequeñas estructuras, y ver si los átomos están formados por entidades más elementales. Si lo hacemos encontraremos que, en efecto, todos los átomos, de hecho toda la materia que conocemos, pueden explicarse en términos de tres tipos de partículas elementales: electrones, neutrinos y quarks, los que a su vez (al menos con las energías de que disponemos) no pueden descomponerse en otras más fundamentales.

Esta estructura granular de la materia puede parecernos hoy obvia; pero no es en absoluto algo evidente por sí mismo. En uno de sus textos didácticos[1] se plantea Feynman la cuestión siguiente. Supongamos que, por un cataclismo natural o provocado fuese a desaparecer la civilización, y tuviéramos tiempo de

[1] En las conferencias dadas en CalTech para estudiantes universitarios en 1962, publicadas en el libro *Six Easy Pieces*.

enviar a nuestros sucesores sólo *un* mensaje científico. ¿Cuál sería este? ¿Qué mensaje podría dar a los investigadores del futuro más información?

A esta pregunta pueden dársele muchas contestaciones. Puede pensarse que las leyes del movimiento de Galileo y Newton fueron en buena medida la base de la ciencia física y por tanto serían buenos candidatos; y más de un pedante seguro que citaría la teoría de la relatividad.

Pero Feynman no era ningún pedante, sino un gran físico y, como tal, consciente de que esta ciencia es una ciencia experimental. Por ello, la información que sugirió como más merecedora de ser trasmitida es la de que la materia está hecha de átomos. Han sido necesarios varios siglos de intensa actividad experimental y de brillantes intuiciones teóricas para establecer este hecho. Tal vez exagerando un poco (pero no mucho) podemos en efecto decir que la más importante de todas las conclusiones que se han obtenido en los últimos siglos de estudio de la estructura de la materia es que ésta está compuesta por moléculas y átomos; y éstos por partículas elementales y que, al menos en principio, todas sus propiedades se pueden explicar en términos de las interacciones entre tales entidades básicas.

La opinión de Feynman es compartida por muchos físicos. Como veremos, en el pasado Einstein dedicó bastantes esfuerzos a establecer la hipótesis atómica; y, más recientemente, Veltman (por ejemplo, en su librito *Partículas muy elementales*) manifestaba que *"Conocerlo todo sobre la física de partículas elementales significa conocerlo todo sobre todo"*: aunque también admite que pensar esto es, quizás, demasiado optimista.

La palabra *átomo* viene del griego, y quiere decir indivisible. Los objetos que hoy conocemos como átomos no son realmente indivisibles, sino que están formados por electrones (éstos sí indivisibles) y un núcleo, compuesto a su vez por protones y neutrones que son estados ligados de quarks: también estos últimos parecen ser indivisibles. Con los neutrinos forman los electrones y los quarks los ladrillos con los que está construido todo el universo que nos rodea; desde el ordenador con el que se ha escrito este texto, o el autor que lo escribió, hasta la más alejada de las galaxias que hemos detectado.

Nosotros vamos en este ensayo a presentar una descripción de electrones, neutrinos y quarks, y de sus interacciones; así como una breve historia de cómo se descubrieron, y cómo se descifraron sus propiedades. Sin olvidar (como hemos dicho, la física es una ciencia experimental) una descripción de los aparatos utilizados en la investigación del microcosmos: aparatos que son los más gigantescos y los más precisos que el ser humano haya construido. Para concluir con una discusión de los éxitos (realmente impresionantes) y dificultades de las actuales teorías de partículas elementales, teorías conocidas colectivamente como *modelo estándar*, y con un vistazo a las especulaciones que intentan ir más allá de este modelo.

La ciencia que estudia el mundo microscópico, y cómo éste puede entenderse en términos de unas cuantas entidades indivisibles (indivisibles a un cierto nivel) se conoce como *física de partículas elementales*, o *física de altas energías* pues, como veremos, son necesarias energías realmente colosales para explorar el mundo subatómico.

Es difícil determinar con precisión cuándo comienza históricamente la física de altas energías. Si definimos dicha ciencia como el estudio de los constituyentes últimos de la materia, resulta que la consideración de *elemental* de muchas partículas ha dependido, en buen número de casos, de la energía disponible para explorarlas. A principios del siglo XX parecía que los núcleos atómicos fuesen elementales y la física de altas energías se hubiese podido identificar con la atómica y nuclear, por ejemplo con la física de Rutherford. Sin embargo, en 1932 se produjo el descubrimiento del neutrón y, en consecuencia, se reconoció que los núcleos están formados por protones y neutrones. El estudio de estos, junto con los electrones (además de otras partículas mas exóticas) constituyó la física de altas energías de los años treinta a los sesenta.

A finales de los años cincuenta y a lo largo de los sesenta se construyeron en EE UU, la URSS y Europa Occidental aceleradores de partículas que permitieron utilizar energías de decenas (en la actualidad, centenares e incluso miles) de millardos de electrón-voltios, con lo que se pudieron explorar distancias inferiores a los 10^{-17} centímetros. Debido a esto, de 1964 a 1974 quedó claro que neutrones y protones están hechos de quarks. En esta época es cuando la física de altas energías queda definitivamente diferenciada de la atómica y de la nuclear, pudiéndosela definir como el estudio de las interacciones y propiedades de quarks, electrones (a los que se sigue considerando elementales) y neutrinos.

§1.2. Metodología

Digamos ahora unas palabras respecto al método utilizado para la presentación de nuestro tema en este ensayo, que puede describirse con el término musical de *ritornello*. Cuando en una pieza musical se esboza por primera vez una melodía, el oyente que no está familiarizado con la misma pocas veces la aprecia. Pero el tema de la melodía vuelve, quizá ejecutado por otros instrumentos, hasta que quien lo escucha queda impregnado de ella.

Este método es particularmente aplicable a un texto como este. En efecto, es claro que conceptos (algunos bastante esotéricos) que no son familiares sólo pueden asimilarse si se discuten desde distintos puntos de vista. Pero, además, ¿cómo puede hablarse de neutrinos sin saber nada de interacciones débiles?

¿Cómo discutir estas interacciones sin referirse a las partículas que las experimentan, en especial a los neutrinos? Sólo el *ritornello* nos libra de este círculo vicioso.

Son estas las razones por las que se ha recurrido al *ritornello*, aun siendo consciente del riesgo de monotonía repetitiva que esto conlleva. Así, ofrecemos en los primeros capítulos un esbozo de los temas que se van a tratar (partículas e interacciones), cuyas sutilezas ciertamente no se apreciarán en la primera exposición; para volver a ellos una y otra vez, aportando más y más detalles y de una forma progresivamente más individualizada.[2] Aunque evidentemente sólo un profesional (y ni siquiera todos ellos en todos los temas) puede esperar una comprensión profunda de cuestiones que requieren largos y duros años de estudios, espero que, al menos, este libro pueda ofrecer lo que podríamos llamar el *aroma* de la investigación en física de partículas.

Por esta última razón no he dudado (muy al contrario) en adoptar un punto de vista un tanto subjetivo cuando las investigaciones que se describen son alguna de aquellas que he tenido la suerte de seguir de cerca e incluso, en algunos pocos casos, en las que he podido participar activamente. Y así, por ejemplo, la historia del descubrimiento de las llamadas "corrientes neutras" se cuenta desde un punto de vista europeo, con énfasis en particular en las experiencias del grupo de "Gargamelle". Igualmente podría haberse contado desde el punto de vista de los científicos que, en Estados Unidos, realizaron experimentos similares. Pero de hacerlo así se hubiera perdido ese algo especial que proporciona el conocimiento de primera mano. De la misma manera, he dedicado bastante espacio, excesivo en vista del negativo resultado final, a algunas de las peripecias sobre la detección de monojets y (aparentemente) también de los llamados "compañeros supersimétricos": no sólo porque la historia de la ciencia se escribe casi tanto en los fracasos como en los éxitos, sino por haber participado personalmente.

Pero debe quedar bien claro que yo no soy un historiador, sino un físico, y éste no es un libro de historia, sino de divulgación en *física*. Los protagonistas de este texto son las partículas elementales, y sus interacciones; eso sí, no sólo desde el punto de vista meramente descriptivo, sino concediendo importancia a la aventura de la adquisición de nuestros conocimientos al respecto.

Un problema relacionado con alguna de las cuestiones anteriores, y que constituye el Escila y Caribdis de la divulgación científica, es el del *nivel* al que se deben tratar los distintos temas. La naturaleza, al menos la naturaleza física, es un libro que está escrito en lenguaje matemático, como ya observó

[2] El glosario que completa este texto puede servir de *coda* (por seguir con terminología musical) o recordatorio, así como para labores de referencia.

¡Pues esta es la versión para el gran público!

Galileo. (Más propiamente podríamos decir que el lenguaje matemático es el más adecuado para describirla). Pero por otra parte, y como comenta Hawking en su libro *Historia del tiempo*, cada ecuación que se escribe en un libro de divulgación hace retirarse a un buen número de lectores. No es fácil navegar entre el Escila del exceso de formalismo matemático y el Caribdis de la imprecisión (cuando no las falacias) que resultan inevitablemente de prescindir de él.

En este texto se ha escogido una solución mixta, aun a riesgo de chocar *tanto* con Escila como con Caribdis, que consiste en hacer depender el nivel matemático de cada capítulo, e incluso de cada sección, de su contenido. Y así como el desarrollo repetitivo lo he comparado con la técnica del *ritornello*, la elección del nivel con que se trata cada cuestión puede describirse como asemejando una montaña rusa. De manera que igual que habrá partes de este texto (ojalá que la gran mayoría) cuyos contenidos serán tratados a un nivel terrestre, accesible a casi cualquier lector con conocimientos científicos medios e interés en la física, no tengo duda de que otras, a nivel más estratosférico, requerirán el recurso al sencillo método de patinar sobre las fórmulas y conceptos más peliagudos.

Probablemente se podrían haber evitado, o simplificado, los capítulos y secciones más duros; pero creo que es preferible perder algunos lectores (espero que tan sólo temporalmente) con tal de presentar en algún detalle, y con un mínimo rigor, unas cuestiones que sin duda constituyen uno de los más grandes logros del intelecto humano.

§1.3. Tamaños y energías. Unidades

Las unidades de energía (y de longitud, masa y tantas otras) usuales en el mundo macroscópico no son muy útiles en el microcosmos, cuyos habitantes son partículas y objetos de tamaño atómico y subatómico: se hace necesario introducir unidades más apropiadas. Así, la unidad de energía electrón-voltio y sus múltiplos mega-electronvoltio, abreviado a MeV, un millon de electrón-voltios; y giga-electronvoltio (GeV), mil millones de electrón-voltios, son muy convenientes en física del microcosmos. Un electrón-voltio es la energía que adquiere un electrón en un potencial eléctrico de un voltio. Si esta cantidad parece pequeña es porque en una corriente eléctrica (por ejemplo) de un voltio sólo unas pocas partículas se mueven (una pequeña fracción de los electrones del conductor). Si proporcionáramos a cada partícula de un cuerpo una energía de un electrón-voltio, la temperatura del cuerpo subiría a diez mil grados.

No es este el lugar de presentar una discusión detallada de por qué hacen falta grandes energías para poder penetrar pequeñas distancias. Desde el punto de vista cotidiano, es sabido que los rayos X, más energéticos que la luz ordinaria, son más penetrantes; y el microscopio electrónico resuelve distancias aún menores. Esto es una consecuencia de la mecánica cuántica, más concretamente de la relacion de de Broglie y del principio de incertidumbre de Heisenberg, algo que el lector interesado puede encontrar discutido con un cierto detalle más adelante, y en algunas de las referencias citadas en la bibliografía. Podemos decir que, si medimos la energía en electrón-voltios, para penetrar a distancias de una millonésima de milímetro necesitamos energías de unos diez mil electron-voltios; y esta energía aumenta en proporción para explorar distancias más pequeñas.

Pero, a pesar de utilizar unidades *ad hoc*, el progreso en física de altas energías es tal que se hace necesario inventar aún más unidades nuevas, o utilizar notación científica. Como ejemplos de lo primero diremos que la energía de los aceleradores de partículas comienza a medirse en TeV (*tera*-electronvoltios, igual a mil GeV o un billón de electronvoltios[3]). El angstrom (símbolo Å), una diez millonésima de milímetro, es una unidad comunmente usada en física atómica y molecular; en física nuclear y subnuclear, es más práctico el *fermi*, también llamado *femtometro*, de longitud una cienmilésima de angstrom; y

[3] En este libro utilizaremos *billones* españoles, es decir, un billón será un millón de millones. Como es sabido, un billón U.S.A. son *mil* millones. La palabra *millardo* la reservaremos para mil millones: por tanto, 1 millardo = 1 billón americano.

para las áreas se usa el *barn*, una billonésima de billonésima de centímetro cuadrado: el microcosmos es realmente *micro*.

Con respecto a la notación científica, muy cómoda porque evita escribir muchos ceros y pronunciar nombres trabalenguas, recordamos al lector que consiste en extraer potencias de 10. Por ejemplo, podemos decir que la circunferencia de la tierra es de 40 000 kilómetros, o escribir este número como 4×10^4. Podemos hablar del número de segundos en un año como de, aproximadamente, treinta y un millones, o, con más exactitud, de $3,14 \times 10^7$. También, por supuesto, sirve la notación científica para *pequeños* números. Así, el radio medio del átomo de hidrógeno es de 7,5 cienmillonésimas de milímetro, o de $7,5 \times 10^{-8}$ mm.

En este libro intentaremos evitar en la medida de lo posible notación científica y unidades más o menos exóticas; pero, sin recurrir a la primera es difícil expresar el número de átomos en un gramo de hidrógeno (el *número de Avogadro*, 6×10^{23}) o la energía de Planck, 10^{19} GeV; y tampoco podremos prescindir por completo de unidades poco familiares. Que, por supuesto, explicaremos en el lugar oportuno.

CAPÍTULO 2.

Los orígenes de la investigación en lo infinitamente pequeño

§2.1. Hace cien años

No cabe duda de que los fines de siglo, tal como el que acabamos de vivir, incitan a hacer un balance; entre otras cosas, del estado de los conocimientos científicos. Es conveniente, antes de lanzarnos a una descripción de estos conocimientos, y de cómo los hemos logrado, echar un vistazo a la situación de la física básica a finales del siglo XIX; entre otras cosas, porque esta situación tiene interesantes similitudes y diferencias con la que observamos en el tránsito del siglo XX al XXI.

Como es sabido, la evaluación de la situación científica (y no sólo científica) a finales del siglo XIX era extraordinariamente positiva; hasta tal punto de que es corriente hablar del "optimismo decimonónico". Después de los avances en las teorías de la mecánica y de la gravitación, que habían llevado a éxitos tales como la predicción de la existencia y posterior localización del planeta Urano; y los de la teoría cinética del calor, que habían permitido reducir los fenómenos térmicos a mecánica, llegaron los de la comprensión del electromagnetismo.

Esto último implicaba un profundo conocimiento, a nivel macroscópico, de las fuerzas eléctricas y magnéticas y condujo a invenciones tales como el teléfono, el telégrafo y la radio, así como las dinamos o la luz eléctrica. Invenciones que penetraron en todos los ámbitos de la sociedad, cambiándola profundamente. Es difícil imaginar hoy en dia, cuando es trivial comunicarse inmediatamente con casi cualquier lugar de la tierra, e incluso fuera de ella, el mundo de la primera mitad del siglo XIX, antes de la introducción del telégrafo, cuando la máxima velocidad de los mensajes era la que podía desarrollar el mensajero. El optimismo decimonónico parecía justificado; y la solidez de la ciencia basada en las ecuaciones de la mecánica de Newton y Galileo, la teoría cinética del calor y las ecuaciones del electromagnetismo de Maxwell era tal que se conoce a la correspondiente física con el bien merecido nombre de "física clásica". La conjunción de las teorías clásicas parecían ser capaces de explicar todas las fuerzas que actúan en el cosmos.

En cuanto a la composición de éste, y por fijarnos en los conocimientos acerca de su estructura (en particular de la descripción en términos de átomos) mencionaremos que, ya desde el principio del siglo XIX (Dalton, 1808), se había propuesto la hipótesis atómica para explicar las propiedades químicas de las substancias conocidas. A finales del siglo, J. J. Thomson (1897) descubrió uno de los constituyentes fundamentales de los átomos, el electrón. Formulada por primera vez en 1869, la tabla periódica de Mendeleyev (ver ilustración en páginas centrales) ofrecía un válido esquema clasificatorio que permitía entender toda la materia en términos de los átomos (gránulos elementales) de unas ciertas sustancias, aunque el número de estas fuese algo elevado, casi cien, y de sus enlaces químicos. Todos estos descubrimientos, por supuesto, contribuyeron a incrementar el optimismo.

Pero también hubiera podido este excesivo optimismo de finales del siglo XIX ser mitigado si se hubiese prestado atención a una serie de cuestiones, de fenómenos, conocidos antes de 1900, y que no sólo eran inexplicables, sino que claramente contradecían a la física clásica. Mencionaré cuatro de los más importantes; al final de este libro el lector hallará listas similares referidas a los problemas de la física básica al final del siglo XX, con la que invitamos a comparar la que sigue a continuación.

La radiación a bajas temperaturas. Aunque parecía un fenómeno menor, lo cierto es que estuvo en el origen de la mayor revolución que se ha producido en la ciencia física desde los tiempos de Galileo, la mecánica cuántica. El efecto es sencillo: la cantidad de energía radiada por un cuerpo que se calienta está de acuerdo con lo que las leyes de la radiación electromagnética y la termodinámica implicaban a altas temperaturas; pero a bajas temperaturas (para valor fijo de la frecuencia) los resultados experimentales discrepaban radicalmente de las predicciones teóricas. En 1900, Max Planck sugirió que esto podía ser debido a que la radiación electromagnética no se emite de forma continua, sino bajo la forma de paquetes discretos de energía, los *quanta* de la radiación: en total contradicción con lo que uno espera del electromagnetismo o la mecánica clásicos, pero en acuerdo con los experimentos.

La radiactividad natural, descubierta en 1896 por Henri Becquerel, presentaba el inexplicable fenómeno de sustancias (el uranio o el radio, por ejemplo) que emiten continuamente energía de forma aparentemente inagotable, y en paquetes discretos: algo que estaba en total contradicción con las ideas clásicas. La explicación del fenómeno tardó siete años en *comenzar* a llegar, cuando en 1905 Einstein identificó masa y energía, completándose (unos treinta años después) al comprobarse que la energía producida por las sustancias radiactivas se hacía a expensas de pérdida de masa y, además, al asociar la emisión en paquetes a la teoría de los *quanta*.

Contradicción entre la mecánica de Newton y las ecuaciones de Maxwell. Los problemas anteriores son ejemplos de evidencias experimentales de hechos inexplicables con la mecánica clásica; pero había, desde el último tercio del siglo

XIX, un importante problema de consistencia interna. En efecto, la teoría del electromagnetismo de Maxwell implicaba que la velocidad de la luz es una propiedad del vacío, y por tanto constante independientemente del sistema de referencia desde el que la luz se emite. Mientras que se sabía, ya desde Galileo, que las velocidades deben sumarse. De manera que, si desde una fuente en movimiento con velocidad v se emite luz, su velocidad debería ser $v + c$, siendo c la velocidad de la luz emitida por una fuente en reposo.

Antes de finales de siglo la solución a esta paradoja consistía en suponer la existencia de una substancia, el éter, en reposo absoluto, que permeaba todo el universo, y en el que se propagaban las ondas electromagnéticas, en particular la luz (el "eter luminífero"). Este éter debería tener propiedades peculiares; para poder soportar las vibraciones del campo electromagnético debía ser más rígido que el acero, pero tenía que ser infinitamente sutil para que su presencia no perturbase los movimientos de los planetas y otros cuerpos celestes. (Al final de este ensayo veremos una moderna reencarnación del éter, el llamado "campo de Higgs", que también presenta características sorprendentes).

A partir de 1881 Albert Michelson, primero sólo y luego en colaboración con Edward Morley, realizó una serie de experimentos con señales luminosas diseñados para medir la velocidad de la tierra con respecto al éter. Los resultados fueron negativos: aparentemente, la ley de composición de velocidades de Galileo, dada más arriba, era inválida para la luz, lo que implicaba la necesidad de modificaciones drásticas de la hasta entonces sacrosanta mecánica clásica. Primero FitzGerald y luego Lorentz y Poincaré comenzaron la formulación de una nueva mécánica, culminada por Albert Einstein en la teoría de la relatividad, la segunda gran revolución del siglo.

Contradicción entre la edad de la tierra y la del sol. A principios del siglo XIX comenzó a desarrollarse la ciencia de la geología, pudiendo tomarse como establecidos sus fundamentos entre 1830 y 1833, cuando el británico Charles Lyell publicó los tres volúmenes de sus *Principles of Geology*. En particular, se realizaron estudios de los tiempos que tardan en formarse ciertas rocas y en rellenarse los sedimentos.

La sorprendente conclusión a la que llegaron los geólogos era que la tierra tiene que ser enormemente vieja para poderse haber formado las estructuras de rocas y sedimentos observados. Desde luego mucho más vieja que los 6 000 años de la tradición bíblica: como veremos, muchísimo más. Digamos de pasada que este hallazgo decimonónico ya había sido anticipado por los griegos; concretamente por Herodoto. Efectivamente, el propio Herodoto observó, durante su estancia en el Egipto medio, la presencia en sus montes de conchas y caparazones de moluscos, de lo que deduce que debió estar en la antigüedad cubierto por el mar, para luego rellenarse con sedimentos: "que dentro del término de veinte mil años a lo menos, no quedase cegado el golfo" (Herodoto, *Historias*). Pero Herodoto fue muy conservador: de las detalladas observaciones geológicas llevadas a cabo en el siglo pasado se deducía que la edad de la tierra debía ser de miles de millones de años.

No sólo era la tradición bíblica la que estaba en contradicción con los hallazgos de la ciencia de la geología. El problema que ésta planteaba es que la edad del sol, deducida con los conocimientos de la época, resultaba ser miles o incluso millones de veces inferior a la de la tierra.[4] En efecto, para producir la energía que envía el sol, la única fuente imaginable era la de la contracción gravitatoria de su inmensa masa gaseosa, lo que efectivamente podía calentar el sol a los cientos de miles de grados a los que está este cuerpo.

El problema es que esta contracción dura muy poco tiempo (a escala cósmica): como mucho millones de años, no *miles* de millones. Poincaré, en sus *Ultimos Pensamientos* (p. 24) muestra su perplejidad por esta enorme discrepancia y, como físico y matemático que era, dirige sus sospechas sobre los resultados de los análisis geológicos. Y Poincaré no fue, ni mucho menos, el único (ni el primero). Algo parecido había expresado ya en 1865 W. Thomson, Lord Kelvin, en una desafortunada comunicación a la *Royal Edinburgh Society*; véase la cita en, por ejemplo, la recopilación de J. M. Sánchez Ron, *Como al león por sus garras*.

Pero la geología estaba totalmente acertada: lo que fallaba era la física. En efecto, la energía que el sol nos envía no se debe a su contracción gravitatoria; el sol no se ha contraido apreciablemente en los últimos miles de millones de años. La energía del sol, o la de cualquier otra estrella, proviene de reacciones nucleares en su interior, algo totalmente inconcebible para un físico del siglo XIX; para entender el mecanismo hay que hacer uso de la relatividad, de la mecánica cuántica y de la física de partículas elementales. De hecho sólo fue a mediados de siglo cuando Bethe propuso una teoría satisfactoria de la energía producida por el sol.

Dejamos por ahora estos temas; como hemos dicho, en la última parte de este ensayo se discutirán similitudes y diferencias con la situación a fines del siglo XX.

---

[4] Deducida de la geología. Esta edad de la tierra también planteaba problemas con la deducida de la perdurabilidad del calor interno de la tierra, cuestión que no discutiremos.

§2.2. Las teorías atómicas de los filósofos griegos. La teoría atómica en química y termodinámica

En 1766 Cavendish aisló el hidrógeno, y en 1733 Bergmann estableció los principios del análisis químico. Utilizándolos, Priestley descubrió el oxígeno y el hidrógeno en 1774 y, en 1783, Lavoisier consiguió la descomposición del agua en estos componentes, oxígeno e hidrógeno, y su síntesis a partir de los mismos para, en 1789, clasificar los elementos químicos conocidos en la época. A partir de este momento se identifican, descomponen y combinan la infinita variedad de sustancias presentes en la tierra en términos de unas pocas, que son invariantes bajo estos cambios. En efecto, si tomamos hidrógeno y lo quemamos en atmósfera de oxígeno, obtendremos agua; y si descomponemos ésta, el oxígeno e hidrógeno resultantes tienen exactamente las mismas propiedades que los iniciales. La combustión y posterior electrolización (si es éste el método que utilizamos para descomponer el agua) no les han afectado: parece pues que los elementos estuviesen formados de unidades que se combinan unas con otras, pero que no sufren cambios.

En los últimos años del siglo XIX el francés Joseph-Louis Proust, trabajando en Madrid y en la academia de artillería de Segovia, descubrió la ley de las proporciones definidas en las reacciones químicas: lo que, junto con los resultados de Lavoisier, llevó a Dalton, alrededor de 1808, a formular la teoría atómica. Según esta, todos los elementos están formados por pequeñas unidades, los *átomos*, los que a su vez se suponen indivisibles, aunque pueden combinarse unos con otros.

La hipótesis de Dalton era muy avanzada para su tiempo; en efecto, toda la evidencia para la estructura atómica de la materia que había en la época era indirecta. A pesar de ello no fue Dalton el primero en formularla; Demócrito y Leucipo se le habían adelantado más de 2 200 años. Aunque sin la sólida base empírica de que disponía Dalton, el genio de los griegos ya había intuido que una posible explicación a los fenómenos de descomposición y recombinación que se observan en la naturaleza estaba en postular una estructura en unidades elementales invariantes.

Este golpe de genio de los griegos no debe, sin embargo, hacernos olvidar que su teoría era una mera hipótesis, sin posibilidades de comprobación experimental con la tecnología de la época; de manera que era una cuestión de gusto el aceptar las ideas atómicas de Demócrito y Leucipo, o las de sus competidores: tales Anaxágoras o Empédocles, que consideraban la materia como continua e infinitamente divisible. Los mecanismos de unión y disociación de los átomos eran concebidos por Demócrito y Leucipo suponiendo que estas combinaciones

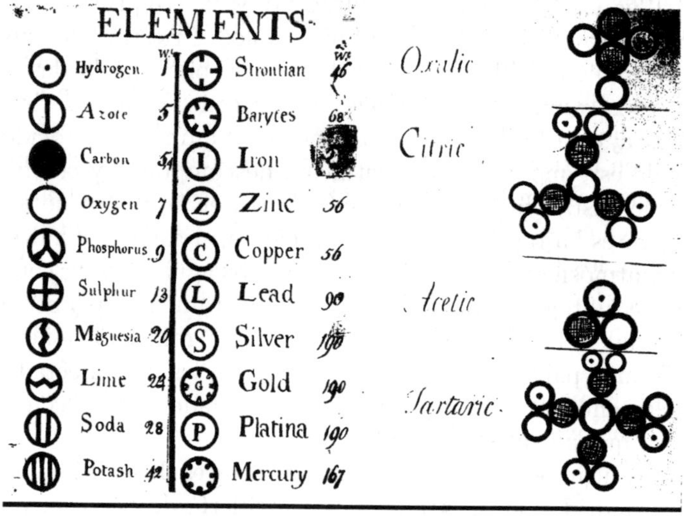

FIGURA 1. Hipótesis atómica de Dalton. Nótese el escaso número de elementos conocidos en la época (ver también la versión original de la tabla periódica de Mendeleyev en las páginas centrales). Un hecho curioso es que al platino se le denota por el nombre original español (*platina del Pinto*, rio de América en cuyas cercanías se descubrió), sin latinizar a *platinum*, como es costumbre en textos anglosajones posteriores.

se realizaban de forma mecánica y así, un tanto ingenuamente, imaginaban a los átomos provistos de ganchos que les permitiesen enlazarse. A diferencia de esto, Dalton, guiado por los experimentos de electrolisis de descomposición del agua que hemos citado, pensaba (correctamente) que el enlace entre los átomos era de naturaleza eléctrica.

A pesar de las razones que asistían a Dalton la hipótesis atómica fue durante bastante tiempo, de hecho a lo largo de prácticamente todo el siglo XIX, solamente eso, una hipótesis: aunque lo cierto es que, a pesar de este carácter hipotético, la evidencia de la estructura atómica de la materia fue acumulándose de forma que, a principios del siglo XX, casi ningún científico serio dudaba de su existencia. De hecho, como veremos, el problema central de la investigación en la estructura microscópica de la materia pasó a ser el de la composición de dichos átomos, que resultaron ser mucho menos indivisibles de lo que Dalton (o Demócrito y Leucipo) pudieron suponer.

Antes de entrar en esto, sin embargo, es conveniente decir algunas palabras más sobre las razones que hicieron que la teoría atómica de la materia se apuntalase. Estas razones son, en primer lugar, la extensión de los experimentos de Lavoisier hasta comprobarse que, efectivamente, todos los materiales que se encuentran en la tierra están formados por combinaciones de un número finito de substancias, algo menos de un centenar; y, en segundo lugar, la formulación de la mecánica estadística por Maxwell y Boltzman (entre otros), que permitió reducir todos los fenómenos termodinámicos al movimiento de las partículas constituyentes de los gases o, más generalmente, de cualquier material. Hay pocas marcas más seguras de lo correcto de una hipótesis que, formulada ésta basándose en un tipo específico de fenómenos (los enlaces químicos, en el caso de la hipótesis atómica), resulte ser instrumental en entender otros aparentemente no relacionados, tales como las propiedades térmicas de los gases.

CAPÍTULO 3.

Movimiento Browniano y el número de Avogadro. Descubrimiento del electrón. El átomo de Rutherford; el núcleo atómico

Sin perjuicio de los éxitos de la teoría atómica, incluso a finales del siglo XIX aún quedaban dudas sobre su validez general; y esto debido a que no se había encontrado evidencia *directa*. El especular acerca de la composición atómica de la materia estaba muy bien, pero una prueba de la existencia real de estos átomos requería conocer su tamaño y estudiar sus propiedades.

No fue fácil encontrar esta evidencia directa, y bien podía Feynman citar esta teoría como el legado más importante que pudiésemos dejar a unos hipotéticos descendientes que hubiesen perdido la civilización; el establer más allá de toda duda razonable la realidad de la estructura atómica requirió una gran inventiva, tanto teórica como experimental. Unos cien años después de su formulación por Dalton, la estructura atómica de la materia no estaba aún totalmente establecida y, por ejemplo, todavía en 1897, un científico tan competente como Lord Kelvin [W. T. Kelvin, *Nature*, **56**, 84 (1887)] escribia que la idea de que "la electricidad es un fluido continuo merece que se tenga muy en cuenta".[5]

Podía Lord Kelvin haber esperado un poco antes de manifestarse, y hubiera evitado un embarazoso traspiés. En efecto, en el mismo año J. J. Thomson, en un famoso experimento que ya hemos mencionado y que discutiremos de nuevo más adelante, descubrió que la electricidad está formada por el movimiento de partículas elementales, los electrones. Además, identificó a éstos como componentes universales de los átomos: a la vez invalidando una de las ideas de Dalton (después de todo, los átomos resultaban ser divisibles) pero confirmando la naturaleza eléctrica de los enlaces químicos.

Pero a pesar de la evidencia de la naturaleza corpuscular de la electricidad, la hipótesis atómica seguía sin acabar de convencer totalmente; todas las indicaciones que se tenían de la estructura atómica de la materia seguían siendo circunstanciales. Y así, nada menos que Albert Einstein en varias ocasiones realizó importantes trabajos cuyo objetivo era encontrar evidencia, clara

[5] Lord Kelvin no era un caso aislado: si él no estaba convencido de la estructura discreta de la electricidad, otros (como Mach) rechazaban completamente la existencia de átomos.

e incontrovertible, de la existencia de los átomos. El primer artículo que comentaremos brevemente fue publicado en su *annus mirabilis* de 1905, el mismo en que estableció la naturaleza corpuscular de la luz y la teoría de la relatividad, y contenía la explicación del movimiento browniano. En el segundo, de 1911, encontró Einstein un método preciso para calcular el número de átomos en un gramo de hidrógeno, el llamado *número de Avogadro*.

El movimiento browniano consiste en un movimiento desordenado que se observa en las partículas de polen (o de un coloide) en suspensión en un líquido; fue observado por primera vez por el botánico escocés Robert Brown, en 1827. En 1905, Einstein obtuvo la descripción matemática correcta de estos movimientos, descripción que se deducía de suponerlos debido al choque de las partículas de polen con los átomos del líquido en el que estaban en suspensión: los átomos podían así verse, aunque fuese indirectamente. Como dijo el físico francés Jean Perrin,[6] que fue quien realizó los experimentos para comprobar las ideas de Einstein sobre el movimiento browniano, "pienso que de ahora en adelante será difícil defender mediante argumentos racionales una actitud contraria a la hipótesis molecular". (Nótese que las expresiones "hipótesis atómica" e "hipótesis molecular" se utilizan indistintamente. En efecto, si existen las moléculas, la evidencia de los átomos se sigue por separación química; lo que era difícil de demostrar directamente era la estructura *corpuscular*).

Pero volvamos al descubrimiento de la primera partícula elemental que conocemos, el electrón. En 1897 J. J. Thomson publicó en la prestigiosa revista *Philosophical Magazine* (Vol. 44, p. 293) la interpretación de las desviaciones de las trayectorias de los rayos catódicos al someterlos a un campo magnético como debidas a estar éstos constituidos por partículas elementales, los electrones. Pocos experimentos habrán tenido tanto impacto: tecnológico (las aplicaciones de los electrones llenan nuestro mundo industrial), científico, que exploraremos en este ensayo, y filosófico. En efecto, la existencia de los electrones, estos sí indivisibles, zanjaba la vieja controversia entre Anaxágoras y

---

[6] Citado en el libro de Gribbin, *Intodución a la ciencia*, p. 32. Perrin recibió el premio Nobel en 1926 "por su trabajo en la estructura discontinua de la materia y, especialmente, por su descubrimiento del equilibrio de sedimentación", lo que indica cuánto la realidad de la estructura atómica de la materia tardó en calar en la sociedad científica: el comité Nobel aún pensaba en 1926 que la confirmación de esta estructura merecía un premio.

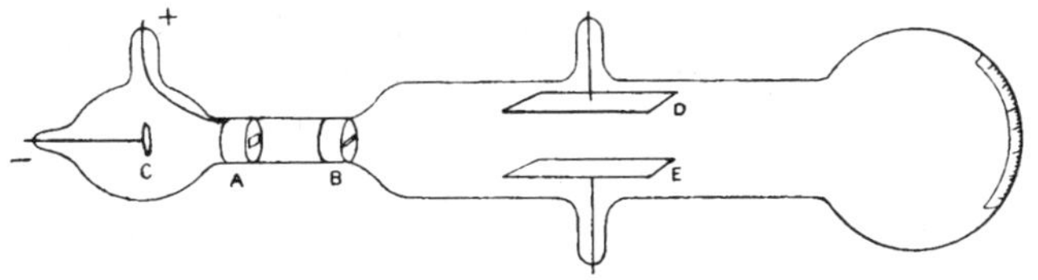

FIGURA 2. Esquema del tubo de Crookes.

Demócrito probando, sin lugar a dudas, la naturaleza granular de (al menos) parte de la materia.

En su descubrimiento, que podemos tomar convenientemente como el origen de la investigación moderna en el mundo de lo infinitamente pequeño, utilizó Thomson el tubo de rayos catódicos, artilugio inventado por Crookes algunos años antes. Esto nos lleva a una breve descripción del tubo, prototipo de tantas otras máquinas (aceleradores de partículas) utilizadas para la exploración del microcosmos.

El tubo de rayos catódicos (ver el esquema en la fig. 2) consta de un recipiente de forma aproximadamente cilíndrica, fabricado en vidrio para poder observar lo que ocurre en su interior, donde se ha hecho el vacío. En dos puntos se insertan dos cables eléctricos que se hacen llegar al interior; uno, que lleva carga eléctrica negativa, conectado al *cátodo* (C) y el otro, A, con carga positiva, al *ánodo.* Al enchufar la corriente los electrones del cátodo se desligan de los átomos y son acelerados por la diferencia de potencial. Estos electrones acelerados forman los *rayos catódicos*, que se focalizan por medio del colimador B, y se lanzan sobre una placa colocada al otro extremo del tubo donde hay un detector y podemos registrar su llegada. Si no hay campos eléctricos o magnéticos en su recorrido, estos electrones impactarán en el centro de la placa; si conectamos un campo magnético (placas D, E en la figura) se desviarán. Midiendo esta desviación podemos saber las propiedades (carga eléctrica y masa) de las partículas.[7]

[7] En realidad el experimento de Thomson sólo proporciona el valor del cociente de la carga del electrón por su masa. Para encontrar ambas hace falta una medida independiente de la carga del electrón. El propio Thomson intentó determinar las masas de los iones (*Phil. Magazine*, **48**, 547 (1899); pero la medida de la carga del electrón tuvo que esperar a Millikan, que la realizó unos diez años después.

Para poder arrancar electrones de los átomos, y por tanto para poder realizar los experimentos de Thomson, necesitamos al menos una energía igual a la que liga a estos electrones; una energía que es del orden de electrón-voltios. Esto es una constante, como veremos: la exploración de la estructura de la materia depende crucialmente de la energía de que dispongamos para llevarla a cabo, algo que es una consecuencia de la relatividad y la mecánica cuántica y que discutiremos más adelante.

A finales del siglo XIX sólo se disponía de energías del orden de unos pocos electrón-voltios y, por tanto, la cuestión de la estructura del átomo se podía plantear únicamente de forma especulativa. La única evidencia fidedigna que se tenía era la de que es posible arrancar electrones de los átomos, luego éstos deben contener electrones. El propio Thomson propuso un modelo del átomo (como veremos, equivocado) en el que este contenía una mezcla uniforme de partículas con carga eléctrica neutra, los electrones, y otras con carga positiva, los protones, descubiertos también por aquellas fechas.

La situación cambió pocos años después. Ciertamente, con la tecnología de la época era poco menos que imposible obtener energías localizadas muy superiores al electrón-voltio; pero en 1896 Becquerel primero y después Pierre y Marie Curie, en 1898, descubrieron que ciertas sustancias naturales (uranio y radio, primeramente, y luego polonio y muchas otras) tienen la propiedad de emitir radiaciones de partículas muy energéticas: de hasta veinte millones de electronvoltios.

La radiactividad natural proporcionó a los científicos de principios de siglo la posibilidad de explorar distancias muy pequeñas, ya que estas radiaciones tenían un gran poder de penetración, de hasta una millonésima de millonésima de centímetro, e incluso distancias menores. Esto es lo que aprovechó Rutherford quien, en una serie de experimentos brillantes y decisivos, dirigió la radiación alfa proviniente de desintegraciones radiactivas sobre distintos blancos.

En estos experimentos, realizados alo largo de unos diez años, Rutherford midió el tamaño del átomo (una diezmillonésima de milímetro, lo que explicaba porqué había escapado a la detección en los microscopios más potentes) y analizó su estructura, mostrando de manera incontrovertible que dicho átomo consta de un núcleo con carga positiva, muy pesado y pequeño (unas cien mil veces menor que el átomo) rodeado, a gran distancia relativa, de una nube de electrones.

Los resultados de los experimentos de Rutherford, realizados a partir de 1910, planteaban más problemas de los que resolvían. En primer lugar, ¿de qué estaba hecho el núcleo? Su masa era, aproximadamente, un múltiplo de la del protón. Su carga era también un múltiplo de la del protón: pero ambos números no coincidían. El propio Rutherford,[8] en 1920, sugirió que el núcleo podía contener, además de protones, otras partículas de masa parecida pero sin carga eléctrica. Son los *neutrones*, producidos primeramente por W. Bothe (que los supuso, erróneamente, fotones) y luego por Irène y Frédéric Joliot-Curie, que tampoco los reconocieron, para ser finalmente identificados por Chadwick en 1932.

Además de la existencia de esta nueva partícula, todos estos resultados implicaban el descubrimiento de unos nuevos tipos de fuerza (aunque se tardó bastante tiempo en darse cuenta de ello). En efecto, los protones del núcleo, al tener la misma carga, deberían repelerse: era necesaria una interacción que compensara esta repulsión y que, para mantener el núcleo compactado en un espacio tan pequeño, casi una millonésima del tamaño del átomo, debería ser extraordinariamente intensa. Pero además debería tener muy corto alcance: en efecto, Rutherford demostró que sólo cuando los proyectiles pasaban muy cerca del núcleo eran desviados por una intensa interacción a la que, por este motivo, se denominó interacción fuerte.

Finalmente, resulta que la estructura del átomo encontrada por Rutherford era imposible de compaginar con las leyes del electromagnetismo clásico, en particular con las ecuaciones de Maxwell. La solución a esta paradoja implicó nada menos que la creación de una nueva mecánica, la mecánica cuántica, y la discutiremos, más adelante, varias veces a lo largo de este ensayo.

La imagen de la estrucura microscópica de la materia en el primer tercio del siglo XX parecía pues razonablemente sencilla. Teníamos neutrones y protones ligados en el minúsculo núcleo atómico; y girando a gran distancia de este, una nube de electrones. La interacción que liga al núcleo con estos últimos es la electromagnética, razonablemente bien entendida: parecía que sólo quedaban como retos para los años siguientes investigar la estructura de la interacción fuerte y la de la misteriosa "fuerza débil", responsable del fenómeno de la radiactividad. Problemas cuya solución fue mucho más difícil de lo que pudieron imaginar sus descubridores, tanto desde el punto de vista de requerir gran cantidad de información experimental suplementaria, como desde el punto de vista teórico. Y además, la naturaleza reservaba sorpresas.

---

[8] De hecho, la primera indicación de la existencia del núcleo atómico la obtuvieron Hans Geiger y Ernest Marsden, trabajando bajo la dirección de Rutherford en el laboratorio de éste, en Manchester, al observar en 1909 cómo una partícula alfa *rebotaba* en el blanco.

CAPÍTULO 4.

La exploración experimental de pequeñas distancias. Aceleradores.

Como ya hemos dicho, la posibilidad de estudiar la estructura de la materia a pequeñas escalas depende de las energías de que dispongamos. Para un primer estudio de los átomos, para descubrir que contienen electrones, bastaron los pocos electrón-voltios del tubo de Crookes; el descubrimiento del núcleo y el determinar que está compuesto de protones y neutrones requirieron energías millones de veces mayores, que se encontraron aprovechando las producidas por la propia naturaleza en sustancias radiactivas. Pero para explorar la posible estructura de protones y neutrones eran necesarias energías mucho mayores.

Estas energías pueden encontrarse también en la naturaleza. En efecto, entre los rayos cósmicos que, provenientes de no se sabe bien dónde, nos bombardean continuamente, se encuentran de cuando en cuando algunos de una energía extraordinaria. De hecho, bastantes de los primeros descubrimientos clave de la física de partículas se realizaron estudiando rayos cósmicos; y, tal vez, cuando los aceleradores construidos por el hombre lleguen a su límite, tengamos que volver al estudio intensivo de los rayos cósmicos.

Pero los rayos cósmicos son erráticos; una exploración sistemática de la estructura del universo subnuclear sólo ha sido posible al controlar nosotros los proyectiles con los que hurgamos en las entrañas de la materia. Efectivamente, el progreso en el estudio de las partículas elementales y de las fuerzas que actúan entre ellas ha ido parejo con la construcción de aceleradores más y más potentes.

Los primeros aceleradores que se construyeron fueron los de Cockroft y Walton en Cambridge, Gran Bretaña (ver ilustración en páginas centrales) y el de van der Graaff en el Massachussetts Institute of Technology (MIT), operativos a partir de 1933 y capaces de energías de unos pocos millones de electrón-voltios. Tanto unos como otros eran, realmente, desarrollos del tubo de rayos catódicos: por medio de campos eléctricos estáticos se aceleraban partículas cargadas.

Sin embargo, este método tenía como limitación obvia la de los campos eléctricos que podían crearse; y un avance substancial sólo se dio con el desarrollo, en la segunda mitad del siglo, de los ciclotrones o sincrotrones. Los conceptos involucrados en la concepción de estos tipos de aceleradores fueron primeramente discutidos por el noruego Rolf Wideröe entre 1923 y 1925; aunque los diseños y construcción efectivos se deben al americano Ernest Lawrence, que

FIGURA 3. Interior del túnel del acelerador LEP. Los haces de partículas se mueven en el interior de la estructura con sección rectangular que corre a lo largo del túnel. El tamaño de éste es aparente en que apenas se vislumbra su curvatura. (CERN photo)

publicó la teoría de estos artefactos en 1930 y construyó el primero tres años después.

En estos aceleradores se hace seguir a las partículas una trayectoria circular, de donde el nombre ciclotrón,[9] por medio de campos magnéticos; dándoles a estas partículas, de forma sincronizada con su paso por puntos fijos de la trayectoria (de donde el nombre sincrotrón), un impulso por medio de campos eléctricos. Podemos decir que la forma de estas máquinas es la de un neumático, en cuyo interior se hace el vacío, y por donde circulan las partículas, dando más y más vueltas y recibiendo, a cada giro, la energía de los campos eléctricos sincronizados con su paso. Para mantener a las partículas en las trayectorias circulares en el interior de los aceleradores se les aplican fuertes campos magnéticos; y es precisamente este problema de mantener las partículas girando uno de los que, como veremos, limita la energía máxima alcanzable con los aparatos de tipo ciclotrón.

Desde el primitivo prototipo de Lawrence de menos de 27 centímetros, construido en colaboración con su estudiante Stanley Livingstone en 1933, hasta el gigantesco LEP (ver ilustraciones en páginas centrales y fig. 3), a caballo entre Francia y Suiza, en la proximidad de Ginebra, con 27 kilómetros de circunferencia, el principio ha sido esencialmente el mismo. La ventaja de estos aceleradores es que, al pasar una y otra vez las partículas por los puntos

[9] En el primer diseño de Lawrence la trayectoria era de hecho helicoidal; ver diagrama en las ilustraciones en páginas centrales.

en que reciben energía, esta no está limitada a la que, en un acelerador lineal, recibirían una sóla vez.[10]

Una lista de algunos de los aceleradores más importantes la presentamos en el cuadro adjunto. Como se ve, los americanos llevaron bastante tiempo la delantera; después, especialmente a partir de la puesta en funcionamiento del CERN (laboratorio europeo de física de partículas), Europa se puso, más o menos, al mismo nivel. Fuera de Europa sólo en la antigua Unión Soviética y, más recientemente, en Japón, se han construido artilugios comparables.

Las denominaciones de los aceleradores recogen el gusto de los físicos de partículas por los acrónimos, forzados a veces (en especial los alemanes) para que imiten algún nombre conocido. Así, DESY (parecido a *daisie*, margarita en inglés) recoge las iniciales de *Deutsches Elektronen-Synchroton* y dio también el nombre al laboratorio situado cerca de Hamburgo, donde se construyeron posterioremente otros aceleradores: DORIS, PETRA y HERA. PETRA es el acrónimo de *Positron-Electron Toroidal Ring Accelerator* y HERA el de *High Energy Ring Accelerator*; etcétera.

Es interesante constatar que, a partir de un cierto momento, los aceleradores más potentes son los llamados *colisionadores*, en los que partículas de cargas eléctricas opuestas, tales como protones y antiprotones, electrones y positrones o, en el caso de HERA, electrones y protones, se hacen girar en sentidos opuestos en el interior del acelerador de manera que colisionen de frente. (Sin embargo, en unos pocos casos las partículas que se hacen colisionar tienen la misma carga eléctrica). Debido a las peculiaridades de la cinemática relativista esto no duplica la energía de colisión, sino que, *grosso modo*, podemos decir que la eleva al cuadrado (medida en GeV). A cambio, el delicado ajuste que implica hacer colisionar dos chorros de partículas que se mueven casi a la velocidad de la luz hace a estos aceleradores menos precisos que aquellos en los que las partículas, una vez aceleradas, se hacen chocar con un blanco fijo: de forma que prácticamente todas producen interacción.

Discutiremos ahora brevemente las razones de la eficiencia de distintos aceleradores. En primer lugar, tenemos la eficiencia debida a la elementalidad (o no elementalidad) de las partículas que aceleramos. A este respecto, un colisionador de electrones y positrones es extraordinariamente eficaz. Tanto el electrón como el positrón son partículas elementales y se pueden aniquilar en energía pura, sin dejar residuos. Esta energía después se materializará, en

[10] Sin embargo algunos (pocos) de los aceleradores construidos modernamente son *lineales*, recibiendo las partículas aceleraciones en diversos puntos a lo largo de la trayectoria, en línea recta, de varios kilómetros.

Cosmotrón (Brookhaven, Nueva York, EE UU; 1952) ...	2,8 GeV. Protones
Bevatrón (Berkeley, California, EE UU; 1954)	3,5 GeV. Protones
Dubna (URSS; 1957)	4,5 GeV. Protones
Proton-Synchrotron (CERN, Ginebra, Suiza; 1959)	7 GeV. Protones
AGS (Brookhaven, Nueva York, EE UU; 1961)	8 GeV. Protones
CEA (Cambridge, Mass., EE UU; 1962)	3,5 GeV. Electrones
DESY (Hamburgo, Alemania; 1964)	3,8 GeV. Electrones y positrones
SLAC (Stanford, California, EE UU; 1966)	7 GeV. Electrones
Serpukhov (URSS;1967)	12 GeV. Protones
ADONE (Frascati, Italia; 1969)	3 GeV. Electrones y positrones
ISR (CERN, Ginebra, Suiza; 1971)	62 GeV. Protones
Fermilab (Chicago, EE UU; 1972)	32 GeV. Protones
SPEAR (Stanford, Cal., EE UU; 1973) ...	4,4 GeV. Electrones y positrones
Super-Proton-Synchrotron (CERN, Suiza/Francia; 1976) .	30 GeV. Protones
PETRA (Hamburgo, Alemania; 1978)	38 GeV. Electrones y positrones
PEP (Stanford, Cal., EE UU; 1980)	36 GeV. Electrones y positrones
Collider (CERN, Suiza/Francia; 1981) ...	540 GeV. Protones y antiprotones
Tevatron, Fermilab (Ill., EE UU; 1986) .	2000 GeV. Protones y antiprotones
SLC (Stanford, California, EE UU; 1986)	100 GeV. Electrones y positrones
LEP (CERN, Suiza/Francia; 1987)	100 GeV. Electrones y positrones
KEK (Tsukuba, Japón; 1987)	60 GeV. Electrones y positrones
HERA (Hamburgo, Alemania; 1992)	310 GeV. Electrones y protones
LEP-200 (CERN, Suiza/Francia; 1997) ..	190 GeV. Electrones y positrones
LHC (CERN, Suiza/Francia; 2005, en construcción) ..	14000 GeV. Protones

Algunos de los mayores aceleradores construidos a partir de 1950, con el lugar y fecha de puesta en marcha (a veces se da el año en que se termina el acelerador, y otras la fecha en que se observan las primeras interacciones con él) y su máxima energía (en el centro de masas); en GeV= miles de millones de electrón-voltios. También se indican las partículas que se aceleran y utilizan como proyectiles. Puede observarse que, en general, los aparatos que aceleran electrones consiguen menos energía que los que aceleran protones; pero son muchas veces más eficaces porque los electrones son partículas elementales a diferencia de los protones, compuestos de quarks: los aceleradores de electrones son máquinas más "limpias". En algunos (pocos) casos los aceleradores son lineales.

especial en las partículas que queramos estudiar lo que, al no haber excesiva cantidad de basura,[11] podemos hacer limpiamente.

Por el contrario, un colisionador de protones y antiprotones tiene que luchar contra el problema de que protón y antiprotón son objetos compuestos de quarks (los que, estos sí, son elementales). La energía efectiva es la energía por quark, y resulta ser de entre un tercio y un quinto de la energía total de protón mas antiprotón. Además, en una colisión en la que dos quarks del protón y antiprotón se aniquilen en energía (la que a su vez se materializará en las partículas que queremos estudiar) quedan los demás quarks que no se aniquilan, en total al menos dos por cada uno de los protones y antiprotones que chocan. Quarks que producen una considerable cantidad de partículas extra que enmascaran la señal interesante.

Las ventajas de los colisionadores de electrones y positrones desde el punto de vista de la *limpieza* son manifiestas. Así, el acelerador LEP, colisionador de electrones y positrones funcionando en el CERN desde 1989 con energía total de 100 GeV, permitió hacer estudios muchísimo más precisos de, por ejemplo, la partícula Z, que los obtenidos por el Collider (CERN, funcionando desde 1981), que hacía chocar a protones y antiprotones. Y ello a pesar de que la energía del Collider era de 540 GeV, más de cinco veces superior a la de LEP.

Parece según esto que uno debería siempre acelerar electrones; pero nadie es perfecto. Imaginemos un anillo como el del acelerador LEP, de 27 kilómetros de circunferencia, donde los electrones circulan a 100 GeV de energía, lo que corresponde a una velocidad inferior sólo en diez billonésimas a la de la luz. La aceleración centrípeta (conocida más popularmente como fuerza centrífuga) que esto genera es enorme, y obliga al electrón a emitir radiación, conocida como *radiación sincrotrón*. Radiación que implica pérdida de energía, que hay que ir restituyendo.[12] Es esta pérdida de energía uno de los más importanes factores que limitan la capacidad de aceleración de la máquina.

La radiación de energía sincrotrón es inversamente proporcional a la masa de la partícula que gira (y crece con la energía con la *cuarta* potencia de ésta); de manera que un protón, cuya masa es casi dos mil veces mayor que la de un electrón, radia mucho menos que este. Por seguir con el ejemplo del acelerador

[11] Prácticamente *siempre* hay residuos; sería tener una suerte casi infinita que sólo se materializasen las partículas que nos interesan.

[12] Confirmando el dicho francés que asevera que *le malheur des uns fait le bonheur des autres*, la radiación sincrotrón, una pesadilla para los físicos de partículas, es utilizada por los de estado sólido para investigar propiedades de materiales. Así, unos cuantos aceleradores de partículas han tenido una segunda vida aplicados a ciencia de materiales.

LEP, en el mismo anillo es posible acelerar electrones (y positrones) hasta una energía máxima de unos 210 GeV. Pero con protones será posible llegar hasta *catorce mil* GeV, que es lo que se alcanzará en el proyecto LHC utilizando el mismo anillo del LEP.

La pérdida de energía por radiación no es lo único que limita la potencia de un acelerador. No basta con acelerar las partículas; tenemos, además, que mantenerlas girando en el interior del acelerador. Esto se consigue porque a lo largo del tubo por donde circulan estas partículas se colocan imanes, que producen campos magnéticos que curvan la trayectoria del haz de partículas y lo mantienen dentro de él. Y además hay que acelerarlos y restituirles la energía perdida por radiación sincrotrón. Para ello, en algunos puntos del tubo hay segmentos con campos eléctricos que se enchufan coincidiendo con el paso de las partículas de forma que, cuando llega el haz, estas partículas reciben una aceleración adicional y su energía aumenta. Por esta puesta en marcha alterna, y por estar horadados para permitir el paso de las partículas del haz, se conoce a tales artilugios como *cavidades de radiofrecuencia.*

El haz gira en torno del acelerador muchas veces, y los campos magnéticos son ajustados continuamente para mantener las partículas, con energía siempre creciente, confinadas dentro del tubo. Pero en algún momento se alcanza una energía tal que no se pueden mantener las partículas en el interior del tubo del acelerador, ni con los campos magnéticos más altos posibles: ya no se puede continuar acelerando el haz. Entonces se le extrae y se le dirige contra un blanco. Una de las mejoras que van a hacer posible pasar de los 100-200 GeV de LEP a los catorce mil GeV del LHC es el uso intensivo tanto de imanes como de cavidades aceleradoras con tecnología de superconductores (fig. 4; ver también ilustración en páginas centrales), lo que permite en particular campos magnéticos extraordinariamente potentes.

La mente del ser humano funciona de tal manera que es capaz de sentir afecto (o repulsión) no sólo por otros seres humanos, o animados, sino también por objetos materiales e incluso por algo aparentemente tan aséptico como un aparato científico. De estos afectos y repulsiones no se escapan los aceleradores de partículas, sin duda los instrumentos más gigantescos y precisos construidos por el hombre. Y así, la comunidad científica nunca sintió afecto por el acelerador llamado ISR (=*Intersecting Storage Rings*, anillos de almacenamiento y colisión de partículas). El ISR fue el primer gran colisionador, y se adelantó técnicamente en muchos años a los demás aceleradores; a pesar de lo cual, fue

FIGURA 4. Prototipo de cavidad de radiofrecuencia superconductora, utilizada para acelerar partículas, que operará en el colisionador LHC, actualmente en construcción en el CERN. (CERN photo)

despedido al detenerse su actividad con una referencia a la frase de Brutus en el *Julio César* de Shakespeare, *"I came to bury Cæsar, not to praise him"*. [13]

Esta despedida fue injusta; aunque con el acelerador ISR no se realizaron descubrimientos fundamentales, la *expertise* adquirida con él fue esencial para construir otros aceleradores; el "enfriamiento estocástico" (que discutiremos en el capítulo 11) y la calorimetría con tecnología de uranio son dos ejemplos importantes, pero no los únicos.

Un ejemplo de lo contrario es el ya varias veces citado acelerador LEP (*Large Electron-Positron collider*, gran colisionador de electrones y positrones). Este acelerador, construido a caballo entre Francia y Suiza en las proximidades de Ginebra, tanto en su versión original puesta en marcha en 1989 como en la actualmente en funcionamiento, conocida como LEP-II, o LEP200 (por llegar su energía a algo más de 200 millardos de electron-voltios) ha gozado y goza del cariño de los físicos de partículas, tanto teóricos como experimentales.[14] Por ejemplo, cuando se habló ya en 1989 de la posibilidad de detener LEP para proceder a la instalación del siguiente acelerador LHC muchos físicos, tanto en el Comité de Política Científica del CERN como fuera de él, realizaron labores

[13] "Vengo a enterrar a César, no a alabarle". M. Jacob y K. Johansen, *A Review of Accelerator and Particle Physics at the CERN ISR*, invited talks at the last meeting of the ISR commitee, 27 junio de 1984; CERN *report* 84-13, 1984, p. 24.

[14] La excepción son algunos físicos alemanes que parecen sentir celos de él (otro sentimiento muy humano) por considerar que ha usurpado el lugar que hubiera correspondido a un nuevo colisionador en el laboratorio DESY, donde, después de DORIS y PETRA, los alemanes habían acumulado una importante experiencia en la construcción y manejo de colisionadores de electrones y positrones.

de *lobby* para que tal construcción no se realizara a expensas de LEP. Cuando en el otoño de 2000 se prolongó la vida de LEP en unos meses para investigar la posible relevancia de unas señales anómalas detectadas en él a lo largo del verano, una buena parte de la comunidad se ha alegrado, a pesar de que esto tal vez perjudique el cumplimiento de los planes de construcción del siguiente gran acelerador, el LHC.

Estos amores y antipatías no se deben siempre a las posibilidades o éxitos de un acelerador, sino a causas sólo parcialmente explicables racionalmente. El que esto escribe se confiesa como parte del conjunto de admiradores del acelerador LEP, al que considero un acelerador luminoso, y por el que siento una especial simpatía. Tal vez por haber participado en uno de los primeros *workshops* para estudiar sus capacidades ya en 1976, o tal vez por haber asistido, en compañía de José Bernabeu, Enrique Fernández y de otros físicos del grupo *Aleph*, liderados por Steinberger, a la detección de las señales registradas cuando se produjeron, en el verano de 1989, algunas de las primeras interacciones en LEP; o quizás por la soberbia calidad y limpieza de los resultados experimentales que LEP siempre ha producido. Reconozco que me alegré más de una vez por los retrasos que, por una razón o por otra, se produjeron en la construcción del LHC: ya que estos retrasos facilitaron que LEP, en particular en su avatar de LEP200, haya tenido un período extra de vida activa; y he sentido profundamente que lo hayan cerrado antes de llegar al límite de sus potencialidades.

También hay aceleradores con buena y mala suerte. Entre los primeros mencionamos al acelerador SPEAR, de Stanford, que comenzó a funcionar en 1973 con una energía de 4,4 GeV. Esto le permitió descubrir a finales de 1974 las partículas J/ψ, conteniendo quarks c, y en 1975 el leptón τ (*tau*): para ambos descubrimientos tenía poco más de la energía justa.

Como ejemplo de mala suerte tenemos el ISR ya mencionado, y el colisionador ADONE, en Frascati (cerca de Roma), con energía hasta 3 GeV. Este acelerador fue construido siguiendo (en parte) los estudios teóricos de N. Cabibbo y R. Gatto [15] y gracias a la existencia en Italia de un grupo de físicos experimentales realmente notable. En los estudios teóricos se había remarcado, entre otras, la posibilidad de buscar nuevos leptones con un colisionador de electrones y positrones. ADONE se adelantó en años a SPEAR, pero le faltó un poco más de energía para hacer los descubrimientos cruciales que realizaron los americanos. Así, los físicos de ADONE sólo pudieron llegar

[15] *Phys. Rev.* **124**, 1577 (1961)

a poner una cota de 1,4 GeV[16] para la energía en reposo del τ. Esta cota corresponde a la máxima energía de ADONE, de 3 GeV.

Puesto que las partículas *tau* se producen a pares τ^+, τ^-, la energía necesaria para materializarlas es un poco mayor que el doble de la energía en reposo del τ. Recordemos que la energía en reposo E está ligada con la masa de la partícula, m, por la famosa fórmula de Einstein, $E = mc^2$. Para descubrirlas, por tanto, hubieran necesitado los italianos una energía de 3,6 GeV en su acelerador.

Asimismo, para encontrar la partícula J/ψ, y por tanto el quark c, hubieran necesitado 3,15 GeV. Tan próximo a su máximo teórico de energía que, cuando recibieron la noticia del descubrimiento realizado en SPEAR, hicieron funcionar la máquina *por encima* de su energía máxima (con riesgo de fundirla). La decisión se tomó en ausencia del director general, Edoardo Amaldi. Los equipos dirigidos por Belletini y Salvini (que, dicho sea de paso, no se ponen de acuerdo en *quién* fue responsable de la decisión) confirmaron, en sólo dos dias de funcionamiento, el descubrimiento de los americanos:[17] demostrando las posibilidades del acelerador si tan sólo hubiese tenido un poco más de energía.

De todas maneras, la mala suerte de ADONE también fue relativa; el acelerador consiguió resultados muy interesantes. Entre ellos citamos el estudio de resonancias y, sobre todo, este acelerador produjo importante evidencia tanto de la validez del modelo de partones como de la existencia del número cuántico de color, dos cuestiones que discutiremos en detalle más adelante.

Los alardes de *precisión* que se requieren para hacer operativos los más modernos aceleradores de partículas, estos gigantescos aparatos, son casi inimaginables. Por LEP circulan partículas, electrones y positrones, en direcciones opuestas. Van agrupados en pequeños paquetes de tamaño micrométrico, cada uno de ellos conteniendo del orden de un billón de electrones o positrones. Estos paquetes (pensemos en gotas de un líquido) se cruzan en cuatro puntos 45 000 veces por segundo y, de cuando en cuando, un electrón de uno de ellos choca frontalmente con un positrón del contrario, produciéndose una interacción (como una pequeñísima explosión) cuyos fragmentos se registran en los detectores que rodean el punto de interacción.

No es fácil visualizar las maravillas de ingeniería que todo esto requiere, pero lo intentaremos con un ejemplo ilustrativo. Es necesario conocer la longitud exacta del recorrido de las partículas (la circunferencia de LEP) para estimar sus energías y, entre otras cosas, poderles dar los impulsos apropiados en los lugares precisos. Ocurre que el suelo sobre el que descansa LEP, como cualquier

[16] M. Bernardini et al., *Nuovo Cimento*, **17A**, 383 (1973)

[17] De hecho, el artículo de los de Frascati apareció a la vez que el de los americanos.

otra parte de la corteza terreste, se deforma un poco periódicamente debido al "efecto marea" (atracción de la luna y el sol). Este efecto es pequeñísimo, de una fracción de un milímetro en 27 kilómetros; pero no es un efecto despreciable. La precisión requerida de la medida de la energía de LEP es tal que debe ser tenido en cuenta. La hazaña tecnológica que implica guiar dos haces de partículas (a una velocidad que dista menos de diez billonésimas de la de la luz) para hacerlos colisionar en uno de los cuatro detectores colocados a lo largo del anillo, después de millones de giros con un recorrido equivalente a hacer varias veces el viaje de ida y vuelta a Plutón, no tiene igual.

Otro problema nada trivial es el de la *focalización* de las partículas, esto es, cómo conseguir que vayan todas en un grupo compacto. En efecto, si esto no fuera así, los campos magnéticos y eléctricos que guian y aceleran a las partículas actuarían de distinta manera en las distintas partículas del haz, con lo que este se dispersaría y la eficiencia de los aceleradores se vería enormemente disminuida. De hecho esto es tan importante que una de las razones de la excelencia técnica de muchos experimentos del CERN es la alta calidad de los diversos focalizadores diseñados por Simon van der Meer para los aceleradores que han funcionado allí. Desde el conocido como "cuerno de neutrinos" (por su forma; ver ilustración en la fig. 28, en la sección 12.2), construido en 1962-1963, hasta el método de "enfriamiento estocástico", que permitió descubrir las partículas W y Z. A ambos nos volveremos a referir más adelante.

Los requisitos que demandan la construcción de estos tremendos aceleradores van, muchas veces, por delante de la técnica que existe en el mercado en cada momento y son, por supuesto, un importante acicate para la innovación tecnológica. Por ejemplo, las *performances* informáticas que la construcción de LHC requiere van un órden de magnitud más allá de lo que los más potentes ordenadores existentes pueden proporcionar. De manera que el CERN ha buscado la cooperación de la Unión Europea para trabajar conjuntamente en un programa de desarrollo informático que permita obtener a tiempo las prestaciones necesarias; y que de paso (muy probablemente) ayudará a salir de su actual marasmo a la un tanto raquítica tecnología informática europea. Como representó una importante ayuda al desarrollo de la tecnología de superconductores el uso de estas técnicas en LEP, y su desarrollo para LHC (fig. 4, e ilustración en páginas centrales).

En la actualidad los aceleradores de partículas están llegando a su techo. Excesivamente grandes (los 27 kilómetros del de mayor tamaño, el LEP —ver ilustraciones en páginas centrales— serán difíciles de superar); demasiado costosos, del orden de muchos miles de millones de dólares; y requiriendo demasiada mano de obra, miles de personas entre científicos e ingenieros. Por no hablar de su voracidad: el acelerador LEP consume tanta energía eléctrica en su funcionamiento como el cincuenta por ciento del cantón de Ginebra, y debe ser detenido durante los meses más fríos y oscuros del invierno ya que su consumo de electricidad interferiría con el uso de la necesaria para calentar e iluminar Ginebra y alrededores. El coste *mensual* de hacer funcionar LEP es de unos cinco millones de dólares, de los que algo más de la mitad se gasta en energía, en especial para hacer circular a los ultraenergéticos electrones y positrones.

Finalmente, el *tempo* de la construcción de los gigantescos aceleradores actuales es excesivamente largo; desde que se comenzaron en serio los estudios para el último behemot, el LHC (de sus iniciales en inglés, *Large Hadron Collider*), y su esperada puesta en marcha (prevista entre 2005 y 2007) van a transcurrir casi veinte años: y eso que el LHC aprovecha toda la infraestructura del LEP. Salvo que se descubran métodos radicalmente nuevos de aceleración de partículas (de lo que se habla mucho, pero de lo que no hay nada firme) tendremos que volver a los rayos cósmicos que, de cuando en cuando, proporcionan partículas de energías hasta cien veces las del LHC. Pero, desgraciadamente, el número de éstos es tan pequeño que no es fácil imaginar cómo pueden utilizarse para una investigación sistemática. Parece que la exploración de la estructura última de la materia está alcanzando sus límites, al menos en lo que se refiere a su vertiente experimental.

Que esto es así se pone de manifiesto porque comienzan a aparecer las inestabilidades típicas de una situación insostenible, próxima al límite. Para ver lo que esto quiere decir, vamos a detenernos brevemente en la historia del fallido superacelerador americano, el SSC (*Superconducting Super Collider*).[18]

El SSC pretendía ser la respuesta americana (quizá habría que precisar más, y decir tejana) a la supremacía europea, plasmada en el colisionador del CERN y, sobre todo, en LEP. El SSC iba a ser un acelerador ultramoderno, utilizando técnicas de superconductores para sus imanes y, además, iba a alcanzar una energía doble que la prevista para el rival europeo, el LHC: el SSC estaba diseñado para 30 *TeV*, es decir, treinta billones de electronvoltios.

Y aquí se encontraron los americanos con dos problemas que fueron los que acabaron por desestabilizar el proyecto. El primer problema estaba relacionado con el coste de semejante monstruo. Era tal que no bastaba con el presupuesto federal; el estado en el que se instalase debería aportar una sustanciosa fracción. Pero éste estado no podría ser Illinois, Nueva York ni California, donde ya había aceleradores: los otros estados hubieran puesto el grito en el cielo si el dinero

[18] El SSC no fue el único acelerador abortado. La construcción del colisionador de protones conocido como *Isabelle*, en Brookhaven, también se detuvo, en 1973, cuando una buena parte de la obra civil estaba completada.

de todos volvía a caer en uno de esos tres. Finalmente, resultó evidente que el único estado con el dinero suficiente para cofinanciar el proyecto era Tejas, y se acabó por aprobar la construcción del acelerador (y el correspondiente laboratorio) allí, en un pueblito llamado Waxahasie (o algo parecido).

Esto planteó el primer problema. En Tejas no había infraestructura, y era necesario llevar todo, incluido el personal, de otra parte, o construirlo todo de nuevas. Esto, y tener el doble de energía, hacía al SSC *diez* veces más caro que LHC. Por otra parte, al ser la construcción del SSC de nueva planta, el acelerador se lo jugaba todo a una carta; cualquier detención temporal del proyecto como las que ha sufrido su rival europeo, sin más disgustos que los consecuentes retrasos en la construcción, representaría su muerte.

El segundo problema, este técnico, fue el que a la postre llevó al abandono del proyecto cuando estaba completada una buena parte de la construcción y se habían gastado ya varios miles de millones de dólares. Al realizar pruebas con imanes superconductores (que son los que tuercen la trayectoria de las partículas), cavidades de radiofrecuencia (que sirven para acelerarlas) y, sobre todo, detectores, resultó que, con respecto a las primeras, resultaban casi el doble de caras de lo que se había presupuestado; y con respecto a los últimos, que no había garantías de que fueran capaces de soportar las enormes energías depositadas en ellos por partículas viajando a docenas de miles de GeV. Vista la situación, la administración americana decidió cortar pérdidas y, en 1993, cancelar el proyecto.

Vamos a terminar esta discusión del hundimiento del SSC con unos pocos números más que, espero, ayuden a completar una idea de la colosal escala de un acelerador tal como el SSC (o el LHC). Consideremos que, en un acelerador típico, viajan paquetes de partículas; digamos protones como en el SSC o LHC. En cada paquete se concentran del orden de un *billón* de protones. De manera que la energía total de uno de estos pulsos o paquetes es de unos diez billones de *billones* de electrón-voltios. En cifras, $1,5 \times 10^{25}$ eV para el SSC: un número que derrota incluso al de Avogadro (6×10^{23}) y que por tanto implica que las energías son ya *macroscópicas*. Y así si, por ejemplo, a uno de los haces que circulan por el acelerador le hacemos atravesar un material con una densidad diez veces la del agua, con una sección de un centímetro, la energía depositada equivale a calentar el material a una temperatura de diez mil grados si penetra diez centímetros, o mil grados, si penetra un metro.

Por supuesto, no todas las partículas de un haz interaccionan y, por tanto, la energía depositada en los detectores es bastante menor que lo que sería si todo el haz incidiera sobre él. Pero también hay que tener en cuenta que los detectores son sofisticadas piezas de electrónica, muy sensibles a radiaciones. A las energías del SSC, estas son tales que el acelerador *fríe* al detector. Por no hablar de la radiactividad inducida, que comienza a ser un tanto preocupante. La megaciencia de las altas energías está pasando, económica y tecnológicamente, a una fase cada vez más difícil.

Pero la existencia de estas indudables barreras a la construcción de aceleradores super energéticos no implica que la física de altas energías vaya a acabarse; lo único que indica es que la vía del futuro no pasará, probablemente, por el incremento de la energía de los aceleradores. El que sea difícil pensar en un acelerador más energético que el LHC no impide considerar otras posibilidades.

Con respecto a aceleradores, es posible (y está en estudio) construir aparatos con energía intermedia entre LEP y LHC, que aceleren electrones (o muones), que son elementales y que, por tanto, serían limpios. Esto permitiría extender medidas de precisión, como las realizadas en LEP, a mayores energías, tal vez hasta un TeV. Y también existe la posibilidad de utilizar aparatos que produzcan grandes cantidades de determinadas partículas que uno quiera estudiar. Un ejemplo interesante de esto son las llamadas "fábricas de neutrinos", actualmente en proyecto, que permitirían conocer con gran detalle las propiedades de estas elusivas partículas.

Otra vía complementaria es la de grandes detectores dirigidos a explotar la información que nos llega a través de rayos cósmicos, a veces con energía muy superior a la imaginable con cualquier acelerador. La ventaja añadida de este tipo de experimentos es que no sólo proporcionan información sobre física de altas energías, sino también sobre cuestiones de astrofísica o cosmología. Estos experimentos, que en mi opinión tienen grandes posibilidades, han producido ya resultados interesantes, por ejemplo acerca de las masas de los neutrinos (como discutiremos en el capítulo apropiado). Por cualquiera de estas vías, la investigación en partículas elementales tiene aún mucho futuro por delante.

CAPÍTULO 5.

Detectores

No basta con romper el átomo, o el núcleo, para saber de qué están hechos, o de qué manera estaban ligados sus componentes: son necesarios detectores que nos midan e identifiquen todo esto. La labor de detección de partículas y de interpretación de datos es tal vez la más importante en el progreso de las investigaciones sobre la estructura microscópica de la materia: una vez que se produce un cierto tipo de partículas, hay que registrar su presencia e interpretar los resultados experimentales. Dos ejemplos ilustrarán lo dicho.

En 1932 Irène y Frédéric Joliot-Curie (ella hija de los famosos Pierre y Marie Curie) publicaron un artículo en la revista *Comptes Rendus*, dando cuenta de resultados experimentales en los que se observaba que una cierta radiación, inducida por la desintegración del polonio (como vemos, estamos aún en la época previa a la construcción de aceleradores), provocaba la emisión de protones de una capa de parafina. Los Joliot-Curie no supieron interpretar el fenómeno y tuvo que ser Chadwick quien repitiese un experimento similar y lo identificara, correctamente, como debido a la producción de neutrones en la radiación. (Chadwick no fue el único en darse cuenta de esta interpretación; según cuenta Segrè, cuando el físico teórico italiano Ettore Majorana leyó el artículo de los Joliot-Curie exclamó, "¡Los muy tontos! ¡Han encontrado el neutrón y no se han dado cuenta!").

El segundo ejemplo es el del acelerador ISR, construido en el CERN en 1971, y con una energía de 62 millardos de electrón-voltios. El ISR apenas descubrió nada. A pesar de tener energía como para producir los quarks de tipo *c*, *b*, o los leptones *tau*, estos descubrimientos se perdieron, realizándose en Estados Unidos entre los años 1974 y 1976; no por baja calidad de los detectores utilizados en el CERN, sino por no saber qué productos de la colisión analizar. Los detectores del ISR se colocaron mayoritariamente alrededor de los haces colisionadores, donde efectivamente se concentran más los productos de las interacciones. Pero donde, por eso mismo, el ruido de fondo es tan intenso que es prácticamente imposible identificar nada nuevo.

Desde luego, esto no debe hacernos pensar que los planificadores de los experimentos eran tontos: estaban interesados, más que en descubrir nuevas partículas de cuya existencia apenas había indicación teórica, en analizar las propiedades de la sección eficaz de colisión, algo muy importante según algunas

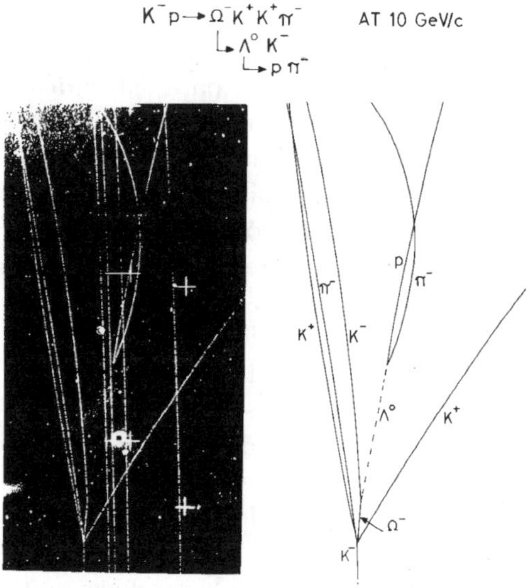

FIGURA 5. Trazas obtenidas en una cámara de burbujas (izquierda) y su interpretación (a la derecha). Arriba, el proceso que estas imágenes permiten deducir. Las partículas sin carga eléctrica, representadas por líneas de puntos a la derecha, no aparecen en el detector y tienen que ser reconstruidas. Imágenes de este tipo permitieron al grupo de Samios descubrir, en el laboratorio de Brookhaven, la partícula Ω^-, compuesta de tres quarks de tipo s, y con ello confirmar la idea de la llamada "simetría unitaria", que llevó al modelo de quarks.

de las más populares especulaciones de la época. Pero es que, como ya dijimos, el ISR fue un acelerador con mala suerte.

Pasamos pues a una breve descripción de los detectores utilizados en la búsqueda de partículas y fuerzas fundamentales. En el siglo XIX, y durante una buena parte del principio del siglo XX, los detectores eran esencialmente placas o emulsiones fotográficas; pero a finales del siglo XIX y, sobre todo, a partir de los años cuarenta y cincuenta del siglo XX, se desarrollaron detectores específicamente para la tarea de investigar partículas que se mueven con unas energías tremendas. Desde luego, estas nuevas técnicas coexistieron durante un cierto tiempo con las antiguas y así, todavía en 1947 Cecil Powell, Cesare Lattes y Giuseppe Occhialini descubrieron el pión utilizando emulsiones para detectar partículas producidas en rayos cósmicos, observados en el laboratorio del monte Chacaltaya, en Bolivia.

Uno de los primeros tipos de detectores fueron las cámaras de niebla, inventadas por C. R. T. Wilson a partir de estudios comenzados en 1895 y llevados a buen fin en 1911 y perfeccionadas por él mismo y otros en los años treinta. (Curiosamente, Wilson era profesor de "Formación de nubes" en la universidad inglesa de Bristol, cátedra, que sepamos, única no sólo en Gran Bretaña sino en el mundo). En estas cámaras se encierra vapor sobresaturado; al pasar una partícula, pequeñas gotas de agua (niebla) se condensan a lo largo de su trayectoria, igual que se condensan en la estela de un avión a reacción. Estas trazas se fotografían; fotografías que son las que después se analizan para inferir las propiedades de las partículas que dejaron el rastro.

Un mecanismo parecido es el de las cámaras de burbujas, excepto que aquí, en lugar de vapor saturado se utiliza un líquido sobrecalentado. El paso de la partícula produce pequeñas burbujas que se alinean también a lo largo de su trayectoria. En este libro veremos bastantes imágenes obtenidas con cámaras de burbujas; el primer ejemplo es el mostrado en la fig. 5 pero, tanto en el texto como en las ilustraciones en páginas centrales, aparecerán bastantes más.

La cámara de burbujas fue desarrollada por Donald Glaser en 1950; su progreso posterior se benefició enormemente de la construcción por Luis Alvarez en Berkeley (California) de la primera cámara gigante: casi dos metros. En todos estos detectores se aplica (como ya hizo en el tubo de rayos catódicos Thomson) un fuerte campo magnético. Este campo curva las trayectorias de las partículas cargadas; midiendo esta curvatura puede deducirse el cociente entre la carga de una partícula y su masa, lo que permite identificarla.

El último método (las cámaras de burbujas) ha sido, durante muchos años, el más eficaz para detectar e identificar partículas. Esto impulsó la construcción de cámaras de burbujas cada vez más grandes hasta llegar a una de las de mayor tamaño, la llamada Gargamelle (en honor de la madre del personaje del cuento de Rabelais, *Gargantua*; ver fig. 6 y otras ilustraciones en páginas centrales), un cilindro de casi dos por cinco metros relleno de 18 toneladas de líquido (freon) que, todavía en el año 1973, fue instrumental en realizar el descubrimiento de las llamadas corrientes neutras y con ellas, indirectamente, de la partícula Z, confirmando las teorías de Glashow y Weinberg de interacciones débiles.

Pero ya en esa época las necesidades de detección de partículas habían llevado al desarrollo de otros métodos en los que las trayectorias se reconstruían electrónicamente: son los contadores (basados en principios similares a los de los conocidos contadores Geiger), las cámaras de chispas, en las que el paso de

FIGURA 6. La cámara de burbujas Gargamelle, jubilada, reposa en los jardines del CERN. A su derecha, el émbolo que se utilizaba para poner presión en el fluido en su interior.

partículas cargadas eléctricamente produce chispas al atravesar placas cargadas eléctricamente, los contadores Cherenkov, fototubos y un largo etcétera.

La importancia de los detectores es capital. Por ejemplo, una de las razones del triunfo de los americanos de Brookhaven sobre el equipo europeo del CERN en la carrera por demostrar la existencia de dos tipos distintos de neutrinos, en 1963 (que contaremos más adelante), fue el uso de unas técnicas de detección más sofisticadas, concretamente de cámaras de chispas.

Hay dos ventajas principales de la cámara de chispas con respecto a la cámara de burbujas. La primera es que al usar placas metálicas pesadas (que actuan no sólo como detector, sino también como blanco), tenemos realmente un blanco muy masivo, lo cual es muy útil si se quieren estudiar partículas que reaccionan raramente. Un ejemplo de este tipo de partículas son los neutrinos, que interaccionan tan débilmente que los procedentes del sol tienen pocos problemas en atravesar la tierra sin producir una sola reacción.

La segunda ventaja de las cámaras de chispas es que pueden ser activadas a voluntad; se pueden seleccionar unos sucesos específicos y sólo en ese caso se pone un alto voltaje a través de las placas. De esta forma podemos concentrarnos en las reacciones de interés. Esto es posible por la rapidez con la que se pueden activar las cámaras de chispas; por contraste, las cámaras de burbujas son (relativamente) muy lentas. En estas últimas, el proceso de calentar el fluido cerca del punto de ebullición, tomar una foto y después alejarse del punto de ebullición lleva algunos segundos, mientra que la cámara de chispas se activa electrónicamente, en milisegundos. (Sin embargo, las cámaras de burbujas ganan en que las fotografías obtenidas con ellas son bastante detalladas y permiten un análisis preciso).

El tamaño de los detectores también ha ido creciendo; los utilizados en el acelerador LEP, en el CERN, tienen unas dimensiones comparables a las de un edificio de tres plantas, y los que se emplean en HERA, o Fermilab, no son menores. El tamaño de los grupos de investigadores necesarios para construir y manejar semejantes ingenios también ha aumentado sustancialmente, así como ha aumentado el número de paises involucrados en cada experimento. A principios de los años ochenta, la colaboración EMC ("European Muon Collaboration") contaba en un momento dado con 137 científicos de una docena de paises. Los experimentos de LEP, HERA o Fermilab se llevan a cabo por colaboraciones con más de mil participantes, representando países de toda Europa mas americanos, japoneses, chinos, etc. La ciencia tiene la fama de ser internacional: la física de partículas lleva esto a las últimas consecuencias.

Un problema nada trivial es el del análisis de las imágenes que proporcionan los detectores. A las tremendas energías de los grandes aceleradores actuales, las brutales colisiones producen chorros de partículas, siendo el número de estas de docenas e incluso centenares. Los métodos de tratamiento informático de señales han sido esenciales en la identificación de los productos de las colisiones ultraenergéticas; de manera que no es sorprendente que hayan exigido un importante desarrollo de la informática en los laboratorios de física de partículas. Pionero en la automatización de técnicas para la detección y el análisis de señales producidas por partículas elementales fue el físico americano Luis W. Alvarez, que recibió el premio Nobel de 1968 por ello: en palabras del comité,

> *"for his decisive contributions to elementary particle physics, in particular the discovery of a large number of resonance states, made possible through his development of the technique of using hydrogen bubble chamber and data analysis."*

("Por sus contribuciones decisivas a la física de las partículas elementales, en especial el descubrimiento de un gran número de resonancias que fue posible gracias su desarollo de técnicas de uso de cámaras de burbujas de hidrógeno, y de análisis de datos."[19])

Las necesidades informáticas de los laboratorios de física de partículas han sido tan importantes que han llegado a influir fuertemente en el mundo exterior. Hasta tal punto que la industria noruega de microprocesadores, durante un tiempo líder mundial, se desarrolló en colaboración con el CERN. Fueron también científicos de este organismo (en particular T. Berners-Lee) los que, motivados por la necesidad de transmitir datos e información entre miembros de colaboraciones científicas desparramados por el mundo, desarrollaron en los años ochenta la transmisión de información en hipertexto, poniendo en marcha de forma operativa la World Wide Web (Internet). Dos bonitos ejemplos de cómo la investigación básica produce beneficios subsidiarios en tecnología de punta.

En los detectores que hemos mencionado hasta ahora las partículas se identifican individualmente; pero existen otros tipos de detectores en los que únicamente registramos la energía que llevaban las partículas que los golpean. Un ejemplo son los detectores calorimétricos, en los que se mide la cantidad de calor depositada por los choques de las partículas que les llegan. Obviamente menos finos que los anteriores, estos detectores tienen ventajas de otros tipos, tales como ser sensibles a muchas clases de partículas: la mayor parte de los otros detectores sólo registran partículas con carga eléctrica. En cierto sentido, son complementarios de los anteriores, y de hecho se utilizan muchas veces acoplados.

Como ejemplo de estos detectores mostramos en las páginas centrales el conocido con el nombre de Zeus, que opera en el acelerador HERA, cerca de Hamburgo y en cuya construcción participaron físicos de la Universidad Autónoma de Madrid. El tamaño del detector es aproximadamente el de una casa de tres pisos; los detectores que operan en los otros aceleradores gigantes (KEK, Fermilab y LEP) son de similar tamaño. También en las páginas centrales mostramos, como un segundo ejemplo, el detector conocido con el nombre de Aleph, en cuya construcción y operación han colaborado físicos del Instituto de Física de Altas Energías de Barcelona.

[19] L. Alvarez volvió a distinguirse científicamente, pero esta vez en paleontología, cuando en 1980 estuvo entre los que propusieron la teoría de una catástrofe cósmica (el choque de un meteorito, o cometa, con la tierra) para la extinción de los dinosaurios.

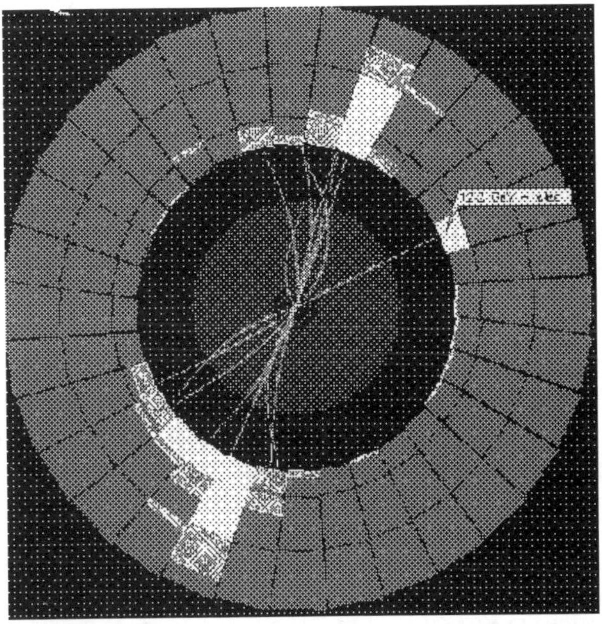

FIGURA 7. Partículas detectadas en el detector Zeus, localizado en el acelerador HERA. Las trazas son producidas por el paso de partículas por el detector interno, y las manchas blancas representan la cantidad de *calor* depositado por las que llegan al detector externo: el detector es de tipo mixto, incluyendo detector de trazas y calorímetro. La figura está generada electrónicamente.

Los detectores proyectados para LHC son aún mayores que Zeus o Aleph: el conocido con el nombre de *Atlas*, actualmente en construcción, tiene una altura de unos veinte metros y una longitud de más de cincuenta.

La información obtenida por los detectores se procesa electrónicamente y se obtienen resultados como el mostrado en la figura 7 (debido al detector ZEUS, en HERA), que recoge un electrón (traza aislada arriba, a la derecha) y dos chorros casi opuestos de partículas, producidos por sendos quarks. La leyenda, en el recuadro prácticamente ilegible al final de la traza del electrón, dice "12.2 GeV e^-".

El proceso que la información contenida en la figura 7 permite inferir es el siguiente. HERA es un colisionador de electrones (símbolo e^-) y protones. Al chocar ambos, el electrón sale desviado; es el señalado con la leyenda "12.2 GeV e^-" en la figura. El protón se rompe en quarks, dos de los cuales a su vez se materializan en el interior del detector en chorros ("jets") de partículas. Estos forman los dos haces de trazas que se observan en la figura, uno apuntando casi exactamente hacia arriba y otro hacia abajo y a la izquierda.

El detector está bañado en un fuerte campo magnético, que curva las trayectorias de las partículas. Debido a las distintas cargas eléctricas y energías de las partículas en los chorros, sus trazas se curvan más o menos y, según el signo de estas cargas, lo hacen hacia la derecha o hacia la izquierda. Esto permite una primera identificación de las partículas en los chorros; pero sólo de las cargadas eléctricamente. La energía depositada por todas las partículas, cargadas o neutras, en los haces, se puede deducir del tamaño de la mancha dejada en el detector exterior, de tipo calorimétrico (ver la estructura del detector en las ilustraciones de las páginas centrales).

La importancia de los métodos de detección de partículas no ha escapado al reconocimiento por parte de la comunidad científica. En particular, la Comisión Nobel ha concedido el prestigioso premio numerosas veces a la invención o desarrollo de detectores. Aparte del ya mencionado Alvarez, lo han recibido: en 1992, G. Charpak, "por su invención y desarrollo de detectores de partículas, en especial la cámara de hilos proporcional" (*"For his invention and development of particle detectors, in particular the multiwire proportional chamber"*); en 1960, D. A. Glaser, por la invención de la cámara de burbujas; en 1950, C. F. Powell, "por su desarrollo del método fotográfico para estudiar procesos nucleares y sus descubrimientos sobre mesones, utilizando este método" (*"For his development of the photographic method of studying nuclear processes and his discoveries regarding mesons made with this method"*); en 1948, M. S. Blackett, "por su desarrollo del método de la cámara de niebla de Wilson, y por sus descubrimientos hechos con ello en el campo de física nuclear y de la radiación cósmica" (*"For his development of the Wilson cloud chamber method, and his discoveries therewith in the fields of nuclear physics and cosmic radiation"*); y en 1927, C. T. R. Wilson, por la cámara de niebla.

Los constructores y diseñadores de aceleradores han tenido peor suerte. Sólo los pioneros Lawrence, en 1939, y Cockroft y Walton (en 1951) y, posteriormente, van der Meer, han sido distinguidos por el comité Nobel. Los nombres del alemán Plass, de los italianos Brianti y Picasso (pariente lejano del famoso pintor), por citar sólo unos pocos de los involucrados en el acelerador LEP, en el CERN, son prácticamente ignorados fuera de unos círculos reducidos, a pesar de que sin su trabajo buena parte de la física de altas energías moderna hubiese sido imposible.

Lo mismo ocurre con el trabajo del austriaco Hübner, responsable de las increíbles prestaciones del acelerador LEP en su última etapa, cuando consiguió hacerlo funcionar, durante unos meses, a varios GeV por encima de la energía máxima para la que había sido diseñado. Y, gracias a esto, poder llegar a encontrar las señales que, posiblemente, corresponden a la partícula de Higgs. A pesar de lo cual (como he podido comprobar personalmente) los detalles de la hazaña eran ignorados por bastantes de los físicos teóricos de su propio país. Como también es poco conocida la importancia de otro austriaco, Bruno Touschek, en el desarrollo de la física de aceleradores en Italia.

CAPÍTULO 6.

Partículas e interacciones

"Curiouser and curiouser."
LEWIS CARROLL,
Alice in Wonderland

§6.1. Interacciones

No podemos ahora presentar una descripción detallada de relatividad o mecánica cuántica, que discutiremos con la brevedad de rigor en un libro como este más adelante. Pero sí es necesario decir ya que cualquier discusión de la física del microcosmos las presupone. La relatividad y la mecánica cuántica describen el *marco* en el que actúan las distintas interacciones que operan en el universo; pero en este capítulo vamos a tratar un problema distinto, que es el de la naturaleza de dichas interacciones. Para obtener una imagen del universo no basta con saber que cualquier interacción debe ser invariante relativista, y debe obedecer las leyes de la mecánica cuántica: es necesario determinar qué interacciones específicas utiliza la naturaleza, y cómo actúan.

Cuando describimos los experimentos de Rutherford indicamos que éstos no sólo determinaron la estructura del átomo; sino que revelaron la existencia de una fuerza, que actúa entre neutrones y protones (pero no en los electrones), mucho más intensa que la electromagnética, y que por esto se conoce como "interacción fuerte", y a las partículas que la experimentan como *hadrones* (del griego *'adros*, fuerte).

También mencionamos con anterioridad que el descubrimiento de la radiactividad implicó la existencia de un tipo de fuerzas mucho menos intensas que las electromagnéticas (a las que, con evidente falta de imaginación, se ha bautizado como interacciones débiles) responsables de ciertos tipos de desintegraciones, en especial de la desintegración llamada "beta". Junto con la electromagnética y la familiar interacción gravitatoria tenemos pues un cuarteto de fuerzas: podemos decir que su desentrañamiento equivale a una comprensión, al menos en principio, de todos los fenómenos observados en el microcosmos. Este fue el reto que se les planteó a los físicos al final del primer tercio del siglo.

Nosotros vamos a presentar más adelante una historia razonablemente detallada de cómo se llegó a la comprensión de cada una de las interacciones, y una descripción de sus propiedades más relevantes; pero antes, en lo que resta de capítulo, daremos una somera visión de conjunto de las tres interacciones, electromagnéticas, fuertes y débiles; y, además, haremos una primera presentación de las partículas que experimentan estas interacciones. Conjunto (partículas e interacciones) que se conoce como *modelo estándar*, que describe los bloques constituyentes de la materia, y las fuerzas que actúan entre ellos, con una capacidad predictiva nunca antes alcanzada en la historia de la física, o de ninguna otra ciencia.

La estructura de las fuerzas más familiares, las electromagnéticas, se determinó bastante pronto; ya en 1927 Dirac realizó los primeros cálculos cuánticos de interacción de la radiación con la materia y en los años cuarenta y cincuenta, gracias a los trabajos de, entre otros, Schwinger y Feynman, se construyó una teoría (electrodinámica cuántica) perfectamente compatible con los principios básicos de la relatividad y la mecánica cuántica y con una capacidad predictiva impresionante.

No vamos a presentar aquí unas explicaciones detalladas sobre los tests de precisión de la electrodinámica cuántica,[20] precisión que ha sido calificada como "inhumana" por John Horgan (en su libro *The End of Science*); tests cuya discusión dejaremos para un próximo capítulo. Pero, para dar una idea de la exactitud (inhumana, realmente) a la que hemos llegado en la comprensión de estos fenómenos, diremos que llega al nivel de un acuerdo entre cálculos teóricos y resultados experimentales de hasta diez e incluso doce y catorce cifras decimales.

Las interacciones débiles y las interacciones fuertes tardaron bastante más en ser comprendidas. La razón, indudablemente, es que al ser interacciones de corto alcance, sólo se manifiestan directamente en el mundo subatómico. Por lo tanto, y a diferencia del electromagnetismo, no partíamos de una teoría clásica bien establecida, de manera que se tuvo que construir, directamente, una teoría cuántica y relativista de ambas interacciones.

La empresa fue ardua y de hecho hubo que esperar a los años setenta para encontrar las teorías correctas y completas. En estos años se produjeron, primero, la demostración por el holandés Gerhard 't Hooft, culminando

[20] Penrose, en algún ensayo (ver bibliografía), contrapone a la precisión de la mecánica cuántica relativista la de la teoría no-cuántica de la gravitación. Pero, aunque indudablemente la exactitud de los cálculos de la precesión del periastro de una serie de cuerpos celestes llega a las 10-12 cifras decimales, comparable con las de la electrodinámica cuántica, esta precisión se refiere a un único proceso, quedando muchos otros, en particular los relacionados con campos gravitatorios intensos, completamente al margen de verificación experimental.

trabajos comenzados por el también holandés Martinus Veltman, de la autoconsistencia (llamada, por motivos técnicos, renormalizabilidad) de las teorías propuestas fenomenológicamente por Glashow, Weinberg y Salam para interacciones débiles; y, segundo, el descubrimiento de la propiedad de libertad asintótica (por los americanos Gross, Wilczek y Politzer) de las interacciones fuertes.

Estos avances hicieron posible obtener teorías consistentes con la relatividad y mecánica cuántica de ambos tipos de interacciones; teorías que, además, han superado con éxito las muy abundantes confrontaciones experimentales realizadas hasta la fecha. Aunque no hay ni cálculos teóricos, ni resultados experimentales tan exactos como en el caso de la electrodinámica cuántica, es cierto que el nivel de precisión de los cálculos con interacciones débiles llegan a cuatro y más cifras significativas y, para interacciones fuertes, estamos alcanzando el nivel del uno por ciento. Más adelante mencionaremos ejemplos para cada interacción.

La única cenicienta, en lo que se refiere a la comprensión de la estructura microscópica de las interacciones, es la interacción gravitatoria: curiosamente la que conocemos desde hace más tiempo. Aunque tenemos una teoría extraordinariamente exitosa de la interacción gravitatoria a nivel macroscópico (la teoría de la relatividad general de Einstein) lo cierto es que no hemos sido capaces de construir una teoría microscópica de la gravedad, y aún hoy no sabemos si la teoría de Einstein es compatible con la mecánica cuántica.

Esto es así, indudablemente, por una falta total de información experimental sobre la interacción gravitatoria a cortas distancias. Lo más que hemos llegado son a experimentos del tipo del realizado por Eötvös, midiendo la interacción gravitatoria entre dos cuerpos a distancias del orden del centímetro: la interacción gravitatoria entre partículas elementales (quarks, electrones o incluso núcleos) es tan minúscula que no hay esperanzas de que pueda ser medida, ni en la actualidad ni en el futuro previsible. Y sin información experimental no hay física sólida, sino especulaciones más o menos ilustradas; de algunas de ellas hablaremos al final de este libro.

§6.2. Partículas. "Familias" de partículas

Toda la materia del universo está formada por agregados de tres tipos de partículas elementales: electrones, neutrinos y quarks, o por los *quanta* de radiación de los campos correspondientes a las fuerzas que actúan en ellas (interacciones electromagnéticas, débiles, fuertes y gravitatorias). Al igual que hicimos para las interacciones en la sección anterior, presentaremos aquí una descripción somera de las partículas fundamentales (electrones, neutrinos y quarks) de los que está hecha toda la materia; dejando para un capítulo posterior la atención personalizada a cada una de ellas.

En primer lugar tenemos los cuatro constituyentes fundamentales de la materia que nos rodea, representados en la tabla adjunta. Con la excepción de algún raro rayo cósmico y de ocasionales neutrinos de tipo *mu* o *tau*, la tierra y el sol, los planetas y las estrellas, hasta las más alejadas galaxias, están compuestos de electrones, neutrinos y quarks de los tipos *u* y *d*. En la tabla 1 presentamos los símbolos bajo los que se conocen las partículas seguidas de sus cargas eléctricas, en unidades de la carga del protón.

e; $Q_{\mathrm{e}} = -1$
ν_{e}; $Q_{\nu} = 0$
d; $Q_d = \frac{-1}{3}$
u; $Q_u = \frac{2}{3}$

Tabla 1. *Símbolos bajo los que se conocen a las partículas seguidas de sus cargas eléctricas, denotadas por el símbolo Q, en unidades de la carga del protón*

A estos constituyentes pueden añadirse los *quanta*, las partículas que intermedian las tres interacciones. Entre estos tenemos los fotones (que trasmiten las interacciones electromagnéticas) y los gluones, que son los *quanta* de las interacciones fuertes. Tanto fotones como gluones son partículas sin masa. Los gluones, además, poseen autointeracciones, y están confinados (como los quarks). Fueron postulados a principios de los setenta, y detectados indirectamente a mediados de esta década; en 1979 se obtuvo evidencia experimental directa de su existencia, en primer lugar en el acelerador PETRA en Hamburgo. Finalmente, tenemos las partículas Z y W, que intermedian las interacciones débiles. Todas estas partículas no son consideradas como "ladrillos", sino como "cemento" en la constitución de la materia.

La identificación de los componentes últimos de la materia no fue sencilla. Después del descubrimiento del electrón por Thompson, que ya citamos, llegó el del núcleo atómico por Rutherford y la identificación de protones y neutrones como constituyentes de estos núcleos. Como ya hemos mencionado, en los años treintay cuarenta se había establecido que todos los núcleos están compuestos por dichas partículas; desde el más sencillo, el de hidrógeno, con un sólo protón, hasta el más complejo de los que se encuentran en la naturaleza, el de uranio, con 92 protones y ciento y pico neutrones. Parecía pues que protones y neutrones fuesen los últimos constituyentes de la materia nuclear, y que para entenderla sólo hiciese falta una teoría de sus interacciones. Pero todas las teorías que se idearon resultaron ser incorrectas o, como la de Yukawa, de una validez sólo aproximada.

En los años cincuenta, con el advenimiento de los potentes aceleradores de partículas, capaces de energías de miles de millones de electrón-voltios, pudo explorarse el interior de protones y neutrones en una serie de cruciales experimentos realizados por Hofstadter en Estados Unidos. La conclusión de estos experimentos fue que ambas partículas presentan estructura; algo que Gell-Mann[21] (e, independientemente, Zweig) explicaron suponiendo que tanto neutrones como protones están formados por unas partículas más elementales, los quarks, de los que en el neutrón y el protón se encuentran de dos tipos, que se denominan convencionalmente con las letras u y d.

En la época en que Gell-Mann hizo su hipótesis se sabía que existe otro tipo de quark, el quark s; y en tiempos posteriores se han descubierto otros tres tipos de quarks, el c (en 1974), el b en 1977 y el t en 1995, los tres últimos de hecho predichos por consideraciones teóricas antes de ser encontrados experimentalmente. Por consideraciones teóricas del mismo estilo sabemos también, con bastante seguridad, que no hay más tipos de quark que los seis que hemos mencionado.

También al filo del cambio de siglo, de hecho algo antes, Becquerel había descubierto la radiactividad natural, y con ella la tercera fuerza que opera en el mundo microscópico, la interacción débil que ya hemos mencionado. El típico proceso de esta interacción era la desintegración conocida como desintegración beta, en que un neutrón de un núcleo se desintegraba emitiendo rayos beta (de hecho, como se identificó bastante pronto, formados por electrones) y convirtiéndose en un protón. Además del electrón se produce en el proceso un neutrino según un esquema que, en versión moderna, viene representado en la fig. 8: lo que realmente se desintegra es un quark de tipo d en el interior del neutrón. Más adelante discutiremos esto en detalle.

Como hemos dicho antes, a estas partículas citadas hay que añadir las que transmiten las tres interacciones fundamentales, fuertes, electromagnéticas y débiles; respectivamente gluones, fotones y partículas W, Z. Finalmente tenemos el *gravitón*, que sería la partícula que transmite la interacción gravitatoria; aunque, debido a que todavía no tenemos una teoría consistente de la gravedad que tenga en cuenta la relatividad y la mecánica cuántica, y a que no hemos sido capaces de detectarlo experimentalmente, el *status* del gravitón es hoy por hoy un tanto hipotético.

Con estas partículas e interacciones somos capaces de explicar el mundo que nos rodea; desde los enlaces químicos, y la estructura del átomo, hasta las

---

[21] *Phys. Letters*, **8**, 314 (1964).

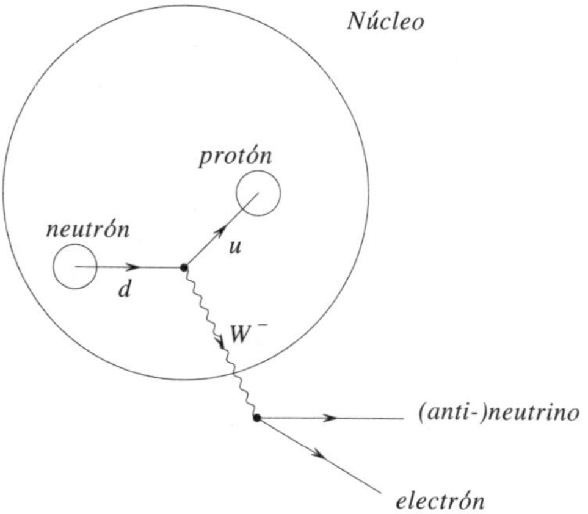

FIGURA 8. Esquema de la desintegración beta. El núcleo resultante, con un protón en lugar del neutrón original, es inestable y se rompe (fisión natural) emitiendo, típicamente, partículas alfa y energía suplementaria en forma de radiación electromagnética (rayos γ).

desintegraciones radiactivas, las reacciones que mantienen al sol brillando, o las que provocan la explosión de una supernova. Pero las cosas no acaban aquí; la naturaleza presenta un hecho extraordinariamente curioso, cuya explicación se nos escapa completamente; y es que, por cada una de las partículas mencionadas en la tabla 1, existen otras dos con propiedades idénticas excepto por la masa, que es muy superior: las partículas pueden agruparse en "familias" (o "generaciones", como también se las denomina a veces) con propiedades muy similares.

Las primeras indicaciones de este fenómeno aparecieron desde el principio de las investigaciones en física de partículas; ya en los años treinta comenzaron las sorpresas. En el año 1937 C. D. Anderson y S. H. Neddenmeyer, analizando trazas en cámara de burbujas (todavía con rayos cósmicos), detectaron unas partículas distintas de las entonces observadas, a las que se conoce con el nombre de partículas *mu*, o *muones*, y que se denotan por el símbolo μ. Con una masa unas doscientas veces la del electrón, esta partícula era la primera que se detectaba de la segunda familia.

El muón fue algo totalmente inesperado; y todavía hoy, después de estudios exhaustivos sobre dichas partículas (que incluyen su utilización como proyectiles y la medida de sus propiedades, algunas con nueve decimales de precisión), lo único que sabemos del muón es que todas sus características, excepto su masa, son idénticas a las del electrón. Por qué el demiurgo decidió duplicar (de hecho, triplicar) las partículas elementales es hoy tan misterioso como en 1937.

En 1975 la situación se hizo más compleja. En ese año, Martin Perl en Stanford (ahora ya con ayuda de un acelerador) identificó unas nuevas partículas, los *tau* (símbolo τ), también con propiedades idénticas al electrón, pero mucho más pesados aún que los muones: unas 3 500 veces más que el electrón. Sólo la gran energía del acelerador utilizado, casi cinco millardos de electrón-voltios, su limpieza, por ser un colisionador de electrones y positrones, la gran capacidad de análisis de los detectores y la intuición y tenacidad de Perl, que tuvo el acierto de buscar la señal adecuada en el sitio adecuado, hicieron posible el descubrimiento. Descubrimiento confirmado poco después por el laboratorio alemán DESY, en Hamburgo.

Los quarks también están triplicados, de manera que existen dos tipos de quarks (el s y el b) con propiedades idénticas al d, excepto que son más masivos; y el c y el t sólo se diferencian, entre sí y del quark u, en el valor de sus masas. Todas estas partículas (tanto los parientes masivos del electrón como los quarks pesados) se desintegran rápidamente y, por ser muy pesados (excepto los neutrinos), sólo pueden crearse a las enormes energías disponibles en los grandes aceleradores actuales, o en rayos cósmicos excepcionalmente energéticos. Así, la tabla 1 debe completarse con otras dos listas de partículas pesadas, quedando el elenco de partículas elementales como aparece en la tabla 2.

"Familia" 1	"Familia" 2	"Familia" 3
e; $Q_{\mathrm{e}} = -1$	μ; $Q_\mu = -1$	τ; $Q_\tau = -1$
ν_{e}; $Q_{\nu_e} = 0$	ν_μ; $Q_{\nu_\mu} = 0$	ν_τ; $Q_{\nu_\tau} = 0$
d; $Q_d = \frac{-1}{3}$	s; $Q_s = \frac{-1}{3}$	b; $Q_b = \frac{-1}{3}$
u; $Q_u = \frac{2}{3}$	c; $Q_c = \frac{2}{3}$	t; $Q_t = \frac{2}{3}$

Tabla 2. *Todas las partículas elementales, agrupadas en "familias". Las partículas de la primera familia (primera columna) constituyen prácticamente todo el universo; la única utilidad de las partículas de la segunda y tercera familias parece ser proporcionar trabajo a los físicos de altas energías.*

El hecho de que, aparte de su masa, las partículas *mu* (o *muones*) y *tau* tengan propiedades idénticas al electrón ha hecho que también se las conozca como "electrones pesados". Globalmente, se conoce a los electrones (ligero o pesados) y neutrinos como *leptones*, por ser más ligeros que los quarks; a los quarks, y a las partículas compuestas de ellos, se las conoce como hadrones por participar en las interacciones fuertes.

Un caso también sorprendente es el de los neutrinos: no sólo se han detectado, sino que sabemos que existen de tres tipos distintos. Tenemos neutrinos electrónicos, neutrinos muónicos y neutrinos tauónicos que sólo se diferencian en que cada uno acompaña, en la interacción débil, al leptón (electrón, *mu* o *tau*) correspondiente y, probablemente, en una minúscula diferencia de sus minúsculas masas: no tenemos indicaciones precisas acerca de las masas de los neutrinos, aunque se sabe que son pequeñas. Volveremos a discutir estas partículas más adelante.

Ninguna de las partículas de la columna primera en la tabla 3 había sido predicha teóricamente. Como tampoco lo habían sido los electrones pesados *mu* y *tau*, ni el quark *s*: en este sentido, todas ellas fueron una sorpresa.

La situación cambió posteriormente. A partir de 1971-1973, y como ya hemos mencionado, las teorías de de las interacciones fuerte y débil habían sido establecidas, y todas las demás partículas que entran en la Tabla 3 fueron predichas; algunas mucho antes de ser encontradas, y en algunos casos con sus propiedades descritas teóricamente con gran detalle. El quark de tipo *c*, con propiedades idénticas a las del *u*, pero con masa unas trescientas veces mayor, había sido postulado ya en 1964 por el japonés Hara[22] para corregir unas ciertas inconsistencias de las desintegraciones de partículas extrañas. En 1970, Glashow, Iliopoulos y Maiani estimaron que su masa tenía que ser unas 1 500 veces la del protón. Y, en efecto, en 1974 de forma independiente el grupo de Ting, en Brookhaven y el de Richter, en Stanford, descubrieron las llamadas partículas *psi*, con masa tres mil veces la del protón y compuestas de un quark *c* y un antiquark *c*.

Muy poco después varios grupos de teóricos (entre los que se pueden destacar a los japoneses Kobayashi y Maskawa por una parte y los franceses Bouchiat, Iliopoulos y Meyer por otra, utilizando distintos argumentos bastante técnicos, que no discutiremos) se dieron cuenta de que, si la teoría de interacciones débiles tenía que ser consistente, entonces la existencia del *tau* implicaba la de dos nuevos quarks, denotados respectivamente por *b* y *t*. En efecto, el quark *b* fue encontrado por L. Lederman en Brookhaven pocos años después; tal y como predecía la teoría, sus propiedades eran idénticas a las de los quarks *d* y *s*, pero su masa (que esta vez no había sido predicha por la teoría) era más de veinte veces la del segundo. La historia del quark *t*, la última partícula elemental en ser descubierta, la contaremos cuando discutamos con más profundidad las teorías de interacciones débiles.

---

[22] Y. Hara, *Phys. Rev.*, **134**, B701 (1964).

Antes de continuar con una descripción e historia más detallada de partículas y fuerzas, es conveniente recapitular qué partículas experimentan qué interacciones.

Todas las partículas, electrones, neutrinos y quarks, interaccionan débilmente y gravitatoriamente; pero *sólo* los quarks interaccionan fuertemente. Todas las partículas, excepto los neutrinos, interaccionan electromagnéticamente. Con respecto a los *quanta* de las distintas interacciones, tenemos que los fotones (símbolo γ) sólo interaccionan electromagnéticamente, y los gluones (símbolo G) sólo lo hacen fuertemente; pero los *quanta* de las interacciones débiles, las partículas W^+, W^- y W^0 (o Z) interaccionan tanto débil como electromagnéticamente; como veremos, las interacciones débiles y electromagnéticas pueden unificarse (parcialmente) en una interacción, conocida como *electrodébil*. También sabemos que *todos* los *quanta* interaccionan con el campo gravitatorio.

§6.3. Los nombres de las partículas

Vamos a concluir este capítulo de presentación de las partículas elementales, que son las protagonistas de este libro, con unas palabras de explicación acerca de sus nombres, en más de un caso un tanto peculiares.

Apenas hace falta decir nada sobre el nombre del *electrón*, claramente derivado de electricidad. A su vez esta palabra viene de *elektros*, el nombre griego del ámbar, cuyas propiedades eléctricas (por ejemplo, su capacidad de atraer eléctricamente pequeños trozos de papel después de frotarlo con un paño) eran conocidas desde antiguo. El *protón*, del griego *protos* (primitivo) refleja que, cuando se descubrió, se pensaba que, junto con el electrón, formaba el sustrato primigenio de la materia. El nombre del neutrón, partícula con propiedades parecidas a las del protón, alude a que dicha partícula es eléctricamente neutra.

El nombre del primer electrón pesado que se descubrió, el *muón*, o partícula μ, tiene una historia más complicada. Cuando se detectó por primera vez, en 1937, se creyó que podría ser la partícula predicha por Yukawa, que mediaría las interacciones fuertes. Por este motivo, y por ser la masa del muón intermedia entre las de las otras partículas conocidas en la época, electrones y protones (o neutrones), se la conoció durante bastante tiempo como *mesotrón* o *mesón*, ambas de la palabra griega para *medio*. A lo largo de los años cuarenta, sin embargo, fue quedando claro que el muón *no* era la partícula predicha por Yukawa; al descubrirse los *piones*, símbolo π (que sí lo eran), se reservó para estas partículas el nombre de mesón y quedó sólo el símbolo μ y la palabra muón (la letra griega μ se pronuncia *mu*) para esta partícula.

El tercer electrón, la partícula τ (esta letra griega se pronuncia *tau*) fue bautizada por uno de los miembros del equipo de Perl, un griego que lo escogió porque esta letra es la inicial griega de *tri*, tercero. Esta fue la última partícula que recibió un nombre griego (o latino). Desde la segunda guerra mundial, el predominio del inglés como lengua científica y, durante bastante tiempo, de la física americana sobre el resto, ha hecho que las partículas reciban nombres en inglés.

El nombre de *neutrino*, que quiere decir *pequeño neutrón* en italiano, se debe a Fermi; en la sección 12.1 daremos más detalles al respecto.

Los *quarks* tienen unos nombres bastante absurdos. Acerca de la propia palabra quark diremos más en la sección 10.3; y hablaremos ahora acerca de los nombres específicos de las seis especies de quarks que existen, los seis *sabores* (*flavours*), como a veces se les llama. Para los tres primeros en ser descubiertos tenemos:

u	(*up*; arriba)
d	(*down*; abajo)
s	(*strange*; extraño).

No sé, ni conozco a nadie que sepa a ciencia cierta, quién introdujo estos nombres, aunque yo se los oí por primera vez a Fritzsch, entonces colaborador de Gell-Mann, en 1976. Hasta esas fechas, al quark u se le llamaba "quark de tipo protón" y se le denotaba con la letra p, a veces mayúscula y cursiva ($\mathcal{P}$) para distinguirlo del protón (símbolo p). Al d se le conocía como "quark de tipo neutrón", símbolo $\mathcal{N}$; y al s, "quark de tipo Λ" y se le denotaba por la letra griega lambda minúscula, λ.

Los dos primeros nombres, *up* y *down*, se refieren a las propiedades de isospín de los quarks, una simetría esta que discutiremos en el capítulo 13. El nombre del último de los quarks arriba citados, el s (*strange*) alude a que es un componente de una serie de partículas (entre ellas la Λ, que hemos mencionado más arriba), descubiertas a partir de 1947, con raras propiedades que les valieron el nombre de *partículas extrañas* ("strange particles").

Los nombres de los últimos tres quarks descubiertos son como sigue:

c	(*charm*; encanto)
b	(*bottom*, o *beauty*; abajo, o belleza)
t	(*top*, o *truth*; arriba, o verdad).

El nombre de *charm* se debe a Glashow (creo) y fue escogido por las muy agradables propiedades que tiene ese quark: entre ellas, permitir una teoría coherente de interacciones débiles de hadrones.

No conozco el origen de los demás nombres, pero está claro que los de *top* y *bottom* aluden a que los correspondientes quarks tienen propiedades similares a las de los *up* y *down*. Los nombres alternativos de *beauty* y *truth* están cayendo en desuso.

Nos quedan los nombres de las partículas que actúan de intermediadoras de las distintas interacciones. El nombre *fotón* viene de la palabra griega que quiere decir *luz*. La denominación *gluón* para las partículas que trasmiten las interacciones fuertes se debe a Gell-Mann. En inglés *glue* quiere decir goma de pegar, pegamento; el nombre está bien escogido, porque los gluones son responsables de mantener ligados los quarks dentro de protones y neutrones. Tal vez deberíamos traducir esta palabra al castellano, y llamar a estas partículas *aglutinones* (o *pegamoides*), pero hemos preferido mantener el neologismo. Después de todo los nombres son meras etiquetas, y la de *gluón* es cómoda.

El nombre de las partículas que transmiten la fuerza débil, las W, viene de la inicial inglesa de débil ("weak") y no necesita más explicación. La Z se llama así por ser ésta la letra que sigue a la W en el alfabeto, descontando X e Y, que tradicionalmente se utilizan para denotar incógnitas. Con respecto al nombre de las partículas W hubo una cierta controversia. Estas partículas fueron postuladas por Lee y Yang, que les dieron el nombre de W, y, de forma independiente, por Gell-Mann, que las llamó X. El primer nombre fue el que prosperó.

CAPÍTULO 7.

Primer interludio: Relatividad y mecánica cuántica. Producción y desintegración de partículas

"Es cosa averiguada (...) que no se sabe nada, y que todos son ignorantes; y aun esto no se sabe de cierto, que a saberse, ya se supiera algo: sospéchase."

F. DE QUEVEDO, 'El mundo por dentro'

Así como el siglo XVII vio el desarrollo de la mecánica clásica por Galileo y Newton, y el XIX el de la teoría clásica del electromagnetismo por Maxwell y otros, las bases de la física en el siglo XX son la relatividad y la mecánica cuántica. Sin ellas hubiese sido imposible el progreso, no sólo en la comprensión de la naturaleza a escala microscópica, sino de una buena parte de los fenómenos cuya aplicación ha cambiado la sociedad en los últimos años: ordenadores, televisores o centrales nucleares constituyen algunos ejemplos familiares a todos. En este capítulo presentamos una muy breve introducción a la relatividad y a la mecánica cuántica, así como su aplicación a algunas cuestiones específicas del tema que nos interesa en este texto.

Cuando en 1905 Einstein formuló la teoría de la relatividad, produjo también la que sin duda es la más conocida ecuación de la física,

$$E = mc^2. \tag{1}$$

Esta ecuación expresa la equivalencia de masa y energía: E es la energía correspondiente a una partícula de masa m. En la fórmula que las liga, c es la velocidad de la luz en el vacío, 300 000 km/segundo. Debido a lo enorme de este número, la energía que se produce al desintegrarse la materia, o la que es necesaria para crear materia a partir de energía, es muy sustancial. Si, por ejemplo, pudiésemos desintegrar la milésima parte de la materia de un gramo de hidrógeno, su temperatura subiría a diez mil millones de grados.

Aunque menos conocidas que la ecuación de Einstein, las relaciones de incertidumbre (o indeterminación; ambas denominaciones se utilizan indistintamente) de Heisenberg (1927) tienen un significado tal vez más profundo que aquella. Las relaciones de incertidumbre que a nosotros nos van a interesar se escriben como

$$\Delta x \cdot \Delta p \simeq h/2\pi, \tag{2}$$

y

$$\Delta t \cdot \Delta E \simeq h/2\pi. \tag{3}$$

h es la llamada *constante de Planck*, introducida por éste en 1900. En la primera ecuación Δx, Δp representan, respectivamente, la *indeterminación* en la posición y momento (igual al producto de masa por velocidad, en la aproximación no-relativista) de una partícula.

Esta indeterminación puede entenderse de distintas maneras. Por ejemplo, si intentamos medir la posición de una partícula, digamos de un electrón, con una precisión de $\Delta x = 1$ milímetro, entonces su velocidad estará indeterminada, *al menos*, en unos cien kilómetros por hora.

Así mismo, la segunda ecuación (3) de Heisenberg, conocida también como relación de incertidumbre de Bohr–Heisenberg, nos dice que la energía de una partícula puede fluctuar en la cantidad ΔE, con tal de que estas fluctuaciones duren un tiempo Δt.

La relación de Heisenberg (2) puede deducirse de una igualdad, la llamada *regla de conmutación* de Heisenberg, que constituye uno de los pilares teóricos de las ideas cuánticas:

$$[\hat{x}, \hat{P}] = ih/2\pi, \tag{4}$$

donde $\hat{x}$, $\hat{P}$ son las entidades matemáticas que corresponden a las cantidades observables posición y momento (respectivamente) de una partícula. Pero (2) y (3) no son las únicas incertidumbres: al final de este capítulo veromos otras relacionadas directamente con el tema de este libro.

Así como c es muy grande, y por tanto las correcciones relativistas son despreciables para velocidades pequeñas comparadas con la de la luz, h es muy pequeño y por tanto, para objetos macroscópicos, la indeterminación de Heisenberg es inobservable.

Por supuesto, ni la ecuación de Einstein ni las relaciones de Heisenberg, que acabamos de discutir, son las únicas que definen la relatividad y la mecánica cuántica. En particular, una buena parte de los resultados de la teoría cuántica no-relativista pueden obtenerse a partir de ecuaciones encontradas en 1926 por el gran físico austríaco Erwin Schrödinger. En su versión conocida como *dependiente del tiempo*, la ecuación de Schrödinger se escribe como

$$i\hbar\partial_t\Psi(\mathbf{x}, t) = \left\{\frac{1}{2m}\hat{\mathbf{P}}^2 + V(\mathbf{x})\right\}\Psi(\mathbf{x}, t), \tag{5}$$

y nos indica la evolución en el tiempo (∂_t) de la *función de onda*, $\Psi(\mathbf{x}, t)$, cuyo valor describe el estado de una partícula en mecánica cuántica. V es el valor del potencial correspondiente a las fuerzas a las que estuviera sujeta la partícula y, finalmente, $\hbar$ es la constante de Planck racionalizada, $\hbar = h/2\pi$. Puede demostrarse, como el propio Schrödinger y Pauli hicieron, que la dinámica implicada por la ecuación de Schrödinger, (5), es equivalente a la que se sigue de las relaciones de Heisenberg.

Esta conexión se hace más comprensible si tenemos en cuenta que (como descubrió Max Born) la cantidad $\Psi(\mathbf{x}, t)$ está relacionada con la *probabilidad* de encontrar la partícula en el lugar $\mathbf{x}$, en el instante de tiempo t: la ecuación de Schrödinger describe la evolución de *probabilidades*. Volveremos sobre aplicaciones y generalizaciones de esta ecuación en el próximo capítulo.

La teoría de la relatividad fue (como ya se dijo) presentada en 1905 por Einstein, culminando trabajos de FitzGerald, Larmor, Lorentz y Poincaré. Su postulado básico es la invariancia de la velocidad de la luz, de donde se sigue por ejemplo la relación de Einstein expresada en la ecuación (1). Desde el principio, casi desde el mismo momento que se propuso la teoría de Einstein, los físicos intentaron reformular las diferentes dinámicas para hacerlas compatibles con la relatividad.

El propio Einstein fue el principal artífice de la formulación de la teoría de la gravitación universal, completada en 1915, y compatible con la relatividad. A esta teoría se la conoce también como *relatividad general*, y constituye uno de los logros mayores del intelecto humano, en el que se reduce la gravitación a geometría. No fue un empeño fácil, y requirió no sólo el genio de Einstein, sino, en diversos estadios, la contribución de gigantes de la ciencia como Hilbert o Hermann Weyl, entre otros. Sin embargo, ha resultado mucho más difícil aún el formular dinámicas compatibles, *a la vez*, con relatividad y mecánica cuántica, lo que como hemos comentado (y discutiremos en detalle más adelante) sólo se consiguió al final de los años cuarenta para las interacciones electromagnéticas y en los 71-73 para interacciones débiles y fuertes. Y algo que, repito, todavía no se ha conseguido para la interacción gravitatoria.

Desde un punto de vista que tenga en cuenta la incompatibilidad (hasta el momento) de la relatividad general con la mecánica cuántica podemos decir que nuestra visión actual del mundo es *incompleta*. Aunque esta incompletitud es irrelevante a efectos prácticos (cuando la influencia de la gravedad es observable, los efectos cuánticos son despreciables, y viceversa) lo cierto es que existe una dificultad de principio. Como quedará claro a lo largo de este libro, no tenemos una idea generalmente aceptada acerca de cómo podría llegarse a superar el problema cuya discusión, de momento, abandonamos.

Producción y desintegración de partículas. La relatividad (especial) y la mecánica cuántica no sólo desempeñan un papel importante a la hora de formular las teorías de las distintas interacciones de las partículas elementales; también lo hacen en la misma producción y desintegración de estas partículas.

Con respecto a la relatividad puede decirse que, sin duda, los aceleradores de partículas la utilizan a fondo. En estos aceleradores se produce, al chocar las partículas, una enorme cantidad de energía concentrada en una región muy pequeña. Esta energía se materializa en partículas, en general distintas de las que chocaron.

La mecánica cuántica tiene también que ser tenida en cuenta para entender los procesos de producción y desintegración de partículas. El hecho de que en el mundo cuántico es imposible predecir con certeza lo que va a ocurrir, y sólo podamos calcular *probabilidades*, tiene una importantísima consecuencia en estos procesos: nunca podemos saber con certeza qué partículas vamos a producir, ni en qué van a desintegrarse las que son inestables. Un ejemplo ilustrará esto.

Consideremos las colisiones entre positrones y electrones (e^+, e^-), a 5 GeV de energía, como las que permitieron al acelerador SPEAR, en Stanford, descubrir la partículas τ (*tau*), y el quark c. Resulta que la *misma* colisión puede producir, aleatoriamente, estados distintos. En particular la colisión puede ser elástica, esto es, electrón y positrón pueden simplemente salir rebotados hacia direcciones distintas de la que llevaban en el choque. Pero pueden aniquilarse en energía y esta materializarse después (millonésimas de billonésimas de segundo después) en partículas distintas de los iniciales e^+, e^-. Podemos tener, en particular, alguno de los siguientes procesos:

$$\begin{array}{llcl}
(1): & e^+, e^- \to & \bar{u}u & [20\%] \\
(2): & e^+, e^- \to & \bar{d}d & [7\%] \\
(3): & e^+, e^- \to & \bar{s}s & [6\%] \\
(4): & e^+, e^- \to & \bar{c}c & [15\%] \\
(5): & e^+, e^- \to & \mu^+\mu^- & [16\%] \\
(6): & e^+, e^- \to & \tau^+\tau^- & [12\%].
\end{array}$$

Los números entre corchetes representan el porcentaje (aproximado) en que se produce cada reacción.

Además, hay otras variaciones posibles: podemos tener el proceso e^+, $e^- \to \bar{q}q + G$, con q un quark cualquiera de los u, d, s, c y G un gluón, que ocurre una vez por cada cuatro de las que se producen los mismos quarks *sin* el gluón; y, de cuando en cuando, también se observan procesos más complicados: con fotones o gluones extra, etc.

Las reglas de la mecánica cuántica implican que no sólo la teoría no puede predecir cuál de los procesos arriba citados se va a producir; sino que tal predicción es imposible, y que los porcentajes dados más arriba es lo único que podemos llegar a conocer. De manera que es necesario repetir muchas veces el experimento si queremos tener una estadística fiable: hay que realizar miles, o incluso millones de colisiones, para estar seguros de que las medidas experimentales están (o no están) de acuerdo con las predicciones teóricas.

Las cosas no acaban aquí. No sólo no sabemos (excepto estadísticamente) qué partículas vamos a producir: tampoco es posible predecir, salvo estadísticamente, cómo las partículas inestables se van a desintegrar.

Por seguir con el ejemplo anterior: consideremos el tau y antitau, τ^-, τ^+ que se producen un doce por ciento de las veces en las colisiones e^+, e^-. El leptón τ^- puede desintegrarse de las siguientes maneras:

$$\begin{array}{lcll}
(1): & \tau^- \to & \nu_\tau + \bar{\nu}_e + e^- & [18\%] \\
(2): & \tau^- \to & \nu_\tau + \bar{\nu}_\mu + \mu^- & [17\%] \\
(3): & \tau^- \to & \nu_\tau + \bar{u} + d & [60\%] \\
(4): & \tau^- \to & \nu_\tau + \bar{u} + s & [3\%].
\end{array}$$

Estas son las desintegraciones más importantes; hay además un número de otras posibles, pero con menos probabilidad de producirse. Resulta pues que, si queremos identificar una partícula, tenemos que estudiar muchas desintegraciones, hasta que la muestra sea estadísticamente significativa.

A veces la posibilidad de que un mismo tipo de partícula pueda desintegrarse de *distintas* maneras podemos aprovecharla para identificar señales que nos especifiquen inequívocamente la partícula que hemos producido. Consideremos la desintegración de la antipartícula de la τ^-, la τ^+. Lo que se ha dicho arriba para las desintegraciones de la τ^- vale para la τ^+, con el simple cambio de partículas por antipartículas. En especial obtendremos la desintegración

$$\tau^+ \to \bar{\nu}_\tau + \nu_\mu + \mu^+$$

un 17% de las veces. En consecuencia resulta que un 3% de las veces ocurrirán las desintegraciones simultáneas

$$\begin{array}{ll}
\tau^- \to & \nu_\tau + \bar{\nu}_e + e^- \\
\tau^+ \to & \bar{\nu}_\tau + \nu_\mu + \mu^+.
\end{array}$$

Teniendo en cuenta además que el par $\tau^+\tau^-$ se produce en una de cada ocho colisiones inelásticas entre positrones y electrones, como vimos hace un rato, nos resulta que, en unas *cuatro* colisiones de cada *mil*, tendremos el proceso

$$\begin{array}{l}
e^+e^- \to \tau^+ + \tau^- \\
\qquad\qquad\quad \tau^- \longrightarrow \nu_\tau + \bar{\nu}_e + e^- \\
\qquad\qquad\quad \tau^+ \longrightarrow \bar{\nu}_\tau + \nu_\mu + \mu^+.
\end{array}$$

Es decir, al final encontraremos un electrón (e^-), un (anti)muón, μ^+, y neutrinos (que no dejan rastro en el detector). Esta es una señal muy clara, que prácticamente sólo puede ser producida por leptones *tau*. Es la señal que buscó Perl, y la que le permitió descubrir estas partículas.

CAPÍTULO 8.

Fotones y electrones. La interacción electromagnética. Antipartículas. Correcciones radiativas

§8.1. Interacciones electromagnéticas a escalas macroscópicas y microscópicas; fotones

Uno de los más notables logros de la física del siglo XIX fue la comprensión de los fenómenos electromagnéticos. Comprensión en la que participaron muchos científicos, entre los que destacan dos británicos: el inglés Michael Faraday, responsable de una buena parte de la investigación y los conceptos experimentales, y el escocés James Clerk Maxwell. A este último se debe la síntesis teórica, condensada en unas pocas ecuaciones fundamentales, de las propiedades de las interacciones electromagnéticas a nivel clásico, esto es, *macroscópico*.

Los fenómenos electromagnéticos, tal y como se entendían a finales del siglo XIX, se suponían debidos a la fuerza que una carga eléctrica ejerce sobre otra: tanto si las cargas son estáticas (y entonces la fuerza viene dada por la conocida ley de Coulomb) como si están en movimiento, situación en la que se generan campos magnéticos. Las vibraciones de estos campos electromagnéticos se suponían propagándose por el éter (el "éter luminífero") y la luz se identificaba como un caso particular de estas vibraciones electromagnéticas. La corriente eléctrica se interpretaba como una especie de fluido: recuérdese que, todavía en 1896, Lord Kelvin defendía esta naturaleza continua de la electricidad.

No es fácil exagerar la importancia que tuvo la comprensión de las interacciones electromagnéticas a nivel clásico: por supuesto desde un punto de vista fundamental, pero tal vez aún más en cuanto a sus aplicaciones. Estas incluyen todos los aparatos conocidos como eléctricos (pero *no* los electrónicos; por ejemplo, un transistor *no* puede explicarse con la teoría electromagnética clásica). Bombillas, telégrafo y teléfono, radio, motores eléctricos, baterías, dinamos son sólo unos pocos ejemplos de la utilidad práctica de los resultados de las investigaciones en electromagnetismo.

En un nivel *fundamental* la importancia del electromagnetismo clásico se debe, entre otros motivos, a que ha constituido un importante referente. Cualquier teoría que se imaginase para el electromagnetismo a nivel *microscópico* tenía que pasar por el estricto *test* de reproducir las ecuaciones de Maxwell a nivel *macroscópico*.

Sin embargo, esta validez del electromagnetismo clásico como referente no quiere decir que el substrato microscópico que las investigaciones realizadas en el siglo XX ha revelado sea, ni de lejos, parecido a la idea que Faraday y Maxwell se hicieron acerca del electromagnetismo; de hecho para comprender el substrato microscópico fue necesario cambiar todos los fundamentos de la física decimonónica. Esta revolución ocurrió a través de una serie de pasos.

En primer lugar el descubrimiento del electrón, todavía en el siglo XIX, produjo ya una subversión de las ideas clásicas: la electricidad no era, a fin de cuentas, un fluido continuo, sino que consistía en el movimiento de unas partículas elementales provistas de carga eléctrica. Pero esto no representó todavía una ruptura importante; la carga eléctrica del electrón es tan pequeña, y hay tantos electrones que se mueven en una corriente eléctrica ordinaria, que la aproximación de considerarla como algo continuo es muy buena y, además, no es difícil reformular las leyes de Maxwell teniendo en cuenta la naturaleza corpuscular de la electricidad.[23]

En segundo lugar, y también a finales del siglo XIX, los experimentos de Michelson y Morley demostraron que la velocidad de la luz no depende ni del estado de movimiento o reposo del foco que la emite, ni de la velocidad con la que se mueva el observador que la detecta. Pero a la postre esto, aunque generó una de las dos grandes revoluciones que se produjeron en la física del siglo XX, la teoría de la relatividad, se saldó con un *triunfo* del electromagnetismo clásico. En efecto, como demostraron FitzGerald, Lorentz, Poincaré y (sobre todo) Einstein, era la *mecánica de Newton* lo que había que modificar para hacerla compatible con las ecuaciones de Maxwell, que así salían reforzadas.

Esta victoria de las ecuaciones de Maxwell fue efímera. En el mismo año que Einstein presentó la formulación de la teoría de la relatividad, su *annus mirabilis* de 1905, mostró también que, para entender efectos tales como el fotoeléctrico, es necesario suponer que la luz está constituida por un enjambre de partículas, los *fotones*. Esto fue algo totalmente revolucionario y de hecho Einstein recibió el premio Nobel (según muchos físicos, con toda justicia) *no* por la teoría de la relatividad, especial o restringida, sino por esta explicación del efecto fotoeléctrico.

En el siglo XVII se produjo una fuerte polémica entre Newton, que sostenía que la luz es un conjunto de partículas, y el holandés Huygens, el cual la interpretaba como un movimiento vibratorio. Únicamente el enorme prestigio de Newton mantuvo abierta la polémica, y sólo en vida de éste. La

[23] Excepto por el problema de la interacción del electrón con su propio campo eléctrico. Problema muy profundo y que sólo ha sido resuelto en los años cincuenta con la teoría de la renormalización, que discutiremos más adelante.

evidencia (interferencias y las leyes de la refracción en particular) era aplastante a favor del carácter ondulatorio de la luz, y cuando Einstein propuso su aventurada hipótesis hacía mucho tiempo (en especial desde los experimentos de interferencia realizados por Young en torno a 1800) que la comunidad científica se había decantado por las ideas de Huygens. En cierto modo, es un caso de justicia poética el que la misma persona (Einstein) que demostró que había que abandonar la mecánica newtoniana fuese la que diera la razón a Newton,[24] vindicando sus ideas sobre la naturaleza de la luz: esta *también* tiene una estructura corpuscular.

Pero la explicación de Einstein del efecto fotoeléctrico no invalidaba la aplastante evidencia de que la luz, o, más generalmente, la radiación electromagnética, presenta en muchos fenómenos un comportamiento ondulatorio. Para resolver esta paradoja fue necesario inventar una nueva mecánica, la mecánica cuántica, mucho más revolucionaria con respecto a la de Galileo y Newton que la relatividad, y según la cual es imposible tener una descripción completa (en el sentido clásico) del mundo microscópico.

§8.2. Rutherford frente a Maxwell. La ecuación de Schrödinger. El átomo de hidrógeno

Cuando en el capítulo 3 describíamos el descubrimiento por Rutherford de la estructura del núcleo atómico, señalábamos que abría más problemas de los que resolvía; y discutimos dos de ellos, la necesidad de la existencia de unas nuevas interacciones (las interacciones fuertes) que mantuviesen el núcleo atómico cohesionado y la propia estructura de este núcleo. Pero además de estos dos interrogantes se abrió otro, tal vez más importante que los anteriores: la estructura del átomo que los experimentos del neozelandés habían revelado resultaba ser incompatible con la teoría clásica del electromagnetismo, en particular con las ecuaciones de Maxwell.

La razón de esta incompatibilidad no es difícil de comprender. En el modelo de Rutherford el átomo consiste en un núcleo muy pequeño, unos 10^{-13} centímetros, que concentra la mayor parte de la masa del átomo, y cargado eléctricamente con carga positiva. Girando a su alrededor a gran distancia[25] se encuentra una nube de electrones, con carga eléctrica negativa. Y aquí aparece el problema. Una carga que gira está sujeta a una aceleración centrípeta y según las ecuaciones de Maxwell, de hecho según todo lo que se sabía del electromagnetismo clásico, esta aceleración implica que la carga (los electrones)

---

[24] Pero sólo en un sentido poético; en la polémica *científica* entre Newton y Huygens era el holandés el que tenía razón.

[25] "Gran distancia" comparada con el tamaño del núcleo.

deberían radiar energía electromagnética y, por tanto, perder velocidad y caer hacia el núcleo. Este fenómeno es similar al que hemos discutido para los aceleradores circulares. En ellos se estabiliza el movimiento de los electrones (si el acelerador es un acelerador de electrones) inyectándole energía del exterior; pero en un átomo aislado esta inyccción de energía del exterior no ocurre: todos los átomos deberían ser inestables, algo que por supuesto no es cierto. Además, cuando al átomo se le excita, acaba por volver a un estado con menor energía emitiendo radiación electromagnética, de acuerdo con lo predicho por las ecuaciones de Maxwell; pero, en contra de lo que dicen éstas, la radiación no se emite de forma continua, sino en *cuantos* (paquetes) discretos.

La solución de estos problemas implicó la construcción de una nueva mecánica, la mecánica cuántica, radicalmente distinta de la clásica de Galileo y Newton. No es este el lugar de presentar una historia detallada de la génesis de esta mecánica; pero sí complementaremos lo mencionado en el capítulo anterior, en especial en lo que respecta a la resolución del "conflicto" Rutherford–Maxwell.

En 1923 el francés Louis de Broglie, en un notable salto intuitivo, razonó que si la luz, que posee indudables propiedades ondulatorias, se comporta como un enjambre de partículas (los fotones) entonces los electrones, que aparentan ser partículas, deberían (por consistencia) presentar propiedades propias de fenómenos ondulatorios. Y, efectivamente, uno de estos fenómenos se comprobó bastante rápidamente al observarse interferencias entre electrones en experimentos de difracción en redes cristalinas.

Este carácter ondulatorio del electrón ha encontrado multitud de aplicaciones; quizá la más conocida sea el microscopio electrónico que utiliza electrones en lugar de luz para "iluminar" los objetos que quieren observarse. Pero, aplicaciones aparte, el problema que se les planteó a los físicos en los primeros años veinte fue el inventar una mecánica que sustituyese a las conocidas leyes de Newton,

$$\vec{F} = m\vec{a}$$

("fuerza igual a masa por aceleración", etcétera), y que se aplicase a entidades con un carácter dual de ondas y partículas.

El paso tal vez más importante[26] a este respecto lo dieron el austriaco Erwin Schrödinger y el alemán Max Born. El primero escribió la ecuación, que hoy lleva su nombre, que describe en particular la evolución de *paquetes*

[26] Aunque no fue el primero. Como ya mencionamos en el anterior capítulo, Werner Heisenberg había desarrollado antes (1925) una dinámica de matrices que, aunque aparentemente muy distinta de la de la ecuación de Schrödinger, es completamente equivalente a ella.

de ondas, es decir, de vibraciones concentradas en una pequeña región del espacio. Esto permitía tener en cuenta el carácter ondulatorio de (digamos) los electrones. El carácter de partícula aparece cuando interpretamos con Born la *amplitud* (al cuadrado) de la oscilación en un punto, que en un fenómeno oscilatorio ordinario mediría la intensidad de la vibración, como la *probabilidad* de encontrar la partícula en ese punto.

La revolución es total: la teoría cuántica implica que, a escala microscópica, la naturaleza tiene un carácter puramente aleatorio, algo que ha molestado profundamente a bastantes físicos; entre los cuales muchos de primera fila, como Einstein (es famosa su frase acerca de no creer *en un dios que jugase a los dados*) o el propio Schrödinger. Pero no ha habido manera de librarse de esta indeterminación, que Heisenberg puso más de manifiesto en sus famosas relaciones de incertidumbre.

En 1926, el propio Schrödinger[27] utilizó su ecuación para atacar la estructura del átomo de hidrógeno, el más sencillo de todos. Schrödinger encontró que reproducía exactamente el espectro de energías que se había encontrado experimentalmente (la llamada serie de Balmer) para este átomo y, además, explicó cómo era posible la estabilidad del átomo. Resulta que la ecuación de Schrödinger para el átomo de hidrógeno implica la existencia de un estado con energía *mínima*, y que la distancia media del electrón al núcleo en este estado es de unos $0,5 \times 10^{-8}$ centímetros, que es en efecto lo que se observaba en los experimentos de Rutherford. Cuando un año después Heisenberg aplicó la ecuación de Schrödinger para calcular la estructura del siguiente átomo más complicado, el de helio, y encontró resultados en acuerdo con el experimento, quedó claro que la mecánica cuántica estaba allí para quedarse y permitía describir correctamente las interacciones electromagnéticas entre los electrones y el núcleo atómico.

Pero, a pesar de estos éxitos, la teoría de Schrödinger constituía sólo un primer paso: no cumplía con los requisitos de invariancia relativista ni describía la emisión y absorción de radiación por los átomos, cuestiones ambas que estaban destinadas a Dirac y sus sucesores.

§8.3. La ecuación de Dirac. Antipartículas

Cuando escribió su ecuación el propio Schrödinger sugirió una generalización que la hiciese compatible con la teoría de la relatividad. Tal ecuación (conocida como *ecuación de Klein–Gordon*, por los nombres de los científicos que más la estudiaron) no describe correctamente los electrones, únicas partículas elementales que se conocían en la época; pero no pasó mucho tiempo hasta

---

[27] *Phys. Zeitschr.*, **27**, 95 (1926).

que Dirac, en 1928, propusiese su famosa ecuación, que describe la interacción de electrones con potenciales electromagnéticos, que es invariante relativista y que, en el límite de velocidades pequeñas en comparación con la de la luz, se reduce a la ecuación de Schrödinger.

Aunque esta ecuación no es completamente satisfactoria, por motivos que veremos después, representa un importante paso en la comprensión de los requisitos que la relatividad impone sobre la mecánica cuántica: además de producir varios resultados en acuerdo con las medidas experimentales. En efecto, las correcciones que la ecuación de Dirac implican para los niveles energéticos del átomo de hidrógeno, la llamada *estructura fina*, estaban de acuerdo con los obtenidos en medidas espectroscópicas; y la ecuación de Dirac implica también la existencia de un momento magnético μ_{e} para el electrón, de valor igual al llamado magnetón de Bohr, $\mu_{\mathrm{B}} = e\hbar/2mc$, con e la carga eléctrica del electrón, también de acuerdo con el valor experimental.

Finalmente, la ecuación de Dirac conlleva la existencia de *antipartículas*. Esto es, implica la existencia, para cada partícula (por ejemplo, el electrón, símbolo e^-) de una antipartícula (el *positrón*, símbolo e^+), con todas las propiedades idénticas excepto la carga eléctrica, que es opuesta. Y en efecto, el positrón fue identificado por Anderson en rayos cósmicos (1931), habiéndose encontrado sucesivamente todas las demás antipartículas sin excepción.

Las antipartículas se denotan anteponiendo el prefijo *anti-* al nombre de la partícula y, en símbolos, con el mismo que a la partícula pero poniéndole una barra encima. Así el protón (símbolo p) tiene como antipartícula al antiprotón (símbolo $\bar{p}$); al neutrino (ν) corresponde el antineutrino ($\bar{\nu}$) y al quark q el antiquark $\bar{q}$. La única excepción a esta regla es el electrón (símbolo e, o e^-) cuya antipartícula, por razones históricas, se denota por e^+ y se la llama positrón.[28] Algunas partículas son sus propias antipartículas; un ejemplo de esto es el fotón.

La relación partícula–antipartícula es simétrica; llamamos partícula al electrón o al protón y antipartículas a positrones y antiprotones porque en nuestra vecindad (aquí vecindad se entiende en sentido cósmico, unos diez mil millones de años luz) hay muchos más electrones y protones que positrones y antiprotones. Volveremos más adelante sobre esta intrigante asimetría de la naturaleza, uno de los problemas centrales de la moderna cosmología.

A pesar de estos éxitos, está bastante claro que la ecuación de Dirac no puede representar una unificación completa de relatividad y mecánica cuántica

[28] La notación, pero no el nombre, se utiliza también para los electrones pesados, *muón* y *tau*. De manera que tenemos μ^- y τ^- para las partículas y μ^+, τ^+ para las antipartículas.

para las fuerzas electromagnéticas; y esto por los siguientes motivos. En primer lugar, la ecuación de Dirac describe un único electrón, interaccionando con campos electromagnéticos *clásicos*. Por lo tanto, no describe los procesos de emisión y absorción de radiación que se dan, por ejemplo, en la desintegración de los niveles excitados del átomo de hidrógeno; ni la colisión de fotones y electrones, conocida como *colisión Compton*:

$$\gamma + e^- \to \gamma + e^- .$$

Además, aunque la ecuación de Dirac predice la existencia de los positrones, no describe los procesos de creación y aniquilación de estos, por ejemplo, los procesos observados experimentalmente de aniquilación de un electrón y un positrón en dos o tres rayos gamma (fotones):

$$e^+ + e^- \to 2 \text{ ó } 3\,\gamma.$$

En breve: la ecuación de Dirac no tiene en cuenta la naturaleza corpuscular de la luz, descubierta ya en 1905 por Einstein, y una de las bases de la mecánica cuántica.

§8.4. Absorción y emisión de radiación. Segunda cuantización. Electrodinámica cuántica

La primera objeción a la ecuación de Dirac fue resuelta por el propio Dirac en 1927, de hecho antes de inventar su ecuación, en un trabajo que impresionó a Einstein.[29] En él se introducía la interacción con un campo electromagnético que no era ya, como en mecánica clásica, una función ordinaria, sino un "operador" que representaba la probabilidad de creación y aniquilación de fotones. De esta manera pudo Dirac calcular la probabilidad de desintegración de niveles energéticos excitados de los átomos, como

$$\mathrm{H}(2P) \to \mathrm{H}(1S) + \gamma, \tag{9}$$

o la colisión Compton. El trabajo original de Dirac se realizó en un contexto no-relativista, pero no hay dificultad en generalizarlo relativísticamente teniendo en cuenta la propia ecuación de Dirac.

El reemplazar el campo electromagnético clásico ("número-c", c de clásico) por un operador ("número-q", q de cuántico —*quantum*—) que crea y aniquila las partículas asociadas indicaba la dirección correcta. No es fácil explicar en términos no matemáticos (ni en términos matemáticos) qué es un *operador*.

[29] Éste escribió a Ehrenfest: "Tengo dificultad con Dirac. Este equilibrismo sobre la mareadora senda entre genio y locura es sobrecogedor". (Citado en el libro de A. Pais, *El Señor es sutil* ..., p. 443).

Podemos decir que, así como una función ordinaria (digamos, la que representa en electromagnetismo clásico al campo eléctrico, $\mathcal{E}$) tiene un valor bien definido, un operador traduce la incertidumbre cuántica y puede tener valores aleatorios. En particular, puede representar tanto creación como aniquilación de fotones.

La complejidad de este concepto, que matemáticamente requiere trabajar con infinitos espacios de infinitas dimensiones, ha sido uno de los frenos para el desarrollo de teorías plenamente cuánticas de las interacciones. Pero esta complejidad es inevitable; hoy en dia está claro, más allá de toda duda razonable, que todas las partículas deben ser representadas, en una teoría completamente cuántica y relativista, en la que se implemente la posibilidad indicada por la ecuación de Einstein $E = mc^2$ de transformación de materia en energía por operadores campo conteniendo creación y aniquilación de partículas. A este proceso se le conoce a veces como "segunda cuantización".

Este programa comenzó a ser implementado, con respecto al campo electromagnético, en los cálculos de Dirac citados y en los de Enrico Fermi,[30] quien presentó una formulación completamente relativista para el fotón. Con respecto al campo asociado con electrones y positrones, el camino fue más lento. En 1928, P. Jordan y E. P. Wigner [31] mostraron que, debido al principio de exclusión de Pauli, la cuantización del campo del electrón requería anticonmutadores en lugar de conmutadores. Finalmente, entre 1934 y 1937, Heisenberg y Kramers indicaron que había que reinterpretar la ecuación de Dirac, considerándola como derivada de un lagrangiano. No comentaremos estos últimos desarrollos, excesivamente técnicos para ser discutidos aquí.

Es difícil de sobreestimar la importancia de la formulación de segunda cuantización de las interacciones entre electrones (y positrones) y fotones, conocida como *electrodinámica cuántica* (y a veces como QED, de sus iniciales en inglés). Las ecuaciones correspondientes, que, si pedimos consistencia (más precisamente, *renormalizabilidad*, un concepto que discutiremos más adelante), resultan ser *únicas*, permiten dar una descripción, unificando relatividad y mecánica cuántica, de *todos* los procesos puramente electromagnéticos y resuelven los problemas que presentaba la ecuación de Dirac.

Así, la interacción entre partículas cargadas resulta ser debida al intercambio de fotones entre estas partículas, como se muestra en la fig. 9. Es decir: la interacción entre las dos partículas cargadas ocurre porque una de ellas emite un fotón, que es absorbido por la otra. De esta forma los electrones intercambian fotones, y al hacerlo cambian de dirección. Algún ingenioso (muy

[30] *Atti Accad. Lincei*, **9**, 881 (1929); **12**, 431 (1930); *Rev. Mod. Phys.* **4**, 87 (1932).
[31] *Z. Phys.* **47**, 631 (1928).

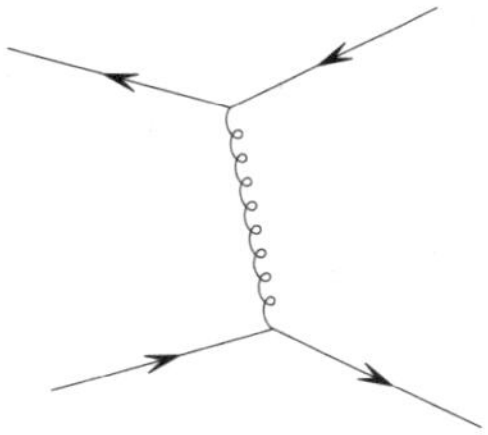

FIGURA 9. La línea ondulada representa el intercambio de un fotón para interacciones electromagnéticas. Las líneas continuas indican partículas cargadas, que cambian de dirección al emitir/absorber el fotón intercambiado.

probablemente holandés, entre los que el deporte de patinar sobre hielo tiene muchos adeptos) ha imaginado la analogía con dos patinadores que se lanzan un saco de arena. Si uno se imagina las trayectorias de los dos patinadores, es claro que cambian de dirección precisamente en el punto en el que se produce el intercambio.

En el límite de velocidades pequeñas en comparación con la de la luz, puede demostrarse que la interacción representada en la fig. 9 se reduce a una interacción con un potencial coulombiano ordinario, *con correcciones relativistas*. Estas correcciones, evaluadas por G. Breit[32] y por E. Fermi y H. A. Bethe[33] se deben, en particular, a que la interacción descrita por la fig. 6 no es instantánea, produciéndose un efecto de retardación en el potencial debido a la velocidad finita de propagación de la partícula intercambiada: el fotón, en el caso de las interacciones electromagnéticas. De nuevo las correcciones de retardación fueron comprobadas experimentalmente, en especial en el positronio (estado ligado de electrón y positrón) y en el átomo de helio, donde son más importantes.

Estos éxitos culminaron en los trabajos de Dyson, Tomonaga, Schwinger y Feynman (entre otros), que mostraron cómo obtener, al menos en principio, predicciones a orden arbitrario de precisión calculando las diversas cantidades observables en aproximaciones sucesivas (lo que en matemáticas se conoce como *serie de potencias*) en la llamada *constante de estructura fina*,

$$\alpha = e^2/\hbar c \simeq 1/137.036\cdots,$$

[32] *Phys. Rev.* **34**, 553 (1929).

[33] *Z. Phys.* **77**, 296 (1932).

donde e representa la carga del electrón, $\hbar$ es la constante de Planck y c representa la velocidad de la luz.

Sin embargo, ya a finales de los años cuarenta (después del obligado paréntesis de la segunda guerra mundial) era evidente, tanto por resultados experimentales como por argumentos teóricos, que la teoría cuántico-relativista de interacciones electromagnéticas era menos sencilla de lo que a primera vista parecía. Algo que se debe a la cuestión de las llamadas correcciones radiativas, que pasamos a considerar, y al fenómeno de renormalización, que discutiremos en el próximo capítulo.

§8.5. Electrodinámica cuántica más allá de la primera aproximación: correcciones radiativas. ¿Es la naturaleza sencilla?

Puede formularse la electrodinámica cuántica a través de lo que se conoce como una *densidad lagrangiana*, a la que se suele denotar por el símbolo $\mathcal{L}$, y que se puede describir con la siguiente fórmula:

$$\mathcal{L} = \hat{\psi}^{\dagger}\gamma_0 \left\{ i \sum_{\mu} \gamma_\mu (\partial_\mu + e\hat{A}_\mu) - m \right\} \hat{\psi} - \tfrac{1}{4} \sum_{\mu\nu} (\partial_\mu \hat{A}_\nu - \partial_\nu \hat{A}_\mu)^2. \qquad (1)$$

No vamos a explicar esta ecuación, cuya comprensión requiere estudios avanzados en física de partículas; lo cual tal vez puede producir a perplejidad a quien lea esto. ¿Por qué escribir la ecuación, aparentemente sólo reservada a quien posea conocimientos técnicos avanzados, y que —según dice Hawking— ahuyentará a más de un lector? Un motivo es que las ecuaciones que describen las demás interacciones (fuertes y débiles) son muy parecidas a la ecuación (1), con unas mínimas alteraciones y complicaciones: y tiene un cierto interés mostrar, al menos, la ecuación que define la menos compleja de las tres interacciones.

Pero este motivo no es el único, ni el más importante. El principal es que la consideración de la ecuación (1), que describe la teoría relativista y cuántica de las interacciones electromagnéticas, la *electrodinámica cuántica*, nos va a servir para hacer un aparte y discutir, con un mínimo conocimiento de causa, una importante cuestión. Esta cuestión es la sencillez, o no sencillez, de las leyes últimas que rigen el universo.

Hay entre los científicos, a este respecto, dos escuelas de pensamiento; y, por supuesto, todos los matices intermedios. Están quienes opinan que la naturaleza física muestra, cuando se profundiza en ella, una notable sencillez, y a quienes vamos a denominar aquí como "simplicistas". Podemos tomar como lema de los que esto piensan la conocida afirmación de Einstein de que lo más misterioso del cosmos es que podamos comprenderlo. A veces incluso se sacan consecuencias de esta idea de simplicidad acerca de una interna sencillez y armonía de la naturaleza, por no citar conclusiones metafísicas y teológicas.

Por supuesto, están también los que consideran que tal sencillez es ficticia, (a los que llamaremos "no-simplicistas") y que, además, responden a la afirmación de Einstein que, muy al contrario de lo que ésta pretende, el que comprendamos el cosmos no debe resultar sorprendente: la selección natural ya se ha encargado de eliminar a los incapaces de hacerlo. Podríamos considerar como lema de los no-simplicistas los juramentos de los alumnos batallando con la asignatura de mecánica cuántica avanzada, a los que la sencillez del tema sonará, sin duda, a sarcasmo.

Un primer vistazo a la ecuación básica de la electrodinámica cuántica, la ecuación (1) que hemos mostrado más arriba, parece dar un importante argumento a los *simplicistas*: ¡toda la capacidad predictiva de la electrodinámica cuántica se puede condensar en una fórmula que ocupa una sóla línea! Pero, como el lector imaginará, las cosas no son tan evidentes.

En primer lugar, no basta con escribir la ecuación básica de la electrodinámica cuántica; para resolver el problema de las interacciones electromagnéticas hace falta interpretar la ecuación y saber cómo utilizarla: algo que requiere bastantes páginas y amplios conociemientos, muy técnicos. Por otra parte, la aparente simplicidad de la ecuación esconde complicaciones cuando nos preguntamos lo que significan los símbolos que aparecen allí.

El símbolo $\hat{\psi}$ denota un *operador* que crea y aniquila tanto electrones como positrones, y los $\hat{A}_\mu$ denotan otro operador que representa también creación y aniquilación, pero ahora de fotones. γ_0, γ_μ representan matrices (introducidas por Dirac cuando formuló su ecuación). Finalmente, el símbolo e denota la carga eléctrica del electrón, y el símbolo m su masa. Y aquí nos encontramos con una complicación extra: incluso las cantidades que parece que podemos comprender sin excesivas dificultades, m y e, la masa y la carga del electrón, encierran sorpresas y complicaciones relacionadas con la cuestión de la renormalización, que discutiremos más adelante. Por no hablar de otras difíciles cuestiones no triviales conectadas con la invariancia gauge que obligan a una reinterpretación y ampliación del lagrangiano $\mathcal{L}$, y que no discutiremos.

¿Podemos concluir entonces que la teoría de interacciones electromagnéticas, cuánticas y relativistas, es en realidad extraordinariamente complicada? Indudablemente, es menos sencilla de lo que un primer vistazo a la ecuación (1) pueda hacer pensar; pero, teniendo en cuenta la increíble precisión de los resultados que se obtienen con ella, y su extraordinario dominio de validez, desde energías minúsculas hasta las gigantescas del acelerador LEP-II, no estoy seguro de que los simplicistas estén totalente equivocados.

Dejamos aquí por tanto la controversia entre *simplicistas* y *no-simplicistas*, de la que únicamente queríamos presentar un aperitivo. Una consideración más profunda implicaría adentrarnos en otras cuestiones de física, además de requerir excursiones por la lógica, matemáticas e incluso psicología o historia. Y, por supuesto, no conseguiríamos resolver la cuestión. El que la discusión haya perdurado desde Platón (cuya teoría de los arquetipos le colocan en el campo de los *simplicistas*) y Aristóteles (no-simplicista) hasta nuestros dias la señala como de naturaleza filosófica y, como tal, muy probablemente no decidible.

Volviendo a un punto de vista práctico, tenemos que a pesar de su simplicidad —aparente o real— la teoría cuántico-relativista de interacciones electromagnética es difícil de utilizar, incluso en teoría de perturbaciones. De hecho, hasta 1947 sólo se habían hecho cálculos al orden de aproximación más bajo. Estos incluían los efectos de retardación ya indicados, o el cálculo en primera aproximación de la aniquilación de electrón-positrón en dos o tres fotones. Pero pronto se vio que cálculos a ordenes superiores presentaban dificultades nuevas; y ya antes de la guerra Heisenberg y Pauli[34] se habían dado cuenta de que la autoenergía del electrón (esto es, la energía adquirida por el electrón debido a la interacción con su propio campo eléctrico) resultaba ser, si se calculaba ingenuamente, *infinita*.

¿Qué queremos decir cuando nos referimos a un *cálculo ingenuo*? Por supuesto, esto sólo se verá con claridad cuando, más adelante, describamos cálculos sofisticados; pero, precisamente para ayudar a comprender dicha sofisticación, diremos unas palabras acerca de cuándo un cálculo es *ingenuo*.

Consideremos la evaluación de una cantidad en teoría de interacciones electromagnéticas. Esta cantidad dependerá del valor de la carga eléctrica de las partículas que intervengan, digamos electrones, que denotamos por $e_{\rm i}$ (*i* por *ingenuo*), y de la masa del electrón, $m_{\rm i}$. Puesto que calculamos en aproximaciones sucesivas, tenemos que suponer que $e_{\rm i}$, $m_{\rm i}$ representan la carga y la masa del electrón en ausencia de interacciones. Además, identificamos estas cantidades $e_{\rm i}$, $m_{\rm i}$ como las cantidades medidas experimentalmente utilizando campos eléctricos y magnéticos muy débiles, para que, efectivamente, al electrón pueda considerársele prácticamente como libre.

Aparentemente, esto es razonable; pero, como veremos, la identificación que acabamos de hacer entre partícula libre y partícula *en ausencia de interacción* es ingenua y de hecho incorrecta. En todo caso, si calculamos de la

---

[34] *Z. Phys.* **56**, 1 (1929); *ibidem* **59**, 168 (1930).

manera que acabamos de describir encontraremos, como ya hemos hecho notar, resultados formalmente infinitos en cuanto tengamos en cuenta correcciones radiativas.

Estos infinitos no fueron fáciles de entender, y desesperaron a los físicos durante mucho tiempo: el propio Heisenberg abandonó el tema y se dedicó a estudios de ferroelectricidad. La solución al problema, por medio de la llamada *renormalización*, la discutiremos en el próximo capítulo.

También en el frente experimental había dificultades. En particular, en una serie de brillantes experimentos llevados a cabo alrededor de 1947, Lamb y Retherford observaron que algunos niveles energéticos del átomo de hidrógeno que, según la teoría de Dirac (incluso después de haber incluido efectos de retardación) deberían haber sido degenerados,[35] mostraban una cierta separación en energía. Por ejemplo, entre los niveles 2S y 2P la separación era equivalente a $1057,8 \pm 0,1$ megaciclos. Análogamente, al realizarse medidas más precisas del momento magnético del electrón se halló una anomalía. Si definimos la *anomalía* como lo que se separa este momento magnético del valor del magnetón de Bohr, que es lo que predecía la ecuación de Dirac, en fórmulas

$$\mu_{\rm e} = (1 + a_{\rm e})\mu_{\rm Bohr},$$

con $a_{\rm e}$ la anomalía, tenemos que, experimentalmente, $a_{\rm e} \simeq 0,00116$. (Las primeras medidas de $a_{\rm e}$, debidas a Polycarp Kusch y Henry Foley, son de 1947).

Desde el punto de vista teórico, debemos considerar las correcciones de orden superior (en α), en particular las llamadas *correcciones radiativas*. Correcciones de este tipo aparecen cuando se tiene en cuenta el principio de incertidumbre, junto con la posibilidad relativista de crear partículas gastando energía. El efecto es el siguiente: una partícula (por ejemplo, un electrón) emite otra (por ejemplo, un fotón) de energía E_γ. Este fotón sólo vive un tiempo $t \simeq \hbar/E_\gamma$, después del cual es reabsorbido.

La explicación de este hecho viene dada por el principio de incertidumbre, y tiene una cierta analogía con el mecanismo de las *hipotecas* en la vida ordinaria. Podemos decir que el electrón pide en préstamo una energía que no tiene (una hipoteca) al principio de incertidumbre (*la banca Heisenberg*), energía que utiliza para emitir un fotón. Esto es aceptable con tal de que devuelva la hipoteca, reabsorbiendo el fotón, en un plazo dictado por el principio de incertidumbre.

---

[35] Se dice que dos niveles son *degenerados* cuando, a pesar de tener números cuánticos distintos, su energía es la misma. Esto ocurre en el ejemplo: el número cuántico en los que difieren los niveles 2S y 2P es el *número cuántico magnético*.

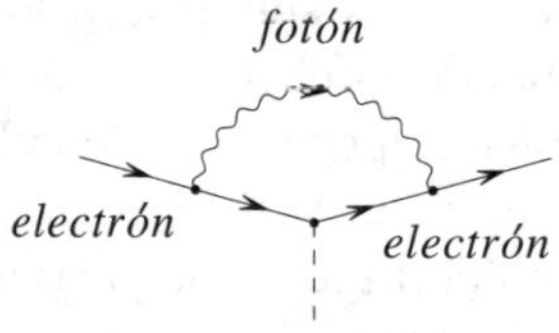

FIGURA 10. Emisión y absorción de un fotón por un electrón que, en el intermedio, interacciona con un campo externo (línea de puntos).

El proceso se muestra gráficamente en la fig. 10, en la que se representa un electrón que emite y luego reabsorbe un fotón, interaccionando en el intervalo con un agente externo (por ejemplo, un campo magnético) representado por la línea de puntos en la figura. Es evidente que la posibilidad de tales efectos modifica las propiedades de las partículas. Así, Julian Schwinger[36] mostró que la corrección debida a un proceso como el de la fig. 10 produce una anomalía en el momento magnético del electrón de valor $a_{\rm e} = \alpha/2\pi \simeq 0,00162$, en excelente acuerdo con el resultado experimental ya mencionado.

Tanto el valor experimental arriba citado como el teórico son los encontrados en los años cuarenta; como veremos, las precisiones experimental y teórica actuales son mucho mayores.

§8.6. Comprobaciones experimentales de la teoría de las interacciones electromagnéticas

No hay ejemplo de teoría en la que hayamos llegado a un nivel de comprensión, de precisión y de acuerdo con el experimento como en la *electrodinámica cuántica.* Los más espectaculares ejemplos de precisión de cálculo teórico, de finura de la medida experimental, y de acuerdo entre ambas, se dan para sistemas con una o dos partículas cargadas (electrones y muones). Pero los éxitos predictivos no se limitan a medidas y cálculos de propiedades de estados con una sola partícula (como los momentos magnéticos) o dos, tal como el átomo de hidrógeno o el positronio, aunque es cierto que la precisión de los cálculos teóricos disminuye al incrementar el número de partículas.

Esto es así porque, para estados de una partícula, somos capaces de resolver exactamente (incluyendo efectos relativistas) la teoría, excluyendo

[36] *Phys. Rev.* **73**, 416L (1948).

correcciones radiativas, que, estas sí, hay que tratar en aproximaciones sucesivas; para estados de dos partículas sólo podemos resolver exactamente el límite no-relativista, y las correcciones relativistas tenemos que incorporarlas en un desarrollo en potencias del cociente de la velocidad media dividida por la velocidad de la luz. Finalmente, para estados de tres o más partículas, incluso en el límite no relativista, es imposible encontrar una solución exacta que nos sirva de punto de partida para un desarrollo en aproximaciones sucesivas.

Sin embargo, los resultados teóricos, y su acuerdo con el experimento, también son impactantes aquí. Por ejemplo, la estructura del átomo de helio (con dos electrones) fue resuelta por primera vez por Heisenberg.[37] Desde entonces se han ido mejorando las técnicas de cálculo, llegando a importantes precisiones como las mostradas en las siguientes fórmulas, para las energías de ionización de un par de estados (descritos con notación espectroscópica, y en megaherzios):

Estado	Energía; teoría	Experimento
$1s2s^3S_1$	$1152\,842\,737.8 \pm 25,2$	$1152\,842\,742,9 \pm 6$
$1s2s^1S_0$	$960\,332\,039,9 \pm 25$	$960\,332\,041,0 \pm 15.$

Comentamos de paso que las energías en física atómica se citan a veces en herzios. Esto es un abuso del lenguaje: el herzio es una medida de frecuencia, no de energía. Pero el abuso está justificado: experimentalmente, las energías de los átomos se obtienen midiendo la *freuencia* de la radiación electromagnética emitida por los átomos. Si llamamos ν a la frecuencia, la fórmula de conversión entre energías y frecuencias es $E = \hbar\nu$.

Volviendo a estados con dos partículas, tenemos que el grado de exactitud a que hemos llegado para estados ligados de electrones-positrones, muones y protones, que se encuentra detallado en la tabla 3 adjunta, es más evidente si consideramos que los números que estamos citando son *correcciones* a los niveles energéticos, los cuales, al orden más bajo, vienen dados por la ecuación de Schrödinger.

Para entender esto consideremos como ejemplo la energía de ligadura del átomo de hidrógeno. Si la medida experimental, y el cálculo teórico, se realizan de forma "poco" precisa, encontramos el valor $E = 3\,8423,289 \times 10^9$ MHz para la energía de ligadura del nivel fundamental (el de menor energía). Pero si medimos, o calculamos, con más precisión, encontramos que este estado son en realidad dos, con energías ligeramente diferentes según los espines de electrón y protón. Este desdoblamiento es de $\Delta E = 1\,420,406$ MHz. Es el error en este último número, comparado con E, el que nos indica la calidad del acuerdo de la

[37] *Z. Physik*, **39**, 499 (1927).

1) Momentos magnéticos de electrón (e) y muón μ. Es costumbre dar los valores de la *anomalía*, a, que es en lo que se diferencia el momento magnético del magnetón de Bohr (predicho en primera aproximación por la teoría de Dirac):

$$\begin{aligned} \text{experimento}: &\quad a(\mathrm{e}) = \big(1\,159\,652\,188 \pm 3\big) \times 10^{-12} \\ \text{teoría}: &\quad a(\mathrm{e}) = \big(1\,159\,652\,140 \pm 27\big) \times 10^{-12}; \end{aligned}$$

$$\begin{aligned} \text{experimento}: &\quad a(\mu) = \big(1\,165\,924 \pm 8\big) \times 10^{-9} \\ \text{teoría}: &\quad a(\mu) = \big(1\,165\,919 \pm 2\big) \times 10^{-9}. \end{aligned}$$

2) Para el efecto Lamb (desplazamientos de energías en los niveles energéticos del átomo de hidrógeno) tenemos,

$$\begin{aligned} \text{experimento}: \Delta E(2\mathrm{S}_{\frac{1}{2}} - 2\mathrm{P}_{\frac{1}{2}}) &= 1\,057\,851 \pm 20 \text{ kHz} \\ \text{teoría: } \Delta E(2\mathrm{S}_{\frac{1}{2}} - 2\mathrm{P}_{\frac{1}{2}}) &= 1\,057\,862 \pm 30 \text{ kHz}. \end{aligned}$$

3) La estructura hiperfina (diferencia de niveles energéticos entre estados con diferente espín, y que se denota por $\Delta\nu$) del hidrógeno es, posiblemente, el número mejor conocido en la naturaleza. Experimentalmente,

$$\Delta\nu(\text{hidrógeno}) = 1\,420{,}405\,751\,766\,7 \pm 0{,}000\,000\,000\,9 \text{ MHz},$$

pero la precisión del cálculo teórico "sólo" llega a una parte en un millón debido a que intervienen efectos de estructura del protón, que no son muy bien conocidos.

El muonio es un estado ligado de electrón y muón, similar al átomo de hidrógeno, y en que el muón desempeña el papel del protón. También es similar el positronio (estado ligado de electrón y positrón). Los valores experimental y teórico para la estructura hiperfina son, en estos casos (en megaherzios, MHz),

$$\begin{aligned} \Delta\nu(\text{muonio exp.}) &= 4\,463\,302{,}88 \pm 0{,}16 \\ \Delta\nu(\text{muonio teor.}) &= 4\,463\,303{,}11 \pm 2{,}6; \end{aligned}$$

$$\begin{aligned} \Delta\nu(\text{positronio; experimento}) &= 203\,389{,}1 \pm 0{,}74 \\ \Delta\nu(\text{positronio; teoría}) &= 203\,404{,}5 \pm 9{,}3. \end{aligned}$$

4) Los desplazamientos de otros niveles energéticos en el positronio proporcionan también buenos tests: en MHz y con notación espectroscópica,

	$\Delta E(2^3\mathrm{S}_1 - 2^3\mathrm{P}_0)$	$\Delta E(2^3\mathrm{S}_1 - 2^3\mathrm{P}_1)$	$\Delta E(2^3\mathrm{S}_1 - 2^3\mathrm{P}_2)$
exp.	$18\,504{,}1 \pm 10$	$13\,001{,}3 \pm 3{,}9$	$8\,619{,}6 \pm 2{,}7$
teor.	$18\,496{,}1$	$13\,010{,}9$	$8\,625{,}2$.

Tabla 3: *Comparación teoría-experimento para interacciones electromagnéticas*

medida y de los cálculos. Esto es general: todos los números referidos a energías de estados ligados de las ecuaciones del recuadro deben ser comparados con el *Rydberg*, que mide la energía del estado fundamental de átomos hidrogenoides, de valor

$$1\,\mathrm{Ry} = 3\,8423,289 \times 10^9\ \mathrm{MHz}:$$

para estados ligados la precisión es pues del orden de una parte en 10^9 o incluso 10^{12} (!).

El lector no habituado al trabajo científico (y me imagino que también más de un científico) se preguntará, ¿Qué quiere decir esta precisión? ¿Cómo puede hacerse más *visualizable* y aprehenderse mejor? Tal vez los siguientes ejemplos sirvan para hacer más comprensible intuitivamente el grado de exactitud con que los cálculos teóricos reproducen las medidas experimentales.

Imaginémonos que queremos construir un recipiente, un *tetrabrik* para contener vino (los abstemios pueden realizar el experimento con agua). Queremos que el *tetrabrik*, que para simplificar supondremos de forma cúbica, contenga exactamente un litro de vino. Y, después de haber leido el presente capítulo, no nos conformamos con menos exactitud de la que hacen gala las medidas experimentales y los cálculos teóricos de la electrodinámica cuántica. ¿Con qué precisión habría que construir este *tetrabrik*? Pues con una precisión de *diez átomos*. Si hacemos el cubo con un lado diez átomos más largo, o más corto, el error en su capacidad será superior a los errores de los mejores cálculos y medidas experimentales que se realizan en interacciones electromagnéticas de partículas elementales.

Puesto que es imposible esta precisión en las medidas de las dimensiones del tetrabrik, probamos a intentarlo al peso. Esto es, queremos tener en nuestro tetrabrik exactamente un kilo de vino. Pues ya podemos tener cuidado con la limpieza. Si en este vino nos cae *una sola bacteria*, el error en el peso que ésta genera es superior a los errores cometidos en los cálculos (y las medidas experimentales) en la electrodinámica cuántica.

La precisión de la electrodinámica cuántica ha tenido también el efecto beneficioso de que la ha hecho servir como *paradigma*, como modelo para la construcción de otras teorías de interacciones entre partículas elementales. De hecho, las teorías que finalmente han resultado ser las correctas tanto para interacciones débiles como fuertes están esencialmente modeladas en la electrodinámica. No hubiera sido fácil encontrarlas si ésta no hubiese marcado el camino.

CAPÍTULO 9.

Segundo interludio: diagramas de Feynman y renormalización

"Surely you are joking, Mr. Feynman!"
R. P. FEYNMAN,
Título de un libro autobiográfico

§9.1. Diagramas de Feynman

Aunque un tanto egocéntrico, Richard P. Feynman es sin duda una de las personalidades más relevantes y simpáticas, tanto desde el punto de vista científico como personal, de la ciencia del siglo XX. Dotado de gran sentido del humor, y de una falta total de pretenciosidad, son famosas su participación en una de las cuadrillas en el carnaval de Río de Janeiro y sus fotos (que ilustran algunos de sus libros) tocando los bongos. En una ocasión, visitando el CERN, pronunció una conferencia (no recuerdo la fecha exacta, pero debió ser alrededor de 1970), que tituló *Feynman hará preguntas a los teóricos del CERN* en la que, en efecto, se pasó el rato intentando que le explicasen la entonces popular teoría de polos de Regge. Su libro autobiográfico, *Surely you are joking, Mr. Feynman*, es extraordinariamente divertido, básicamente comprensible sin necesidad de conocimientos de física, y falto de toda pomposidad.

La invención de los gráficos y reglas de Feynman, que discutiremos a continuación, con su enorme impacto en el desarrollo de las teorías de interacciones relativistas y cuánticas, hubieran bastado para otorgar a Feynman una plaza de honor en el Parnaso científico; pero además de esto, y aparte de otros logros (algunos de los cuales iremos mencionando a lo largo de este texto), Feynman desarrolló una nueva manera de entender la mecánica cuántica en la que se abandona la dualidad onda-partícula *pero* se supone que las partículas, para ir de un punto a otro, recorren *todos* los caminos posibles, *a la vez*. La formulación de Feynman es totalmente equivalente a las tradicionales de Schrödinger y Heisenberg, pero es muy útil en situaciones en las que no es fácil aplicar éstas.

Finalmente, Feynman ha tenido una importante faceta de profesor, y casi cualquier físico conoce y aprecia sus *Feynman Lectures in Physics*. Aunque, como el propio Feynman reconoce, fueron un fracaso pedagógico a la hora de enseñar física a estudiantes de licenciatura, han tenido un enorme éxito entre los profesionales a los que descubren una visión clara y profunda de las cuestiones físicas: con tal de conocerlas de antemano.

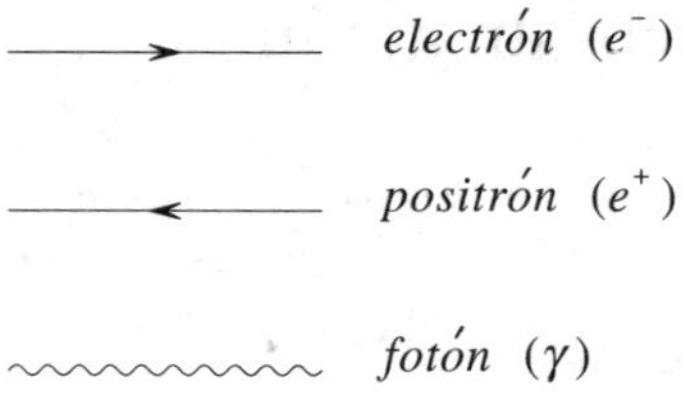

FIGURA 11. Representación de electrones, positrones y fotones.

Pasemos ya a la discusión de las reglas y gráficos de Feynman. Cuando hemos discutido algunos procesos hemos mostrado para ilustrarlos unas figuras que los representan como, por ejemplo, las figuras 9 y 10. De hecho, este tipo de representación tiene un carácter general; es posible establecer unas convenciones para dibujar gráficos que representen interacciones entre partículas. Concentrándonos primariamente en interacciones electromagnéticas entre electrones (y positrones) con fotones, convendremos en representar un fotón con una línea ondulada; y un electrón con una línea recta continua, provista de una flecha en la dirección de su movimiento. Esta flecha indica la dirección en la que se mueve el flujo de carga eléctrica (la *corriente*): como sabemos, una partícula cargada en movimiento es equivalente a una corriente eléctrica.

En física microscópica del electromagnetismo es costumbre tomar como corriente positiva a la llevada por electrones, al contrario que en la teoría macroscópica, en la que se dice que los electrones llevan corriente negativa. Por supuesto, decidir a qué carga llamamos positiva es una cuestión meramente nominal.[38]

[38] Si un electrón se mueve con una velocidad $v = ds/dt$ (derivada del espacio con respecto al tiempo) y llamamos e a su carga eléctrica, la corriente eléctrica que ésto genera es $j_{\rm electr.} = ev = e\,ds/dt$. Para un positrón, por tener carga opuesta, $j_{\rm positr.} = -ev = -e\,ds/dt$. Esta expresión se puede obtener de la del electrón cambiando $e \to -e$, o también $t \to -t$, es decir, un positrón es como un electrón "yendo hacia atrás en el tiempo", en frase de Stückelberg. Feynman también introdujo este concepto como artificio de cálculo. Por supuesto, esto es un mero artilugio formal; los positrones, partículas que en la actualidad se manejan con total facilidad, incluso en medicina para realizar tomografías, van hacia adelante en el tiempo, como todo el mundo.

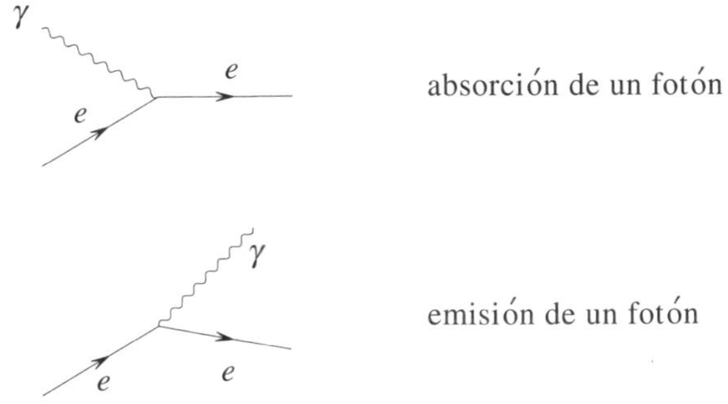

FIGURA 12. Absorción y emisión de fotones por un electrón.

Para representar un positrón dibujamos también una línea recta continua, pero ahora la flecha la dibujamos *en contra* de la dirección del movimiento. Ya que la carga del positrón es opuesta a la del electrón, si hemos definido la corriente llevada por éstos como positiva, la llevada por positrones debe considerarse negativa. Las representaciones de estas partículas quedan, pues, como en la fig. 11, donde el movimiento se supone que ocurre de izquierda a derecha.

Estas reglas son generales y valen, *mutatis mutandi*, para otras partículas e interacciones. Se representa a las partículas (no sólo electrones, sino neutrinos y quarks) por líneas continuas provistas de flechas en la dirección del movimiento; las antipartículas (positrones, antineutrinos y antiquarks) llevan una flecha en dirección *opuesta* a la de su movimiento. Finalmente, los *quanta* de las distintas interacciones se dibujan como líneas onduladas. De esta manera, las líneas rectas continuas de la fig. 11 podrían utilizarse para representar quarks y neutrinos (y los *anti-* correspondientes) y la línea ondulada podría ser un gluón o partículas W, Z.

Pero volvamos a las interacciones electromagnéticas. Según ya hemos discutido en capítulos precedentes, la relatividad y la mecánica cuántica implican que los electrones pueden emitir y absorber fotones; podemos tener procesos de absorción, como

$$\gamma + e \to e,$$

y también de emisión:

$$e \to e + \gamma.$$

Gráficamente, esto lo representamos en la figura 12.

Feynman, en los años 40, demostró que cualquier proceso electromagnético podía representarse por estos gráficos, conocidos desde entonces como gráficos (o diagramas) de Feynman. Y lo que es más importante, probó que existe un conjunto de reglas (*reglas de Feynman*) con ayuda de las cuales es posible asignar a cada diagrama (y por tanto a cada proceso) una fórmula matemática que permite calcular la probabilidad de que ocurra el suceso representado por el gráfico. (Es de notar que también el americano Schwinger y el japonés Tomonaga obtuvieron resultados esencialmente equivalentes a los de Feynman, pero sin los gráficos). El uso de este método diagramático simplifica enormemente el cálculo de procesos en electrodinámica cuántica (y de hecho, en cualquier teoría cuántica y relativista) como queda de manifiesto en la siguiente historia, que representa la primera aparición pública de las técnicas de cálculo utilizando gráficos de Feynman.

En la reunión de la American Physical Society en Nueva York, celebrada en 1947, se presentó una comunicación por Murray Slotnick, conteniendo un cálculo acerca de la interacción de neutrones con un campo electrostático. Oppenheimer, que estaba en la audiencia, objetó al resultado de Slotnick porque contradecía un teorema general deducido recientemente por Case.

Feynman llegó a la reunión aquella tarde y le contaron lo ocurrido: ¿Quién estaba equivocado, el cálculo de Slotnick o el teorema de Case? Feynman no contestó de momento, aunque no se declaró convencido por el argumento de Oppenheimer: como buen físico, desconfiaba de los "teoremas generales". Así que se planteó resolver la cuestión por sí mismo y, durante la misma noche, no sólo repitió el cálculo utilizando sus propios métodos, sino que lo hizo con más generalidad que Slotnick.

Cuando, al dia siguiente, Feynman habló con Slotnick, éste quedó estupefacto: el cálculo le había llevado a él (Slotnick) seis meses (!) y, además, era bastante menos completo que el de Feynman, con el que coincidía para aquel caso que había sido calculado por ambos.

Fue en este momento cuando Feynman se dio cuenta de la importancia de su descubrimiento:[39]

> *"This is when I really knew I had something. I didn't really know that I had something so wonderful as when this happened ... That was the moment that I really knew that I had to publish —that I had gotten ahead of the world ... That was the fire."*

Más adelante, Feynman también utilizó sus métodos para encontrar el error en el teorema de Case.

Schwinger ha descrito de manera muy expresiva la simplificación que el uso de los métodos diagramáticos posibilita comentando que Feynman trajo la posibilidad de cálculo a las masas:

> *"Like the silicon chip of more recent years, the Feynman diagram was bringing computation to the masses."*

(En *Renormalization Theory of Quantum Electrodynamics*; Brown y Hoddeson, 1983, p. 329).

De todas maneras, la sencillez de las computaciones con los diagramas de Feynman es relativa, y se manifiesta sobre todo en comparación con lo que los cálculos serían sin utilizarlas. En el recuadro de la página siguiente mostramos, como un ejemplo, los diagramas de Feynman, y la fórmula resultante de aplicar las reglas de Feynman, para uno de los procesos más sencillos, la aniquilación de un par electrón-positrón en radiación (dos fotones),

$$e^+ + e^- \to \gamma + \gamma.$$

El cálculo está hecho al orden más bajo en la interacción electromagnética, es decir, despreciando la posibilidad de que un fotón se emita y sea reabsorbido (correcciones radiativas).

Podemos hacer aquí un pequeño aparte y continuar un poco más la discusión acerca de la simplicidad, o no-simplicidad de la física que realizamos en la sección 8.5. Como ya mencionamos allí, entre los argumentos citados por quienes creen en una subyacente simplicidad de la física, tenemos la formulación de la electrodinámica cuántica. Podemos ahora añadir, en apoyo de tal tesis, la mantenida por los científicos a los que hemos llamado *simplicistas*, la sencillez de las reglas de Feynman, que son equivalentes a aquella.

---

[39] "Entonces es cuando me di cuenta de verdad de que tenía algo. No supe que había encontrado algo tan maravilloso hasta que esto ocurrió ... Este es el momento en que supe que, realmente, debía publicar —que me había colocado por delante del resto del mundo ... Ese fue el fuego". Del libro autobiográfico, *Surely you are joking, Mr. Feynman!*

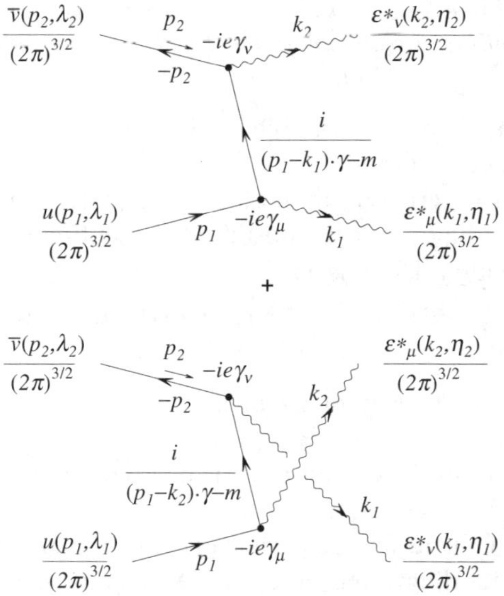

$$S(e^+e^- \to 2\gamma) = (2\pi)^4 \delta_4(p_f - p_i) \sum_{\mu\nu} g_{\mu\mu} g_{\nu\nu}$$

$$\times \left\{ \frac{\epsilon_\nu^*(k_1,\eta_1)}{(2\pi)^{3/2}} \frac{\epsilon_\mu^*(k_2,\eta_2)}{(2\pi)^{3/2}} \frac{\overline{v}(p_2,\lambda_2)}{(2\pi)^{3/2}} ie\gamma_\mu \frac{i}{\not{k} - m + i0} ie\gamma_\nu \frac{u(p_1,\lambda_1)}{(2\pi)^{3/2}} \right.$$

$$\left. + \frac{\epsilon_\nu^*(k_2,\eta_2)}{(2\pi)^{3/2}} \frac{\epsilon_\mu^*(k_1,\eta_1)}{(2\pi)^{3/2}} \frac{\overline{v}(p_2,\lambda_2)}{(2\pi)^{3/2}} ie\gamma_\mu \frac{i}{\not{k}' - m + i0} ie\gamma_\nu \frac{u(p_1,\lambda_1)}{(2\pi)^{3/2}} \right\}$$

$$k \equiv p_1 - k_1, \ k' \equiv p_1 - k_2,$$

$$p_i = p_1 + p_2, \ p_f = k_1 + k_2.$$

Aniquilación de electrón y positrón en dos fotones: en la figura se muestran los dos diagramas que contribuyen, junto con los factores asociados y, debajo, la fórmula correspondiente para la (amplitud de) probabilidad de desintegración.

Pero, aun reconociendo una indudable simplicidad en las reglas de Feynman, tampoco ahora las cosas van a ser tan claras. Los científicos simplicistas se encuentran casi siempre entre los que no calculan, sino que se limitan a especular con argumentos más o menos generales. Pero cuando se quiere llegar a un *número* que pueda compararse con el experimento (y, como nos recuerda Feynman, sólo entonces las especulaciones se convierten en física), la sencillez se revela, de nuevo, como algo un tanto aparente. Por seguir con el ejemplo anterior, un cálculo con las fórmulas mostradas en el recuadro lleva todavía bastantes folios y unas buenas horas a un *experto*; y eso que las fórmulas sólo representan la *primera* aproximación. Claro que, con métodos *pre-Feynman*, las horas se convertirían en semanas o meses.

La complejidad de los cálculos con diagramas de Feyman aparece en toda su crudeza en cuanto queremos ir a órdenes más elevados de aproximación. Esta complejidad toma dos formas. En primer lugar, en vez de tener uno o dos diagramas de Feynman que contribuyan al proceso, como en el ejemplo anterior, nos encontramos que el número de éstos crece vertiginosamente. A partir del segundo orden de aproximación (técnicamente, dos lazos) es prácticamente imposible ni siquiera dibujar los diagramas de Feynman sin la ayuda de programas de ordenador: de hecho, ha sido necesario desarrollar sofisticados métodos de cálculo simbólico por ordenador (tal el conocido con el nombre de *Schoonschip*, por Veltman, o FORM, por Vermaseren), para poder manejar órdenes superiores de aproximación. Sin ayuda informática masiva es prácticamente imposible realizar cálculos más allá del segundo orden.

En segundo lugar aparece un fenómeno completamente inesperado, la *renormalización*, al que hemos aludido de pasada alguna vez, que no se entendió completamente hasta los años setenta, y al que discutiremos en la sección próxima.

Como nota histórica, mencionamos que los métodos de cálculo de Feynman, e incluso algo parecido a sus diagramas, habían sido anticipados por Stückelberg, desde 1941. Pero el suizo no fue capaz de dar una descripción sistemática, ni de presentar aplicaciones de sus ideas a cálculos concretos hasta el final de los años cuarenta. Entonces, su colaborador Dominique Rivier, en una tesis presentada en la Universidad de Lausana en 1949, desarrolló el programa de Stückelberg y, junto con este, publicó una aplicación al cálculo de interacciones magnéticas de neutrones y protones, en 1948. En este artículo, en particular, se introduce un método (después desarrollado por Pauli y Villars, cuyo nombre lleva) para tratar los problemas de divergencias en los cálculos con teorías cuánticas y relativistas de interacciones, que fue el método universalmente utilizado hasta la invención de la regularización dimensional por Giambiagi y Bollini y (especialmente) 't Hooft y Veltman, en 1972.

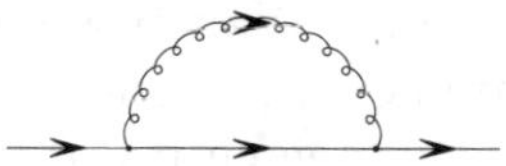

FIGURA 13. Emisión y absorción de un fotón por un electrón *libre*.

Una historia del desarrollo de la electrodinámica cuántica, incluyendo biografías de sus protagonistas, se puede encontrar en el libro de Schweber, *QED and the men who made it*. Esta historia es útil y detallada, aunque un tanto sesgada en su valoración de las contribuciones de los autores angloamericanos: por ejemplo, el tratamiento que da a las contribuciones de Stückelberg o Pauli, o su olvido de las del italiano Giancarlo Wick, contrastan con la excesiva atención a personajes menores, como el americano Luttinger.

§9.2. Renormalización

Los problemas con las correcciones de orden superior a los procesos calculados en la aproximación más baja aparecen incluso cuando consideramos partículas *libres*. En efecto, un electrón libre (por ejemplo) puede emitir un fotón, y luego reabsorberlo, como se muestra en la fig. 13.

Como ya dijimos, esto se sabía desde 1929, cuando Heisenberg y Pauli se habían percatado de que la autoenergía del electrón, calculada teniendo en cuenta la posibilidad de procesos como el mostrado en la figura 13, resultaba ser *infinita*. Estos infinitos (de hecho, valores indeterminados) ocurren también para partículas en interacción; en general, cuando aparecen lo que se conoce como *lazos*, esto es, diagramas de Feynman en que un fotón (o un electrón) es emitido y reabsorbido, formando una línea cerrada, tanto si es sin interaccionar con nada más (como ocurre en la figura 13) o interaccionando con otras partículas, como el que ya mostramos en la fig. 10.

En la fig. 10 representábamos un electrón que emite y luego reabsorbe un fotón, interaccionando en el intervalo con un campo externo representado por la línea de puntos en la figura. Es evidente que la posibilidad de tales efectos modifican las propiedades de las partículas; y lo que es peor, estos resultados infinitos parecen echar por tierra la teoría relativista y cuántica de interacciones electromagnéticas. Por ejemplo, si intentamos evaluar los desplazamientos energéticos entre los niveles 2P y 2S medidos por Lamb y Retherford, encontramos un valor infinito; y también sale un valor infinito para las correcciones al momento magnético anómalo del electrón a segundo órden de aproximación (dos lazos, es decir, orden α^2).

La solución al problema, en su forma general, se debe a Kramers; y, con respecto al caso específico del efecto Lamb, a Bethe. Kramers se dio cuenta de que, en mecánica cuántica, las cantidades que no son medibles no tienen por qué estar bien definidas. Por tanto, la masa de un electrón *libre*, que no es medible, no tiene por qué ser finita. Lo que sí tiene que ser finito es la diferencia de masas entre un electrón ligado y uno no ligado, que *sí* es observable.

Kramers comunicó su hipótesis en el octavo congreso Solvay de 1948, aunque, de hecho, ya había esbozado sus ideas antes de la segunda guerra mundial; por ejemplo en una famosa conferencia en Varsovia en 1938. El artículo original de Bethe es de 1947. Aparentemente, Bethe oyó hablar de los resultados de Lamb en la conferencia de Shelter Island que tuvo lugar en junio de 1947; en el tren de Nueva York a Schenectady, a la vuelta de la conferencia, realizó un primer cálculo aproximado obteniendo el resultado correcto dentro de un error del 5%. Este acuerdo con el experimento fue esencial para espolear a otros teóricos, en particular Feynman, para continuar con la idea de renormalización. (La intrincada historia de las medidas experimentales y cálculos teóricos del efecto Lamb puede verse en el texto de Schweber citado en la bibliografía).

Matemáticamente la observación de Kramers se traduce reemplazando, en las expresiones deducidas de las reglas de Feynman, la masa del electrón m por el producto $Z_m m \equiv m_0$, donde m es ahora la masa observable, y m_0 la masa del electrón *si no tuviera interacción*, (que en el capítulo anterior denotamos por $m_{\rm i}$, i de ingenuo) cantidad que es inobservable. En efecto, un electrón real *nunca* está libre de interacción; en todo caso, interacciona consigo mismo. Incluso si está aislado puede emitir y reabsorber fotones, como en la fig. 13, lo que evidentemente afecta a su masa con correcciones que, como ya habían observado Heisenberg y Pauli, y el propio Kramers, son indeterminadas (infinitas, formalmente).

De la misma manera, reemplazamos e por $Z_e e \equiv e_0$, donde e es la carga observable del electrón, y e_0 la que tendría si no existiera interacción. A este proceso se le llama *renormalización*. Las cantidades m_0, e_0 y Z_m, Z_e (conocidas las dos últimas como *constantes de renormalización*) pueden ser indeterminadas o infinitas (de hecho, lo son); lo que tiene que ser finito son las cantidades *físicas observables* (momento magnético, desplazamiento Lamb, etc.) expresadas en términos de las constantes *físicamente observables* m, e. Nótese que las cantidades Z_m, Z_e se determinan por un proceso de consistencia: han de ser tales que (por ejemplo) para un electrón aislado las correcciones radiativas generadas por un proceso como el mostrado en la fig. 10, y el efecto de Z_m, se cancelen exactamente de manera que su masa coincida, precisamente, con el valor experimental m.

Teniendo en cuenta las correcciones radiativas, todas las interacciones electromagnéticas resultan ser modificadas por efectos de orden superior, α, α^2, ... α^n, ...; lo que es debido a que la emisión o absorción de un fotón por un electrón tienen una probabilidad proporcional a la carga eléctrica de este, e. Cuando tenemos en cuenta la renormalización, resulta, por un arreglo poco menos que milagroso, que *todas* las cantidades experimentalmente medibles resultan ser finitas. Y no sólo eso; sino que ocurre algo mucho más importante: los valores calculados teóricamente están en un perfecto acuerdo con los resultados experimentales. De hecho este proceso de renormalización es esencial para obtener los resultados mostrados en la sección 8.6.

La renormalización constituye un programa mucho más complicado de lo que pueda hacer parecer por los breves comentarios hechos. Durante bastante tiempo el problema de los resultados infinitos en los cálculos de electrodinámica cuántica planteó un reto que parecía poco menos que imbatible. Como ya hemos comentado, el propio Heisenberg abandonó el problema de las correcciones radiativas, dedicándose a estudios de ferromagnetismo.

Y es que la cuestión de las correcciones radiativas no estaba nada clara, como da fe la declaración retrospectiva del propio Heisenberg refiriéndose a las diferencias entre la situación en los años veinte, en relación con el desarrollo de la mecánica cuántica, y en los treinta y principios de los cuarenta, a propósito del problema de la renormalización:

> *"It is very difficult to describe that state because it was psychologically so different from the state in 1923 or 1924. In 23 and 24 we knew that there were difficulties and we also had the feeling that we were quite close to the final solution of these difficulties. Just one step and we would be in the new field. It was as if we were entering the harbour, while in the later period we were just going out to sea again, i.e., all kinds of difficulties coming up and we really didn't know where it would led to ... It was clearly seen that this was now an entirely new story. So nobody expected quick results at the time."*

("Es muy difícil describir el estado [de ánimo en que nos encontrábamos] porque era psicológicamente tan distinto de la situación en la que estábamos en 1923 ó 1924. En los años 23 y 24 sabíamos que había dificultades y también sentíamos que estabamos muy cerca de la solución de estas dificultades. Sólo un paso y estaríamos en un nuevo campo. Era como si estuviésemos entrando en el puerto, mientras que en el período posterior [años 30-40] volvíamos a salir al mar, es decir, toda clase de dificultades aparecían y no sabíamos realmente dónde nos iban a llevar ... Estaba claro que esto era una situación completamente nueva. Así que nadie esperaba resultados rápidos." Heisenberg, 1963; citado por Schweber, *QED...*, p. 112).

De hecho las dificultades fueron tales que prácticamente toda la "vieja" generación quedó de lado, e incluso algunos de sus más ilustres representantes nunca aceptaron la solución. Tal Dirac, el cual escribió:[40]

> *"[Quantum electrodynamics is a]... theory in which infinite factors appear when we try to solve the equations. These infinite factors are swept into renormalization procedures ... Many people are happy with this situation because it has a limited amount of success. But this is not good enough.* Physics must be based on strict mathematics. *One can conclude that the fundamental ideas of the existing theory are wrong."*

(Dirac, 1984; citado por Schweber, *QED...*, p. 71). Efectivamente Dirac nunca aceptó (¿entendió?) la moderna teoría de renormalización y, tal vez por ello, se refirió con el despectivo calificativo de "limitados" a unos éxitos que cualquier observador imparcial calificaría de espectaculares ("precisión inhumana", es la descripción de Horgan).

Cuando hablemos de interacciones fuertes y débiles la renormalización volverá a aparecer, mucho más difícil de estudiar matemáticamente para estas interacciones que para las interacciones electromagnéticas. Hasta el punto que no es exagerado decir que, desde el punto de vista teórico, fue la dificultad de formular la renormalización lo que retrasó hasta los primeros años setenta el que se identificaran las teorías completas de interacciones fuertes y débiles, como comentaremos al discutirlas en más detalle.

A pesar de estos éxitos hay que decir que la cuestión de la renormalización no puede considerarse completamente aclarada: en cierto modo, Dirac tenía razón. En efecto, no hay, incluso hoy en dia, unanimidad acerca de cómo se debe considerar el problema de la eliminación de infinitos a través de la renormalización.

Tenemos el punto de vista de Schwinger (por ejemplo) que considera que el que una teoría sea no-renormalizable únicamente indica que hay otra teoría más fundamental, que la teoría no-renormalizable es incompleta, y que la no-renormalizabilidad simplemente nos está indicando esto. Por decirlo con sus propias palabras,

---

[40] "[La electrodinámica cuántica es una] teoría en la que factores infinitos aparecen cuando intentamos resolver las ecuaciones. Estos factores infinitos se barren bajo [la cubierta de] procedimientos de renormalización ... Muchos están contentos con esta situación porque ha tenido éxitos limitados. Pero esto no basta. *La física debe basarse en matemáticas estrictas.* Podemos concluir que las ideas básicas de la teoría actual están equivocadas."

> *" ... People may not want to face it up, [but] there is always an area beyond where the theory either breaks down or where other phenomena come into play that you don't know about. They do not upset everything in the area you can control, and you isolate that from it: That's what renormalization is really about. Not sweeping infinities away but isolating the unknown part and recognizing its limited influence.*
>
> *... While a happy thing to have, I don't regard renormalization as fundamental —even in terms of selection of theories. It may be right, but one has to recognize that there is an element of hubris involved in saying that we are so close to the final answer that this criterion becomes relevant —that there isn't a whole world unknown to us about to be discovered in higher energies".*

(" ... La gente tal vez no quiera admitirlo, pero siempre hay un área más allá en la que la teoría o falla o aparecen nuevos fenómenos, hasta entonces desconocidos, que juegan un papel. Estos no estropean todo en el área que podemos controlar, y que puede aislarse de ellos: eso es en lo que realmente consiste la renormalización. No en mover infinitos, sino en aislar la parte conocida y en admitir que su influencia es limitada.

... Aunque está bien tenerla, no considero la renormalizabilidad como algo fundamental, incluso en lo que respecta a la selección de las teorías. Puede ser cierta, pero tenemos que admitir que hay un elemento de soberbia cuando se dice que estamos tan cerca de la respuesta final que este criterio es relevante, y que no hay todo un mundo desconocido para nosotros que falta por descubrir a más altas energías". De una entrevista con S. S. Schweber realizada en 1982; citado en el libro de éste, *QED and the Men who Made It*, p. 366).

No es fácil al que esto escribe aceptar completamente este punto de vista, a pesar de su indudable atractivo; y tampoco estoy seguro de que Schwinger lo hubiera mantenido en la actualidad. Parece excesivamente casual que las tres teorías que conocemos, y que producen resultados en impresionante acuerdo con el experimento, sean renormalizables.

Un segundo punto de vista es el mantenido entre otros por Bogoliubov, que puede encontrarse en su libro con Shirkov, *Introduction to the Theory of Quantum Fields* (Interscience, Londres, 1959), uno de los más influyentes en el campo. Bogoliubov considera que los infinitos se deben a que estamos tratando con cantidades matemáticamente mal definidas y que la renormalización consiste, sencillamente, en un procedimiento para definirlas de forma correcta.

Finalmente, Veltman considera que el que una teoría sea renormalizable indica que es consistente, o *cerrada* (lo cual coincide en parte con el punto de vista de Bogoliubov, y en parte con el de Schwinger). Mi opinión personal se inclina más hacia el punto de vista de Bogoliubov, y pienso que lo que la renormalizabilidad de las teorías de interacciones electrodébiles y fuertes nos indica es que esta propiedad es un necesario requisito de consistencia, al menos en el dominio de energías y distancias que hemos explorado hasta la fecha.

§9.3. Diagramas de Feynman, partículas y fuerzas

En la sección 9.1 hemos indicado que las reglas de Feynman permiten describir las interacciones electromagnéticas. De hecho, podemos ir más allá y decir que las reglas de Feynman *son* las interacciones electromagnéticas, en el sentido de que dichas interacciones son reducibles a las reglas de Feynman. De esta manera, debemos admitir que la visión correcta de la interacción electromagnética entre dos partículas A y B consiste en la emisión y absorción de fotones mostradas diagramáticamente en la fig. 12. Así, por ejemplo, tenemos la posibilidad de que la partícula A emita un fotón,

$$A \to A + \gamma.$$

Este fotón viaja un cierto tiempo (minúsculo), y acaba seiendo reabsorbido por la partícula B:

$$\gamma + B \to B.$$

Este tipo de procesos y otros más complejos (involucrando, por ejemplo, la emisión/absorción de más fotones) están, de hecho, ocurriendo continuamente: de esta manera se transmite la interacción de una a otra partícula.

Pero esta imagen no sólo es válida para las interacciones electromagnéticas, sino también para las demás. En efecto, y como veremos en detalle más adelante, la interacción fuerte puede reducirse a emisión y absorción de partículas (los gluones), y lo mismo es cierto para las interacciones débiles, explicables por medio de emisión y absorción de partículas W y Z.

La conexión con el formalismo clásico de "fuerzas" y "potenciales" no es fácil; requiere un complicado aparato matemático y, esencialmente, consiste en comprobar que, para velocidades pequeñas comparadas con la de la luz, la interacción causada por el intercambio de partículas es la misma que producirían fuerzas como la de Coulomb (para interacciones electromagnéticas). Pero, repetimos, la descripción *correcta* es aquella en términos de creación y absorción de partículas. De hecho, existen muchos procesos que *no* pueden describirse por medio de fuerzas y potenciales, en particular todos los procesos de desintegración; tal la desintegración β, o la aniquilación de un electrón y un positrón en dos o tres rayos gamma. A pequeñas distancias toda la información experimental de que disponemos (además, por supuesto, de sólidos desarrollos teóricos) nos corroboran este paradigma. Y así, en este mismo texto pueden verse numerosas imágenes, *experimentales*, de procesos de creación y absorción de partículas (v. gr., las figuras 5, 7, 21, 23, 26).

Otra cuestión es bajo qué condiciones la aproximación en términos de fuerzas es una buena aproximación. En general hace falta que los efectos relativistas sean pequeños; y en segundo lugar, tenemos que tener fluctuaciones cuánticas poco importantes. Es decir: la descripción en términos de fuerzas será útil para interacciones de partículas pesadas, y a pequeñas energías. Para las interacciones electromagnéticas, y trabajando con una precisión del orden de uno por mil, esto es válido para electrones y protones hasta energías de unos pocos electronvoltios. En el caso de las interacciones fuertes, una descripción en términos de potencialles no muy distintos del coulombiano proporciona una aproximación razonable para estados ligados o colisiones a baja energía de quarks muy pesados (c, b, t), pero no para otros procesos.

Con respecto a las interacciones débiles, la descripción en términos de potenciales es casi siempre carente de sentido, y tenemos que resignarnos a entender estas interacciones en términos de absorciones y emisiones de las distintas partículas que la experimentan.

Finalmente, tenemos una custión que, al menos en el estado actual de nuestros conocimientos, resulta un tanto filosófica: ¿Qué causa la emisión y/o absorción de partículas? ¿Qué mecanismo está detras de procesos tales como

$$A \to A + \gamma, \quad \gamma + B \to B$$

para las interacciones electromagnéticas, o el análogo

$$e^- \to W^- + \bar{\nu}_e$$

para interacciones débiles?

La respuesta es: ninguno. Al nivel de aproximación al que podemos llegar en la actualidad, tanto experimental como teóricamente, tenemos que considerar tales procesos como irreducibles a otros.

CAPÍTULO 10.

La interacción fuerte y los quarks

*"Let us end by emphasizing our main point, that it may well be possible to construct an explicit theory of hadrons, based on quarks and some kind of glue, treated as fictitious, but with enough physical properties abstracted and applied to real hadrons to constitute a complete theory. Since the entities we start with are fictitious, there is no need for any conflict with the bootstrap or conventional dual parton point of view."**

M. GELL-MANN, Conclusiones finales en la conferencia de NAL, 1972

§10.1. Introducción

En los experimentos que ya hemos comentado varias veces, realizados a lo largo de la segunda década del siglo XX en Manchester, Montreal y Cambridge, Rutherford descubrió, además de la estructura del átomo, y una importante motivación para la mecánica cuántica, la existencia de las interacciones fuertes. Estas interacciones ligan a protones y neutrones en el interior del núcleo atómico, casi cien mil veces más pequeño que el propio átomo; y no sólo fueron las últimas en ser descubiertas, sino también las últimas en ser descifradas completamente, algo que sólo ocurrió en 1973. Dio el estudio de estas interacciones lugar a una enorme variedad de teorías que intentaban describirlas: algunas equivocadas, otras irrelevantes, unas pocas fantásticas; y, como en las buenas novelas policiacas, sólo se identificó la correcta en el último minuto, cuando todavía unos cuantos *sospechosos* parecían tener sus posibilidades. Hasta el punto que algunos de los científicos que contribuyeron a encontrar la teoría

---

* "Acabaremos remarcando el punto principal, que tal vez sea posible construir una teoría explícita de los hadrones basada en los quarks y algún tipo de pegamento, considerados ficticios, pero con suficientes propiedades físicas extraidas de ellos y aplicadas a los hadrones de verdad para proporcionar una teoría completa. Puesto que las entidades de partida son ficticias no tiene por qué aparecer ningún conflicto con el punto de vista usual de *bootstrap* o el modelo dual de partones."

correcta tuvieron dudas muy serias sobre su viabilidad todavía en 1972 e incluso a principios de 1973. Y es que, como en esos rompecabezas que sólo se aclaran cuando una pieza específica revela su correcta ubicación, faltaba hasta el final la información clave sin la que la teoría que resultó ser la acertada parecía un conjunto de recetas incoherentes.

Curiosamente, sin embargo, cuando apareció esta pieza clave resultó una teoría extraordinariamente elegante y sólida. Muchos físicos pensamos que, a pesar de su fantástico éxito en las energías actualmente accesibles, la teoría de interacciones electromagnéticas deberá ser sustancialmente modificada a altas energías; y tampoco nos sorprendería que la teoría de interacciones débiles, con el poco atractivo esquema de Higgs de generación de masas, tuviera que reformularse. Pero es muy posible que la teoría de interacciones fuertes aguante, firme como una roca, hasta que la necesidad de incluir en nuestros esquemas las interacciones gravitatorias nos fuercen a revisar todo el edificio. Lo que probablemente no ocurra hasta energías del órden de la de Planck, millones de millones de *millones* de GeV.

§10.2. Hasta los años cincuenta. El intento de Yukawa

En sus experimentos Rutherford no sólo descubrió la existencia de la interacción fuerte, sino algunas de sus propiedades. En primer lugar su *intensidad*. Para mantener unidos los protones del núcleo, a pesar de la repulsión electrica (ya que todos tienen carga positiva) la interacción fuerte tenía que ser unas mil veces más intensa que la electromagnética.

En segundo lugar, la interacción fuerte resulta ser de corto alcance: cuando los proyectiles con los que Rutherford bombardeaba el átomo pasaban a más de una billonésima de milímetro de su centro, no sentían los efectos de la interacción. Esta última propiedad es, por supuesto, la responsable de que la interacción fuerte sólo pudiese ser detectada cuando las energías a disposición de los experimentadores llegaron a ser suficientemente elevadas como para poder penetrar tan minúsculas distancias.

El *alcance* de una interacción depende de la masa de las partículas que se intercambian en ella. Para intercambiar una partícula entre, por ejemplo, dos protones, hace falta crearla, lo que requiere una fluctuación en la energía del sistema, a saber, la energía que lleva la partícula que intercambiamos. Llamemos E a esta energía. La fluctuación sólo es posible gracias a la indeterminación de Bohr–Heisenberg, uno de los esotéricos efectos cuánticos al que ya nos referimos al hablar de correcciones radiativas. Además la fluctuación sólo puede durar un tiempo t dado por la "relación de incertidumbre"

$$t = \hbar/E,$$

y recordamos que $\hbar$ es la constante de Planck. Para que haya interacción es necesario que, en este tiempo, la partícula intercambiada haya recorrido la distancia a la que estén los protones. Pero la máxima velocidad es la de la luz, que se denota por c. Por tanto, el máximo recorrido posible de la partícula intermediaria es $ct = c\hbar/E$.

Si la partícula intercambiada es un fotón, éste puede tener una energía tan pequeña como queramos, y la interacción alcanza distancias arbitrariamente grandes; se dice que el alcance es *infinito*.[41] Este es el caso para interacciones electromagnéticas o gravitatorias; las partículas intercambiadas en estas interacciones, fotones o gravitones, tienen masa cero. Pero si la partícula intercambiada en una interacción tiene masa m distinta de cero, el alcance es finito. Esto es así porque la energía *mínima* para crear la partícula es la energía de la partícula en reposo, dada por la famosa fórmula de Einstein

$$E = mc^2.$$

Un sencillo cálculo nos muestra que, en este caso, el alcance máximo es d, con $d = \hbar/mc$.

El físico suizo E. G. C. Stückelberg, uno de los más profundos (y con peor suerte) de los que han trabajado en física de partículas, invirtió este argumento y llegó a la conclusión de que, *puesto que* la interacción fuerte tiene un alcance de una billonésima de milímetro, la partícula que la transporta *debería tener* la masa que la fórmula de más arriba indica, y que resulta ser unas trescientas veces la del electrón.

Para desgracia de Stückelberg, en las cercanías de donde él trabajaba lo hacía también Pauli, un gran físico cuyo único defecto era ser (tal vez) excesivamente crítico, y que dio la vuelta al argumento de Stückelberg. Pauli le hizo notar que, *puesto que* nadie había encontrado una partícula con masa ni parecida a la postulada por Stückelberg, la explicación propuesta por éste *debería tener* un fallo. Argumento que convenció a Stückelberg de no publicar su idea.[42]

[41] La mejor medida experimental del alcance de la interacción electromagnética nos la proporcionaron las sondas espaciales que exploraron las inmediaciones del planeta Júpiter, cuyo campo magnético detectaron a cientos de miles de kilómetros.

[42] Llegué a conocer personalmente a Stückelberg, barón von Briedenbach, a principios de los años sesenta, cuando él estaba de *Emeritus Professor* en la Universidad de Ginebra y yo de becario. Stückelberg, que sufría problemas mentales que le obligaron a hospitalizarse más de una vez, asistía de cuando en cuando a conferencias, tanto en la Universidad de Ginebra como en el CERN, acompañado de su perro. Según la mitología de los estudiantes de doctorado, éste ladraba cuando algún conferenciante pronunciaba la palabra "pión"; aunque no puedo certificarlo.

La misma idea, sin embargo, se le ocurrió a Hideki Yukawa, que trabajaba en Japón, a miles de kilómetros de Pauli. Yukawa sí publicó su idea en 1935, aunque era consciente de la objeción de Pauli, lo que le movió a poner en duda su teoría en el mismo artículo en que la dio a conocer. Como otras veces en la historia de la ciencia la suerte fue para quien tuvo la audacia de pensar que el que algo no se haya visto no implica que no pueda verse más adelante. Y, en efecto, no muchos años después de la propuesta de Yukawa, en 1947, el inglés Cecil Powell y sus colaboradores encontraron en rayos cósmicos unas partículas, a las que se conoce como *piones* (o *mesones pi*), con las propiedades (masas e interacciones fuertes) predichas por Yukawa. Explicándose además por qué los piones no se habían detectado antes: sorprendentemente (para los conocimientos de la época), resultaba que los piones son inestables y se desintegran, en particular a través de las interacciones débiles, en electrones o muones y neutrinos, en cienmillonésimas de segundo. Había sido necesario que la posibilidad de detección de partículas progresara hasta el punto de poder recoger el rastro de entes tan efímeros para llegar a registrar su existencia.

La teoría de Yukawa actuó, en un cierto sentido, como un freno a la búsqueda de esquemas más realistas. Aunque hoy sabemos que neutrones y protones no son elementales (están hechos de quarks de tipo u y d), ni tampoco lo son los piones, compuestos de quark-antiquark, lo cierto es que la teoría de Yukawa había tenido la validación más importante que existe en la ciencia: su predicción de la existencia de las partículas intermediarias se había cumplido, y estas tenían, precisamente, las propiedades esperadas.

De hecho el modelo de Yukawa no es falso; simplemente no es fundamental, sino sólo una aproximación. A distancias grandes en comparación con aquellas a las que la estructura de protones, neutrones y piones es aparente, podemos utilizarlo como una aproximación conveniente, igual que en las reacciones químicas se puede tratar a los átomos como si fuesen realmente indivisibles.

§10.3. Partículas extrañas, resonancias y quarks. ¿Cómo se pronuncia la palabra *quark*?

Partículas extrañas. Quarks. La posibilidad de desentrañar la estructura de las interacciones fuertes se enmarañó muy pronto con el problema de la variedad de partículas que la experimentan. En 1947, el mismo año del descubrimiento de los piones (que parecían resolver el problema de la *dinámica* de las interacciones fuertes), se identificaron, en los rayos cósmicos, unas partículas que interaccionaban fuertemente, pero que eran distintas de las ya conocidas, protón, neutrón y piones. Partículas a las que se llamó "partículas extrañas".

A partir de 1953 fue posible producir esas partículas en aceleradores, con lo cual sus características pudieron estudiarse en detalle. Su existencia y propiedades, que salvo la masa son muy parecidas a las de protones, neutrones y piones, causaron gran confusión al mezclar dos cuestiones distintas: las simetrías de las interacciones fuertes, algo que hoy sabemos que es algo secundario, y la dinámica de las mismas.

En la actualidad son fáciles de entender las diferencias y similitudes de las partículas ordinarias y las extrañas: las partículas ordinarias (protones, neutrones y piones) están hechas de dos tipos de quark, el u y el d, de masa parecida[43] del orden de un tercio de la masa del protón o la del neutrón; las partículas extrañas sólo se diferencian de éstas en que un quark de tipo s, con masa algo mayor que las del u o d, reemplaza a uno de estos dos. Pero durante bastante tiempo se gastó un enorme esfuerzo en comprender la simetrías de los hadrones (como se conoce colectivamente a las partículas que interaccionan fuertemente); desde Heisenberg, que fue quien primero se dio cuenta de la similitud a efectos de las interacciones fuertes de neutrones y protones, hasta el americano Murray Gell-Mann y el israelí Yuval Ne'eman, que extendieron esta simetría incluyendo las partículas extrañas, por citar los hitos más importantes.

En los años cincuenta la situación se volvió aún más confusa. Por una parte, se pudieron estudiar, al desarrollarse aceleradores con energías de GeVs, las interacciones entre hadrones con gran detalle. Y se encontró que, cuando interaccionaban entre sí, los hadrones podían resonar, lo que era difícilmente explicable si dichos hadrones fuesen partículas elementales. Por otra parte, con ayuda de estos mismos aceleradores, se descubrió en una serie de experimentos cruciales llevados a cabo por el americano Hofstadter y sus colaboradores que protones, neutrones y piones (y, después, también las partículas extrañas) tienen estructura. Lo que ponía más difícil el creer en su elementalidad.

Sin embargo no fue esta la razón principal que llevó a Gell-Mann e, independientemente, Zweig (americano trabajando en Ginebra) a proponer la idea de que los hadrones están compuestos de otras partículas (los *quarks*) que, estos sí, son elementales. El motivo fundamental era que sólo en términos de quarks se podían entender las interacciones electromagnéticas y débiles de los hadrones.[44] Pero desde el principio el modelo de quarks se encontró con formidables dificultades que hicieron que pocos físicos se lo tomaran en serio:

---

[43] Para expertos precisaré que me estoy refiriendo a las llamadas *masas constituyentes*, más fáciles de comprender intuitivamente que las masas mecánicas.

[44] El hecho de que las interacciones electromagnéticas y débiles sean mucho menos intensas que las fuertes, y el haber contado desde muy pronto con teorías razonablemente exitosas de ambas, las ha hecho extremadamente útiles para explorar la estructura de los hadrones.

ni su propio padre, Gell-Mann, creyó en ellos hasta casi el final (el "final" es el año 1973).

¿Cómo se pronuncia la palabra quark? Acabamos esta sección contando una curiosa controversia a propósito del nombre *quark*, palabra que denomina a un tipo de queso blando, en alemán, pero sin significado en inglés. (Zweig, el codescubridor de los quarks, utilizó para éstos el nombre de *ases* —"aces"—, nombre que en ningún momento tuvo éxito).

Aparentemente, Gell-Mann tomó la palabra *quark* del libro de James Joyce *Finnegan's Wake* donde, en la página 383 de la edición de Viking Press (Nueva York, 1962), se puede leer:

— *Three quarks for Muster Mark!*
Sure he hasn't got much of a bark
And sure any he has it's all beside the mark,
etc.

La cita parecía razonable: cuando Gell-Mann propuso el modelo de quarks se conocían sólo tres de ellos, y, por otra parte, era apropiado utilizar una obra de ficción para encontrar un nombre con el que denotar entes entonces ficticios.

La controversia se desarrolló hace unos pocos años en la revista *Physics Today*, órgano del American Institute of Physics, acerca de *cómo* pronunciar la palabra quark. En efecto, si tenemos en cuenta que Joyce era irlandés, parece apropiado pronunciarla con acento británico, y entonces *quark* suena como el castellano *cuac*, onomatopeya del graznido de los patos. Es probable que fuese esta pronunciación la que tuviese Joyce en mente: el personaje Muster Mark, como queda claro en las pocas estrofas que hemos reproducido (y en el resto del libro) es mas bien despreciable. Podríamos pues traducir la poesía de Joyce así:

— *¡Tres graznidos para Muster Mark!*
Ciertamente no tiene mucho que chillar
Y desde luego si tiene algo es irrelevante.

El problema sin embargo es que Gell-Mann es americano, y en esta variedad de inglés *quark* se pronuncia aproximadamente como el castellano *cuorc*; y, con esta pronunciación (que he oído personalmente a Gell-Mann más de una vez, y desde hace bastante tiempo), *quark* no quiere decir nada: ni onomatopéyicamente. La cosa se complica porque Joyce está muerto y el propio Gell-Mann ha olvidado (o pretende haber olvidado) si realmente tomó la palabra quark de *Finnegan's Wake* y, si lo hizo, por qué.

Lo interesante de esta anécdota, en mi opinión, es que revela la cautela con la que se lanzó el concepto de que protones y neutrones están hechos de subpartículas más elementales. Es costumbre entre los científicos el disfrazar su inseguridad a la hora de proponer teorías nuevas, casi siempre (por su misma novedad) a base de evidencia insuficiente, si no contradictoria. Esto explica nombres tales como "partículas extrañas", "quark charmado" (*encantado*) para el *c*, el "color" para la carga de las interacciones fuertes y, por supuesto, el propio nombre de quark.

Terminaré diciendo que Gell-Mann, además de un gran físico, es un excelente lingüista y, cuando propuso el nombre de *quark*, quizá lo tomó, y quizá no, de *Finnegan's Wake*; pero muy probablemente era consciente de su significado en alemán.

§10.4. Hasta 1973: un delirio de teorías

En los años cincuenta, sesenta y principios de los setenta, uno de los deportes favoritos de los teóricos fue el imaginar posibles esquemas para las interacciones fuertes. Algunas de estas teorías han quedado, como el modelo de Yukawa, como aproximaciones fenomenológicas, válidas en ciertas circunstancias. Otras, como el "bootstrap" o la dualidad, han sido aventadas al basurero de la historia. Y alguna, como las teorías de cuerdas, han reaparecido en un nuevo escenario.

No podemos en este ensayo presentar una lista completa de estos intentos fallidos; ni mucho menos discutirlos en detalle. Pero sí nos referiremos a algunas de las más populares y/o interesantes teorías: la ciencia no sólo se construye a base de éxitos, sino que también los fracasos desempeñan un papel importante. Un modelo, el de partones-quarks, que a la postre resultó ser el correcto, lo discutiremos en próximas secciones.

Intentos de hacer funcionar el modelo de Yukawa. Durante mucho tiempo, de hecho hasta el final (y recordamos que, desde el punto de vista de las teorías de las interacciones fuertes, el *final* es 1973), algunos físicos siguieron considerando posible que el modelo de Yukawa constituyese la descripción última de la dinámica de hadrones. El argumento, en el fondo bastante razonable, era el siguiente. En primer lugar, la teoría de Yukawa había predicho el pión, que había sido efectivamente observado experimentalmente: un buen punto a favor de la teoría. La cuestión de la estructura de protones, neutrones y piones podía entenderse suponiendo que era debida a la intensidad de la interacción. En efecto, es cierto que las correcciones radiativas en una interacción muy intensa producen efectos similares a los de una estructura.

El problema con estas ideas era su falta de predictividad. Hacía falta inventar métodos de cálculo distintos de los basados en diagramas de Feynman, que no funcionan cuando los órdenes superiores de aproximación son *mayores* que los más bajos. La situación era inconclusiva; no había ninguna predicción que se pudiese comprobar de forma clara, pero tampoco ninguna discrepancia seria que demostrase que el modelo era incorrecto.[45] Y no podía ser de otra manera; como ya hemos mencionado, el modelo de Yukawa es una buena aproximación a distancias relativamente grandes, y sus problemas a distancias pequeñas siempre se podían achacar a inadecuación de los métodos de cálculo utilizados.

"Democracia nuclear"; "bootstrap". La mayor dificultad del modelo de Yukawa era, por supuesto, la existencia de una estructura que los experimentos de Hofstadter y otros habían revelado en protones, neutrones y piones, así como las resonancias que aparecían en choques entre estas partículas. Por ejemplo, en choques entre pión y protón aparece la resonancia conocida como "partícula Δ"; y en colisiones pión-pión, las resonancias ρ y ω. Pero como hemos mencionado, existía una posible escapatoria a estos problemas que consistía en suponer que tanto la estructura como las resonancias se debían a la enorme intensidad de la interacción fuerte que hace tan probable encontrar un protón aislado como acompañado de un pión.

Pero entonces el concepto de "partícula elemental" se perdía; tan legítimo era considerar una Δ como resonancia de pión y protón, como decir que un protón es una resonancia de pión y Δ. Algunos físicos intentaron basar una dinámica en esta posibilidad, que recibió el nombre un tanto absurdo de *democracia nuclear*: todos y ninguno de los hadrones eran considerados elementales. Incluso se intentaron explorar las posibilidades de que existiese una única solución autoconsistente, mecanismo conocido como "bootstrap".

No es fácil explicar a un lector no familiarizado con la mitología anglosajona moderna el significado de la palabra *bootstrap*. Literalmente, los *bootstraps* son las tirillas de cuero que hay en la parte de atrás de algunos tipos de botas y que sirven, estirando de ellas, para calzarse dichas botas. La frase "salir de un hoyo agarrándose por los *bootstraps*" indica la acción, por supuesto imposible, de levantarse a uno mismo de tal guisa.[46] De aquí, una teoría tipo *bootstrap* es una que obtiene resultados de la nada, a través únicamente de requisitos de autoconsistencia.

---

[45] Esto no es completamente cierto. La propiedad conocida como CVC ("corriente vectorial conservada"), que dice que la parte vectorial de las interacciones débiles no se renormaliza, a energía cero, no podía comprenderse bien con el modelo de Yukawa. No discutiremos esta cuestión, muy técnica.

[46] Los lectores familiarizados con las aventuras del barón de Munchhäusen recordarán que este se escapó de un pozo por un procedimiento similar, pero agarrándose de las orejas.

La teoría de *bootstrap* de interacciones fuertes produjo resultados comparables a los que obtendría quien intentase efectivamente levantarse tirando de las tirillas de las botas. Es decir, mucho esfuerzo para nada.

Polos de Regge. En 1959, el italiano Tulio Regge (*Nuovo Cimento*, **14**, 951) descubrió que la dependencia en la energía transferida de las colisiones de partículas hadrónicas, a velocidad no relativista, podía relacionarse con las resonancias que se producían en dichas colisiones. Es difícil de explicar el hallazgo de Regge (conocido por razones que no es del caso explicar como "polos de Regge"), muy técnico, y cuya comprensión desafía incluso la capacidad de bastantes profesionales; a pesar de lo cual, la observación de Regge llevó a intentar basar una teoría de las interacciones fuertes en este mecanismo.

Hay pocas dudas de que las ideas de Regge permiten una descripción de fenómenos de colisión entre hadrones; pero también es cierto que no pueden formar una base *dinámica* para describir sus interacciones. Como la teoría de Yukawa, los polos de Regge sólo proporcionan una descripción parcial de algunos procesos hadrónicos.

Cuerdas. El conjunto de resonancias que a mediados de los años sesenta se habían ido identificando empezaba a ser bastante numeroso. Como hoy sabemos, esta proliferación de resonancias es lo que se puede esperar dado que los hadrones están hechos de quarks, en cuyo caso muchas de ellas son simplemente estados excitados. Pero a finales de la década y en los primeros años setenta una serie de físicos se dieron cuenta de que unas propiedades similares se obtenían (también) si se suponía que los hadrones encierran una estructura de cuerdas y se identifican sus resonancias como vibraciones de las mismas.

No hemos gastado mucho espacio en describir en detalle las teorías anteriores de interacciones fuertes; pero ahora sí dedicaremos un cierto esfuerzo a discutir las teorías de cuerdas, y ello por dos motivos. En primer lugar, por ser menos complejas que los esotéricos polos de Regge, o el *bootstrap*. En segundo lugar, porque las teorías de cuerdas reaparecerán más adelante como parte de los intentos de integrar la gravedad en la física de partículas.

Consideremos una cuerda tensada; por ejemplo, una cuerda de violín. Esta cuerda puede vibrar con unas frecuencias características. Entre estas tenemos la fundamental, en que no hay nodos en la cuerda, la primera excitada, en la que hay un nodo, la siguiente con dos nodos, etcétera. Cuanto más elevada la frecuencia, más agudo el sonido, y mayor energía tiene la vibración.

En mecánica cuántica a estas vibraciones (ondas) corresponden *partículas*, luego un objeto constituido por una cuerda cuántica que puede vibrar a distintas frecuencias tiene un estado de mínima energía, el correspondiente a la frecuencia fundamental, y varios estados excitados (correspondientes a las frecuencias superiores). En el caso de las teorías de cuerdas de hadrones, identificamos estos estados excitados con las *resonancias* hadrónicas observadas experimentalmente.

Si además de requerir una interpretación cuántica de las cuerdas insistimos en invariancia relativista, nos encontramos con una sorpresa: las teorías de cuerdas sólo serían consistentes de manera natural si el espacio tuviese 25 dimensiones. Pero el que las teorías relativistas y cuánticas de cuerdas sólo sean consistentes en 25 dimensiones no arredró a sus adeptos: como no arredra un fenómeno similar a los adeptos al nuevo avatar de las teorías de cuerdas, resucitadas en los años ochenta, y que discutiremos al final de este libro.

Dualidad y el modelo de Veneziano. Tanto utilizando argumentos de autoconsistencia como considerando a los hadrones con una estructura de cuerdas; y teniendo en cuenta la conexión entre resonancias y propiedades de colisión encontradas por Regge, una serie de investigadores propusieron basar la dinámica de las interacciones fuertes en una idea conocida con el nombre de *dualidad*. En esencia esto quiere decir que un proceso de interacción entre dos hadrones podría describirse de forma igualmente válida tanto ennumerando sus resonancias como especificando el comportamiento de sus colisiones a muy alta energía. En 1968, Veneziano[47] dio un paso que parecía —por fin— ir en la dirección correcta al escribir explícitamente una amplitud de colisión que era compatible con todos estos criterios.

A pesar de enormes esfuerzos por una buena parte de la comunidad de teóricos de física de altas energías, el modelo de Veneziano no pasó de modelo. Satisfacía, es cierto, los criterios de dualidad, comportamiento de Regge y espectro de resonancias tipo cuerdas, pero no satisfacía dos criterios mucho más básicos. Nadie pudo mejorar el modelo de Veneziano para arreglarle su incompatibilidad con el principio de causalidad, ni para conseguir que sus predicciones llegaran mas que a un vago acuerdo con el experimento.

Finalmente, había un grupo de científicos (entre los que yo me contaba) que, desengañados de tanto modelo, intentaban obtener consecuencias generales de propiedades básicas (relatividad, mecánica cuántica y causalidad) y otro grupo compuesto por los que opinaban que un modelo correcto sólo se encontraría al *abandonar* alguna de estas propiedades.

Los esfuerzos de los científicos de estos dos grupos resultaron estériles. Con respecto a los segundos debido a que las citadas propiedades básicas *no* han fallado, al menos por ahora. Y con respecto a los primeros por la falta

[47] *Nuovo Cimento*, **57A**, 990 (1968).

de creatividad de sus esfuerzos. A pesar de producir notables construcciones matemáticas, estaba claro en aquella misma época (años sesenta y primeros setenta), y salvo para algún optimista incurable, que no llevaban a ningún avance en la comprensión de la física de las interacciones. Está muy bien exprimir lo que uno sabe, pero así no se obtiene nuevo conocimiento: para explorar territorio virgen hay que arriesgarse. La obra de físicomatemáticos tales como el americano Wightman, el belga Ruelle o el suizo Hepp, aunque es impresionante y, sin duda, tuvo un cierto papel *clarificador*, no aportó prácticamente nada al descubrimiento de la dinámica de las interacciones fuertes.

De hecho, algún físico malicioso comparó a quienes intentaban obtener resultados matemáticamente exactos de propiedades generales conocidas con los *shakers*: una secta religiosa americana cuyos miembros construían grandes graneros, pero practicaban el celibato. Por supuesto se extinguieron o (caso en particular también de algunos físicos) se reconvirtieron.

§10.5. Los experimentos de SLAC y del CERN. El modelo de partones. Problemas del modelo de quarks. El "color"

En los años sesenta comenzaron en el laboratorio de SLAC (*Stanford Linear Accelerator Center*), asociado a la Universidad de Stanford, una serie de experimentos cruciales para la comprensión de las interacciones débiles y —sobre todo— de las fuertes. Estos experimentos fueron posibles gracias a la maravillosa *performance* del acelerador, en lo que hay que dar el crédito a Panofsky, y a las magníficas capacidades de los experimentadores que, procedentes de Stanford y de otros centros, trabajaron en él y en el acelerador SPEAR que le siguió. Citemos a Perl, Richter y, especialmente en conexión con el tema que nos ocupa, a Jerome I. Friedman, Henry W. Kendall, ambos del MIT, y al canadiense Richard E. Taylor, de la Universidad de Stanford. Los tres últimos recibieron el premio Nobel en 1990:[48]

> *"For their pioneering investigations concerning deep inelastic scattering of electrons on protons and bound neutrons, which have been of essential importance for the development of the quark model in particle physics".*

En los experimentos que vamos a comentar se lanzan, como proyectiles, electrones sobre protones (y neutrones), a gran energía; y se observan los resultados de la colisión cuando en esta se transfiere, además, una gran cantidad de

[48] "Por sus investigaciones pioneras sobre colisiones profundamente inelásticas de electrones con protones y neutrones ligados, que han sido de importancia esencial para el desarrollo del modelo de quarks en física de partículas". Un poco tardío; la relevancia de los experimentos se percibió por la comunidad científica mucho antes.

energía (de hecho, impulso) del electrón al protón. En estas circunstancias, las radiaciones electromagnéticas emitidas por el electrón penetran profundamente en la estructura del protón el que, al recibir el golpe, se rompe produciendo gran cantidad de partículas. Por estos motivos se conoce a estas colisiones como *colisiones profundamente inelásticas*, o DIS (de las iniciales en inglés: Deep Inelastic Scattering).

El interés de este tipo de experimentos puede comprenderse con una analogía, debida a Feynman. Si uno quiere saber cómo está hecho un reloj *no* se dedica a hacer chocar un reloj contra otro, sino que hurga en las tripas del reloj con un instrumento de estructura conocida. De esta manera, los experimentos típicos de colisión de hadrones en los que se basaba, hasta los trabajos de Stanford, la investigación de interacciones fuertes, resultan menos apropiados que los de SLAC. En estos se realiza la colisión con el protón de fotones y electrones, partículas estas que, ya en los años sesenta, eran muy bien comprendidas.

Los resultados de los experimentos de SLAC, y también de los análogos realizados en el CERN (pero estos con neutrinos y por tanto mucho menos precisos), fueron bastante sorprendentes. En primer lugar, presentaban la propiedad de *scaling*.[49] Esta propiedad consiste en que la probabilidad de choque, lo que se conoce como *sección eficaz*, resultaba prácticamente independiente de la energía trasmitida y de la energía total del choque por separado, dependiendo sólo del cociente de ambas. Esta propiedad había sido anticipada por el americano Bjorken[50] que la sugirió de propiedades del modelo de quarks (explícitamente, de la llamada "álgebra de corrientes") y de teoría de polos de Regge, algo muy poco sólido.

También en el CERN el físico experimental Donald Perkins mostró los curiosos resultados (obtenidos con colisiones de neutrinos, pero esencialmente iguales a los de SLAC) a dos de los teóricos más competentes del organismo, John Bell y Martinus Veltman, que confesaron que no tenían ni idea de lo que podrían significar.

Más intuición mostró Feynman, que dio uno de los pasos definitivos para la comprensión de las interacciones fuertes y la estructura de los hadrones. Feynman[51] se dio cuenta de que lo que ocurría podía explicarse suponiendo que, tanto los neutrinos de los experimentos del CERN como los electrones de

[49] No es fácil traducir, en este contexto, la palabra *scaling*. Relacionada con *escala*, indica lo que cambia una cantidad física al alterar la escala de uno de los parámetros de los que depende. La traducción literal, *escalamiento*, no sólo es horrible, sino que sugiere alpinismo. Lo dejaremos en *scaling*, escrito con cursivas.

[50] *Phys. Rev.*, **179**, 1547, (1969).

[51] *Phys. Rev. Letters*, **23**, 1415 (1969).

Stanford, encontraban, al penetrar en los protones (y esta es la característica más sorprendente), unos objetos duros: el protón parecía estar compuesto por "partes" sin estructura (elementales), y el consiguiente modelo fue llamado "modelo de partones".

A pesar de esta evidencia, durante bastante tiempo los físicos se resistieron a identificar los "partones" con los quarks; como hemos mencionado, y más adelante veremos en más detalle, el modelo de quarks tenía serios problemas conceptuales. Lo que no impidió a algunos de los más aventurados (o lúcidos) realizar cálculos con el modelo de quarks-partones, cálculos que, un tanto sorprendentemente, producían resultados de acuerdo con los experimentos. Entre los osados físicos que no se arredraban por las dificultades del modelo de quarks podemos citar en primer lugar al italiano Giacomo Morpurgo,[52] seguido un poco más tarde por Dalitz, trabajando en Oxford, y por otros varios investigadores, entre los que podemos destacar a los conocidos (por las inclinaciones maoistas de alguno de ellos) como *la banda de los cuatro*, los franceses Le Yaouanc, Pène y Reynal y el español Lluis Oliver.

Pero como hemos dicho, el modelo de quarks presentaba problemas conceptuales importantes. En primer lugar, y aunque en los aceleradores de partículas se hacía chocar a éstas con enormes energías, no era posible producir quarks aislados. A pesar de ello, tanto en el modelo de partones como en los cálculos de la llamada "álgebra de corrientes", que gobiernan las interacciones débiles a cortas distancias, había que suponer que a grandes energías, o a pequeñas distancias, los quarks se comportaban como partículas libres. Es decir, en (por ejemplo) las colisiones de electrones contra protones a grandes energías, el acuerdo con el experimento se obtenía si se suponía que el protón está compuesto de partes (los "partones") que no interaccionan entre sí.

Un segundo problema era el de la llamada estadística. La esencia de este problema es la siguiente. Cuando se calculaban las propiedades del neutrón y del protón como estados ligados de quarks era necesrio suponer que, en ellos, los tres quarks se encontraban en el mismo estado. El protón está compuesto de quarks *uud* y el neutrón de *ddu*: por tanto, en ambos casos hay dos quarks idénticos. Ahora bien: los quarks tienen espín $1/2$ y se sabía desde bastante tiempo atrás que este tipo de partículas obedecen la llamada estadística de Fermi–Dirac: en cuyo caso el *principio de exclusión* de Pauli impide que dos

[52] *Physics*, **2**, 95 (1965).

partículas idénticas ocupen el mismo estado.[53] Algo parecido ocurría también para las partículas extrañas o las resonancias.

La solución, en principio totalmente *ad hoc*, y sugerida en primer lugar por Greenberg, consistía en suponer que, además de sus propiedades aparentes (carga eléctrica o masa), los quarks tienen una propiedad "interna", oculta, que Gell-Mann llamó *color*, aunque obviamente no tiene absolutamente nada que ver con el color ordinario. Se suponía que había tres clases de color, que podemos llamar, convencionalmente, r ("rojo"), a ("amarillo") y v ("violeta"). De manera que un quark dado podía tener, realmente, uno de los tres colores.

Con esta hipótesis, el problema con la estadística de los quarks desaparecía: un protón se consideraba como $u_r u_a d_v$, y un neutrón como $d_r d_a u_v$, luego no hay dos quarks idénticos en ninguna de estas partículas ya que se diferencian en el "color". El problema, por supuesto, es que nadie había visto estos "colores" cuya función parecía ser únicamente la de arreglar el problema de la estadística.

En 1972 Bardeen, Fritzsch y Gell-Mann avanzaron todavía dos pasos más. En primer lugar, se dieron cuenta de que el "color" podía influir en otros dos fenómenos. Concretamente, las aniquilaciones de electrón-positrón en hadrones, que estaban comenzando a estudiarse en el laboratorio italiano de Frascati, cerca de Roma, producían más partículas que las esperadas; y, por otra parte, el pión conocido como π^0, estado ligado de quark y antiquark, se desintegraba unas nueve veces más rápido que lo previsto en el modelo de quarks. Pero ambas observaciones se reconciliaban con la teoría si se tenía en cuenta que cada quark podía tener uno de los tres posibles colores.

El segundo paso (tal vez el que requirió un mayor salto intuitivo) consistió en suponer que el "color" no era una propiedad meramente pasiva, sino que juega con respecto a las interacciones fuertes el mismo papel que la carga eléctrica con respecto a las electromagnéticas. Es decir, el "color" es una especie de carga fuerte. Además Gell-Mann postuló la existencia de unos nuevos tipos de partículas, los *gluones*, que son los portadores de la interacción fuerte y por tanto tienen en esta interacción el mismo papel que los fotones en las interacciones electromagnéticas.

Esta última hipótesis tiene implicaciones cruciales. En 1954, Yang y Mills habían estudiado el problema, entonces académico, de qué ocurriría si

[53] Esta objeción es un tanto técnica y, probablemente, difícil de apreciar para el lector que no esté familarizado con las estadísticas cuánticas. No es evidentemente posible aquí dar muchos más detalles; baste decir que el principio de exclusión, comprobado infinidad de veces experimentalmente, es el responsable (entre muchos otros efectos) de las propiedades de *impenetrabilidad* de la materia.

hubiese más de una clase de carga eléctrica. Si esto fuera así, se seguían matemáticamente tres propiedades curiosas. En primer lugar, debería haber varios tipos de "fotones" asociados a la correspondiente interacción. En segundo lugar, *todos* estos fotones deberían interaccionar de la misma manera; es decir, todas sus interacciones tendrían que tener la misma intensidad. Finalmente, todos estos fotones deberían de no tener masa. Tendremos ocasión de volver sobre estas propiedades cuando discutamos las interacciones débiles; una discusión más detallada de las teorías de Yang y Mills la presentaremos en el capítulo dedicado a simetrías.

Con respecto a los quarks, y el "color", los resultados de Yang y Mills implicaban que debería de haber *ocho* gluones (lo que hacía más molesto el que no se hubiese visto ninguno), pero presentaban la ventaja de explicar por qué todas las interacciones fuertes tenían la misma intensidad.

§10.6. 1973: libertad asintótica y la teoría correcta

En 1971-72, Gell-Mann visitó el CERN. Durante esta estancia coincidió con Veltman, también de visita allí. En el curso de una conversación comenzaron ambos a discutir sobre quarks, y Gell-Mann manifestó al holandés que, en aquellos momentos, consideraba que los quarks no son reales, sino, simplemente, una especie de "coordenadas" que sirven para describir protones y neutrones. A lo que Veltman, una persona bastante corpulenta, se puso a saltar y a decirle a Gell-Mann si pensaba que él era un conjunto de coordenadas que brincaban.

Del escepticismo de Gell-Mann hay también evidencia escrita, por ejemplo en sus conferencias en Jerusalén o Schladmig de aquella época. En particular en la última (titulada *Quarks* y publicada como *report* del CERN, ref. TH. 1543, agosto de 1972) acaba Gell-Mann con la siguiente frase:

> *"If we go too far in this direction, ... we are in danger of ending up with real quarks, and perhaps even with free real quarks, as mentioned before. In our work, we are always between Scylla and Charybdis; we may fail to abstract enough, and miss important physics, or we may abstract too much and end up with fictitious objects in our models turning into real monsters that devour us."*

("Si seguimos demasiado lejos a lo largo de esta dirección, ... corremos el peligro de acabar con quarks de verdad, e incluso con quarks libres, como ya hemos dicho. En nuestro trabajo estamos siempre entre Escila y Caribdis; o bien no inferimos suficientes propiedades, y nos perdemos resultados interesantes, o, si inferimos demasiado, nos encontramos con entes ficticios en nuestros modelos, los que acaban por devorarnos.")

Todavía más clara es su famosa frase, también de 1972, que citamos en el encabezamiento de este capítulo. En ella queda claro que Gell-Mann concedía más credibilidad a la teorías de "dualidad" o "bootstrap" que a los quarks, a los que consideraba ficticios.

Pero Gell-Mann tenía buenas razones para su escepticismo: como hemos visto en la sección anterior, el modelo de quarks era un conjunto de recetas *ad hoc*, con la contradicción insalvable de que por un lado se comportaban, a alta energía, como si fuesen libres, y por otro era imposible aislarlos.

Citamos aquí especialmente a Gell-Mann por ser, no sólo el máximo responsable del desentrañamiento de las interacciones fuertes sino, además, el físico más influyente en los años sesenta y principios de los setenta; y esto con razón. Gell-Mann fue el primero (con el japonés Nijishima) en comprender la naturaleza de las partículas extrañas y, con el israelí Ne'eman, en estudiar sus simetrías. A la vez que Zweig propuso el modelo de quarks y, en distintas colaboraciones con el también americano Bardeen (William, hijo del inventor del transistor), el australiano Crewther, el alemán Fritzsch y el suizo Leutwyler, introdujo el concepto de "color" en su forma dinámica, las interacciones mediadas por gluones y, en resumen, casi todo lo necesario para la comprensión de las interacciones fuertes, salvo la última pieza. En verdad, el escepticismo de Gell-Mann no era el del ignorante que, por citar a Machado, "desprecia cuanto ignora", sino el del entendido que es consciente de los problemas.

Pero no era Gell-Mann el único ilustrado representante en aquellos años de la corriente escéptica. Coincidí con David Gross, uno de los descubridores de la propiedad de libertad asintótica (que resolvió finalmente el *puzzle* de las interacciones fuertes), en el CERN, en 1968-1969. Cuando volvió él a los Estados Unidos, en otoño del 69, le pregunté que en qué iba a trabajar. Y me contestó que en la teoría de Veneziano y el modelo de cuerdas. Efectivamente en los siguientes tres años pude ojear algunos artículos suyos sobre estos temas. Pero, además de ello, Gross propuso a uno de sus estudiantes de doctorado, Franck Wilczek, calcular unas ciertas propiedades de las teorías de Yang–Mills (de lo que luego hablaremos) con la idea de demostrar que *no* podían servir para describir las interacciones de hadrones:

> *"I'm going to prove that it is impossible, absolutely impossible, to have scaling in [Yang–Mills] quantum field theories.*

No es extraño que Wilczek, al escribir el relato[54] del descubrimiento de la teoría correcta de las interacciones fuertes, no lo titulara "Cómo descubrí la libertad asintótica", sino *How Aymptotic Freedom Found Me* ("Cómo la libertad asintótica me encontró").

---

[54] En el libro *Longing for the Harmonies*, p. 211. De aquí está tomada también la frase anteior de Gross.

Finalmente, el propio Dalitz, una de las primeras personas que trabajaron sobre quarks, tenía fuertes dudas sobre la viabilidad del modelo. Según Veltman, cuando le preguntó a Dalitz sobre su escepticismo acerca de la realidad de los quarks, éste le contestó, con su proverbial laconismo: *"But, Tini* [Tini es el nombre familiar de Martinus Veltman], *what about the diquark?"* ("Pero Tini, ¿Y los diquarks?"). Efectivamente, con los conocimientos de la época era difícil de creer que, si existían estados ligados de tres quarks, no existiesen estados con sólo dos quarks (los *diquarks*), o con cuatro.

En 1973 se publicaron simultáneamente dos trabajos conteniendo el mismo descubrimiento teórico: uno por D. J. Gross y F. Wilczek, en la revista *Physical Review Letters*, **30**, 1323; y el otro por H. D. Politzer, en la misma revista y número, en la página 1346. Consistía este descubrimiento en hacer notar que, para teorías de tipo Yang–Mills, las correcciones radiativas a la intensidad de la interacción son tales que hacen a esta intensidad *decrecer* a pequeñas distancias (o gran energía) y *crecer* a grandes distancias. Para ser más exactos, el descubrimiento de Gross, Wilczek y Politzer puede expresarse en fórmulas de la manera que describimos a continuación.

Consideremos la teoría de Gell-Mann y colaboradores, en la que los quarks interaccionan intercambiando gluones (de forma análoga a la que los electrones lo hacen intercambiando fotones) pero, debido a que hay tres tipos de carga de "color", la estructura es de tipo Yang–Mills. Si definimos para las interacciones fuertes lo análogo de la constante de estructura fina, y lo denotamos por $\alpha_s(E)$ (s por *strong*), el cálculo de diagramas con intercambio de gluones indica que, a muy cortas distancias, la interacción (por ejemplo, entre un quark y un antiquark pesados) es parecida a la coulombiana, con un potencial

$$-\tfrac{4}{3}\,\hbar c\,\frac{\alpha_s(E)}{r}.$$

$\alpha_s(E)$ mide la intensidad de la interacción a energía E; el factor $^4/_3$ en que se diferencia esta fórmula de la fórmula análoga para interacciones electromagnéticas se debe a la estructura de "color".

Ahora bien: al tener en cuenta las emisiones y absorciones de gluones *virtuales* (correcciones radiativas) resulta que la dependencia de la intensidad de la interacción en E es opuesta a la que se obtendría para las interacciones electromagnéticas. (Esto lo volveremos a discutir en la próxima sección). Debido a que los gluones, a diferencia de los fotones, tienen autointeracciones, se obtiene una dependencia en la energía que, en primera aproximación, es

$$\alpha_s(E) = \frac{12\pi}{(33 - 2n_q)\log(E/\Lambda)^2},$$

donde Λ es una constante, del orden de 200 MeV, y n_q es el número de quarks. Este es el cálculo contenido en los artículos de Gross, Wilczek y Politzer citados más arriba. El coeficiente del logaritmo, $12\pi/(33-2n_q)$, se obtiene de la evaluación de una cantidad, conocida como b_0, y relacionada con las correcciones cuánticas a la teoría que discutiremos en la próxima sección.

La fórmula de más arriba es notable. Implica que, a grandes energías, o pequeñas distancias, la intensidad de la interacción (medida por $\alpha_s(E)$) tiende hacia cero, luego los quarks se comportan como si fueran libres: propiedad conocida como *libertad asintótica*. Mientras que, cuando E se aproxima a Λ ("grandes" distancias[55]), la intensidad de la interacción crece indefinidamente, de manera que los quarks, y los gluones, están confinados en una región con radio R de valor

$$R \simeq \hbar c/\Lambda \simeq 10^{-13} \text{ cm.}$$

El trabajo de Gross, Wilczek y Politzer aclaró inmediatamente la situación. Desaparecidas por completo sus reticencias, Gell-Mann y colaboradores propusieron formalmente la correspondiente teoría como *la* teoría de las interacciones fuertes, propuesta realizada prácticamente de manera simultánea también por Weinberg:[56] todas las inconsistencias del modelo de quarks habían desaparecido y, lo que es más, la teoría permitía ahora realizar cálculos de una enorme cantidad de efectos observables, alguno de los cuales discutiremos en una próxima sección.

§10.7. ¿Quién descubrió la "libertad asintótica"?

Como esperamos haya quedado ampliamente demostrado en las discusiones precedentes, las piezas maestras de la teoría de interacciones fuertes son la *libertad asintótica* y el confinamiento de los quarks, dos propiedades muy distintas pero íntimamente relacionadas. Con ellas, el edificio de la teoría de interacciones de quarks y gluones presenta un aspecto sólido y parece, casi, algo inevitable; sin ellas, sólo tenemos un conjunto de modelos incongruentes, como muy bien manifestó Gell-Mann.

¿Cómo y por quién se descubrió esta propiedad de *libertad asintótica*? Esta es una historia que está llena de desencuentros y, además (teniendo en cuenta que es prácticamente el único descubrimiento fundamental en física de partículas que aún no ha sido distinguido con un premio Nobel) distorsionada

[55] Grandes en comparación con las distancias a las que es válida la interacción de tipo coulombiano.

[56] H. Fritzsch, M. Gell-Mann y H. Leutwyler, *Phys. Letters*, **B47**, 365 (1973); S. Weinberg, *Phys. Rev. Letters*, **31**, 494 (1973).

por algunas de las personas más próximas que, consciente o inconscientemente, arriman el ascua a su sardina. Aquí intentaré presentar una breve relación lo más objetiva posible, ciñéndome a hechos que puedan ser probados por la existencia de publicaciones o, al menos, testimonios de observadores independientes.

Lo primero que es necesario para entender las dificultades de deducir una propiedad tal como la *libertad asintótica* es explicar su imbricación dentro de las teorías relativistas y cuánticas de interacciones. Para ello volvemos a considerar la cuestión de la intensidad de una interacción; digamos, de momento, la interacción electromagnética. Es costumbre caracterizar esta intensidad por el parámetro conocido como *constante de estructura fina* (que ya introdujimos en el capítulo 8), que se denota por la letra griega α y de valor aproximado

$$\alpha = \frac{1}{137,036}.$$

En términos de la carga del electrón, e, $\alpha = e^2/\hbar c$.

En la mecánica newtoniana, prerelativista y precuántica, la interacción entre dos cuerpos se entendía como una "acción a distancia"; un concepto éste que repugnaba al propio Newton,[57] que lo soslayaba con el *caveat* de "las cosas ocurren como si...", y que muchos científicos intentaron evitar; por ejemplo, aceptando la teoría alternativa de vórtices de Descartes. En mecánica cuántica relativista, y como ya hemos discutido al hablar de la electrodinámica cuántica, la acción a distancia desaparece. La interacción entre (por ejemplo) un electrón y un protón que se aproximan se considera debida al intercambio de una partícula virtual, que constituye el *quantum* de la correspondiente interacción: es decir, al intercambio de fotones. Como sabemos, se pueden utilizar las reglas de Feynman para deducir la interacción correspondiente que, por supuesto, reproduce el potencial coulombiano,

$$-\frac{e^2}{r} = -\frac{\hbar c\, \alpha}{r}.$$

Sin embargo, el simple intercambio de un fotón no proporciona la interacción exacta. A distancias pequeñas (o grandes energías) las correcciones

[57] Así, en una carta a Bentley, en 1693, Newton escribía: "Es inconcebible que la materia bruta e inanimada pueda, sin la mediación de alguna cosa que no es material, operar y afectar a otra materia sin mutuo contacto ... Que ... un cuerpo pueda actuar sobre otro a distancia, a través del vacío, sin mediación por y a través de la cual su acción y fuerza pueda ser acarreada de uno a otro, es para mi tan absurdo que creo que ningún hombre capacitado para pensar en materias filosóficas pueda nunca caer en ello".

radiativas comienzan a ser importantes y tenemos que añadir procesos en los que se crean y aniquilan virtualmente fotones y pares electrón-positrón, como hemos visto en los capítulos anteriores. Estos nuevos procesos alteran el valor de la intensidad de la interacción; y tenemos pues que admitir que el valor de α depende de la distancia (o, debido al principio de incertidumbre, de la energía) a la que es medida. Debemos pues escribir $\alpha(E)$; el valor dado hasta ahora es el de la constante a grandes distancias, o pequeñas energías: $\alpha \equiv \alpha(0) = \alpha(E = 0)$.

Este efecto, esta dependencia de la intensidad de la interacción en la distancia (o la energía) a la que esta intensidad se mida, es un efecto muy pequeño para las interacciones electromagnéticas; a pesar de lo cual ha sido claramente observado. A distancias del orden del radio de los átomos, esta variación de α proporciona una parte del efecto Lamb, al que ya nos hemos referido. A las energías del acelerador LEP, sobre la masa de la partícula Z, tanto las medidas experimentales como los cálculos teóricos indican que

$$\alpha(E = M_Z c^2 \simeq 91,2\,\mathrm{GeV}) = \frac{1}{128,88 \pm 0,09},$$

claramente distinto del valor a energía cero,

$$\alpha(E = 0) = \frac{1}{137,036}.$$

La manera de investigar teóricamente el comportamiento de la intensidad de una interacción en función de la energía es a través de lo que se conoce como *grupo de renormalización*. Esta técnica aprovecha que el proceso de renormalización (que definimos en la sección 9.2) puede generarse por medio de unas transformaciones que forman lo que los matemáticos llaman un *grupo*.[58] Muy pronto quedó claro que, dada una teoría de interacciones relativistas y cuánticas, para conocer el comportamiento de la intensidad de la interacción a grandes energías (en primera aproximación) bastaba calcular el coeficiente de renormalización que en la sección 9.2 hemos llamado Z_e. De hecho, era suficiente encontrar el coeficiente de su parte divergente, que (con notación moderna) se denota por b_0.

[58] La estructura del *grupo de renormalización* fue descubierta por los suizos Peterman y Stückelberg [*Helvetica Physica Acta*, **26**, 499 (1953)]. Gell-Mann y Low [*Phys. Rev.*, **95**, 1300 (1954)] la aplicaron por primera vez para obtener intensidades de la interacción electromagnética a muy grandes energías; un número importante de este tipo de aplicaciones fue desarrollado durante los dos o tres años siguientes en la Unión Soviética por Bogoliubov y Shirkov, por Sudakov, y por Landau y Pomeranchuk.

Aún hay más: si el *signo* de b_0 es *positivo*, entonces la intensidad de la interacción *crece* con la energía. Esto es lo que ocurre con la interacción electromagnética y por eso su intensidad, sobre la energía de la partícula Z, es mayor que la medida a grandes distancias (energía cero). Si, por el contario, b_0 es *negativo*, entonces la intensidad de la interacción decrece a grandes energías según una fórmula como la de la sección anterior,

$$\alpha_s(E) = \frac{12\pi}{(33 - 2n_q)\log(E/\Lambda)^2},$$

donde el factor que multiplica al logaritmo está relacionado con el valor de b_0, y tenemos el fenómeno de *libertad asintótica*.

La cantidad b_0 es una cantidad esencial en cualquier cálculo de interacciones que tenga en cuenta las correcciones debidas a fluctuaciones cuánticas. Esta cantidad fue evaluada por varios científicos para distintas interacciones. Entre ellas, para algunas de las que se habían considerado en modelos de interacciones fuertes, en particular las de tipo Yukawa o las conocidas como "$\lambda\phi^4$". En todos estos casos, el valor del coeficiente b_0 resultaba positivo y, por tanto, daba la impresión de que esto fuese una propiedad general de las teorías cuánticas y relativistas. De hecho, como ya hemos mencionado, Gross propuso a Wilczek calcular la cantidad b_0 en teorías del tipo Yang-Mills, las únicas para las que (según creían) no se había evaluado aún, con la idea de comprobar que, también para este tipo de teorías, b_0 era positivo y, por tanto, demostrar que las interacciones fuertes tenían que ser descritas por otros esquemas. Como ya se ha contado, Gross apostaba por dualidad, cuerdas y el modelo de Veneziano.

Pero lo cierto es que el coeficiente b_0 *sí* había sido calculado. En primer lugar en Rusia, por I. B. Khriplovich[59] e, incluso antes, por M. V. Terentiev y V. S. Vanyashin.[60] Sin embargo, estos cálculos no tenían mucho valor; en aquella época no se sabía si una teoría de tipo Yang–Mills era renormalizable, de manera que el valor del coeficiente b_0 encontrado por estos autores era una mera curiosidad y, como tal, fue olvidado durante bastante tiempo.

Distinta era la situación con los cálculos de Veltman y, sobre todo, de 't Hooft. En sus evaluaciones de correcciones radiativas de teorías tipo Yang-Mills para las interacciones débiles, Veltman había encontrado el valor del coeficiente b_0. Independientemente, 't Hooft también lo había evaluado, como parte de su demostración de la renormalizabilidad de dichas teorías, algo sobre lo que volveremos al hablar de interacciones débiles. Tanto en el cálculo de los rusos como en el de los holandeses el valor de b_0 resultaba negativo; pero los

[59] *Yad. Phys.*, **10**, 409 (1969).

[60] *Zh. Eksp. Teor. Fiz.*, **48**, 565 (1965).

últimos, los únicos que podían pretender que su resultado tenía un valor, al ir acoplado con la demostración de la consistencia (renormalizabilidad) de las teorías, no le dieron suficiente importancia como para publicarlo.

¿Cuál es el motivo de esta aparente falta de interés? De que 't Hooft conocía el resultado de que b_0 es negativo en una teoría de tipo Yang–Mills no hay duda. En el verano de 1972, y coincidiendo con la celebración de una conferencia internacional en Aix-en-Provence, Chris Korthals Altes, holandés radicado en Francia, organizó en Marsella un simposio dedicado exclusivamente a teorías de tipo Yang–Mills: la demostración dada por 't Hooft de la renormalizabilidad del modelo de Weinberg–Salam de interacciones débiles, basado precisamente en este tipo de teorías, hacía el tema muy popular. Además de las teorías de interacciones débiles se discutieron las interacciones fuertes. De los análisis de colisiones profundamente inelásticas se seguía que, como hemos ya comentado, los quarks parecían comportarse como partículas libres. Pero esto no ocurría en ninguna de las teorías de interacciones más comunmente usadas. ¿Tal vez en las de tipo Yang–Mills era al revés? ¿Tal vez en teorías de tipo Yang–Mills el coeficiente b_0 era negativo?

El alemán Kurt Symanzik, uno de los expertos en comportamiento a altas energías de interacciones de los que estaban presentes en el simposio de Marsella, hizo esta pregunta a la audiencia: ¿Había alguien calculado este b_0? Gerardus 't Hooft estaba entre la audiencia y contestó que sí, que él lo había calculado y que en efecto era negativo. Symanzik comentó que ese era un resultado muy importante. Pero, obviamente, 't Hooft no captó la relevancia de este hecho o, si lo hizo, no tuvo la suficiente visión como para publicarlo. Con mucha posterioridad, 't Hooft[61] ha presentado una versión de los hechos en la que pretende que no publicó porque sólo tenía la mitad de la solución del problema: libertad asintótica, pero no confinamiento. No es fácil de entender cómo esto pudo ser así. Por otra parte Veltman, en su conferencia con motivo del premio Nobel,[62] admite explícitamente que *"I did not know about asymptotic freedom and did not understand the relevance of this particular calculation at that moment."* ("Yo no sabía de *libertad asintótica* y no entendí la relevancia de este cálculo en aquella época", p. 347).

No era Symanzik el único que era consciente de que la aparente falta de interacción entre los quarks a muy cortas distancias, que los experimentos mostraban, podía explicarse por el comportamiento de la intensidad de la interacción en una teoría con un coeficiente b_0 negativo. El italiano Giorgio Parisi también lo era y, aparentemente, preguntó explícitamente a Symanzik (como

61 *Euroconferencia sobre QCD*, Montpellier, 1998.

62 *Rev. Mod. Phys.*, **72**, 341 (2000).

experto en el tema) si sabía de alguna teoría en la que esto ocurriera. Nunca sabremos cuál fue el motivo por el que Symanzik (muerto prematuramente) no le contó a Parisi el resultado comunicado por 't Hooft: probablemente, porque éste no lo había publicado. Y, por supuesto, además de Parisi había los que finalmente se llevaron el gato al agua: Gross y Wilczek en Princeton y Politzer en Harvard.

Antes de concluir esta sección es necesario aclarar unos puntos. En primer lugar, antes de la demostración por 't Hooft de la consistencia de las teorías tipo Yang–Mills, cualquier evaluación de b_0 carecía de sentido. Esta es la razón por la que personas como Gross, Coleman, Symanzik, o el propio Gell-Mann, no intentaron el cálculo antes de 1971. Pero es que, además, estas evaluaciones eran espantosamente difíciles antes de 1972, cuando 't Hooft y Veltman desarrollaron el método de cálculo conocido como *renormalización dimensional*. Método que tardó un cierto tiempo en ser asimilado por la comunidad. Y así, de los dos cálculos completos publicados (simultáneamente) sobre libertad asintótica, el de Gross y Wilczek, que *no* utiliza regularización dimensional, les llevó muchos meses de esfuerzo y estuvo a punto de ser publicado con el resultado equivocado; mientras el de Politzer sí lo hace. Indudablemente es esta enorme dificultad lo que echó atrás a la hora de realizar un cálculo explícito a Parisi, Symanzik o Gell-Mann, por citar a unos pocos.

Después de esto sigue sin ser fácil decidir quién descubrió la propiedad de libertad asintótica. Pero si nos guiamos por lo publicado hay pocas dudas de que los trabajos de Gross, Wilczek y Politzer son los que cuentan. Son los primeros que escribieron (aunque de manera ligeramente distinta) la fórmula fundamental:

$$\alpha_s(E) = \frac{12\pi}{(33 - 2n_q)\log(E/\Lambda)^2}.$$

§10.8. Comprobaciones experimentales de la teoría de interacciones fuertes (QCD). Colisiones profundamente inelásticas. Confinamiento. "Chorros"

La formulación por Fritzsch, Gell-Mann y Leutwyler de la teoría de interacciones de quarks y gluones, teniendo en cuenta la propiedad de libertad asintótica,[63] proporcionó algo más que una mera justificación del modelo de

[63] Se conoce a esta teoría como "cromodinámica cuántica" (o QCD, de las iniciales inglesas de *Quantum Chromo-Dynamics*) por ser el "color" la cantidad dinámica, el equivalente en las interacciones fuertes de la carga eléctrica en las electromagnéticas.

quarks. Debido a que implicaba una *dinámica* bien precisa de las interacciones fuertes permitía, al menos en principio, calcular una plétora de efectos nuevos. Es evidentemente imposible presentar aquí una descripción detallada de cálculos teóricos y verificaciones experimentales de *QCD* que (literalmente) llenan volúmenes y requieren además conocimientos técnicos avanzados.[64] Pero no podemos por menos que mencionar algunos ejemplos representativos de cálculos y verificaciones.

De entre estas verificaciones citaremos, en primer lugar, la comprobación experimental de la dependencia de la intensidad de la interacción con la energía predicha por la fórmula de la libertad asintótica. La cantidad $\alpha_s(E)$ puede medirse, experimentalmente, en las desintegraciones hadrónicas de la partícula τ, obteniéndose el valor

$$\alpha_s^{\text{exp.}}(E = m_\tau c^2 = 1,78\ \text{GeV}) = 0,330 \pm 0,030,$$

o en desintegraciones hadrónicas de la partícula Z, y entonces

$$\alpha_s^{\text{exp.}}(E = M_Z c^2 = 91,2\ \text{GeV}) = 0,119 \pm 0,033.$$

Pero, por otra parte, podríamos haber *deducido* el valor de, por ejemplo, $\alpha_s(E = m_\tau c^2 = 1,78\ \text{GeV})$ a partir del valor experimental a 91,2 GeV, utilizando la fórmula

$$\alpha_s(E) = \frac{12\pi}{(33 - 2n_q)\log(E/\Lambda)^2}.$$

Si hacemos esto, e incluimos corrrecciones radiativas de orden superior (de las que en la actualidad se conocen hasta cuatro lazos) obtenemos el resultado

$$\alpha_s^{\text{teoría}}(E = m_\tau c^2 = 1.78\ \text{GeV}) = 0,320 \pm 0,050;$$

el acuerdo entre esto y el valor experimental, después de una extrapolación de casi 90 GeV es impresionante.

Colisiones profundamente inelásticas. Un segundo tipo de *test* nos lo proporcionan las colisiones profundamente inelásticas, por ejemplo las de electrones y protones. Cuando en una sección anterior hablamos de ellas, mencionamos la propiedad de *scaling* que, experimentalmente, se verifica de forma aproximada y que consiste en que la probabilidad de colisión no depende de la energía

[64] Remitimos al lector interesado, y con conocimientos técnicos, a la monografía del autor, *The Theory of Quark and Gluon Interactions*, 3rd English edition, Springer Verlag, Berlín, 1999.

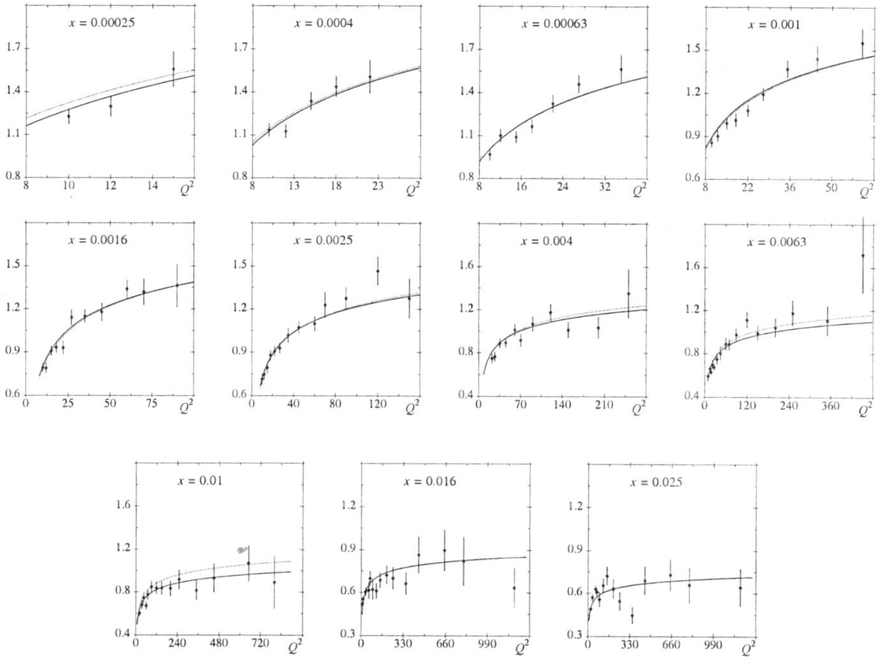

FIGURA 14. Comparación del cálculo teórico y de resultados experimentales, obtenidos con el detector Zeus, en HERA, para la función de estructura del protón (por Adel, Barreiro e Yndruáin, 1997).

transferida por el electrón al protón (que se denota por Q^2) ni de la energía total de la colisión, sino sólo del cociente de las dos, denotado por la letra x.

En el modelo de partones esto se explica suponiendo que, a muy grandes energías, los quarks de los que está hecho el protón se comportan como si estuviesen libres. La propiedad de libertad asintótica explica esto; cuanto mayor es la energía de la colisión, menor es la intensidad de la interacción. Pero esta no llega nunca a ser exactamente cero: por tanto predecimos que los quarks sólo se comportarán, en el mundo real, como si *casi* fuesen libres. Y dado que tenemos una teoría de las interacciones fuertes es posible evaluar este *casi*, que nos llevará a una pequeña violación de la propiedad de *scaling*, es decir, a una pequeña dependencia de la probabilidad de colisión en Q^2, calculable teóricamente.

En la figura 14 se muestra uno de los cálculos teóricos de esta dependencia de la probabilidad de colisión (expresado en términos de ciertas funciones que describen la *estructura* del protón) y su comparación con los datos experimentales. El ejemplo escogido es uno de los muchos existentes, y se ha incorporado por su accesibilidad.

Las líneas de la figura serían rectas horizontales si hubiera *scaling* exacto, esto es, si los quarks fuesen completamente libres. La variación con Q^2 se debe a la interacción residual, calculada con la teoría estándar QCD; como esta indica, la desviación con respecto a una recta disminuye al aumentar Q^2. El acuerdo de las predicciones teóricas con las medidas experimentales se observa claramente.

Confinamiento. Chorros (jets). Con respecto al confinamiento, la mejor demostración (un tanto brutal) de esta propiedad es que, incluso haciendo chocar protones a las energías del Tevatron, en Fermilab, de unos dos mil GeV, no ha sido posible liberar quarks aislados; pero una consecuencia más sutil y, en mi opinión, más impactante, se da en la estructura que el confinamiento implica para el *vacío* de la cromodinámica cuántica. En mecánica clásica (relativista o no relativista) el estado con mínima energía es aquel que no contiene nada: ni partículas ni radiación.[65] Sin embargo, en mecánica cuántica pueden darse fluctuaciones de creación-aniquilación de partículas. Si estas partículas son fotones, como no interaccionan entre sí, el correspondiente estado tiene energía positiva, que vamos a denotar por la letra E, y sólo vive un tiempo $t \simeq \hbar/E$.

En cromodinámica cuántica, sin embargo, los gluones tienen "color" y, por tanto, autointeracciones, de manera que el valor E puede compensarse con la energía de interacción entre gluones, que es negativa. De esta manera, el estado con varios gluones tiene energía inferior a la del estado sin partículas, y el vacío (definido operativamente como el estado con mínima energía) no es simplemente la "nada". Lo que es más, debido al confinamiento en un radio $R \simeq \hbar c/\Lambda$, este "vacío" no puede desparramarse.

Como consecuencia, obtenemos que los quarks se mueven, no en la "nada", sino en un vacío que es en realidad una sopa de gluones. (Teniendo en cuenta análisis más refinados obtenemos que la sopa contiene también pares de quarks-antiquarks ligeros, u, d y, en menor medida, de quarks s). Algún detalle más respecto a este fenómeno lo discutiremos en el último capítulo de este texto, dedicado al vacío.

Otra consecuencia del confinamiento, espectacularmente confirmada por el experimento, es la estructura en chorros (*jets*, en inglés) de las colisiones de hadrones. La situación es la siguiente. A muy cortas distancias, distancias del

---

[65] Exceptuamos la teoría de la gravedad, donde el vacío puede contener campo gravitatorio.

orden de una diezbillonésima de milímetro, todas las indicaciones nos dicen que los hadrones, por ejemplo el protón, están hechos de quarks y gluones. Pero cuando golpeamos un hadrón, y producimos un elevado número de partículas, lo que llega a nuestros detectores no son quarks ni gluones, sino piones, kaones, protones o neutrones, que además llegan agrupados en forma de uno o varios chorros de partículas. ¿Cómo puede ser esto?

El mecanismo por el que se producen estos chorros está relacionado con la misma propiedad que produce el confinamiento, a saber, el aumento de la intensidad de la interacción fuerte con la distancia. Para visualizarlo, imaginemos que uno de los quarks de un protón ha recibido un fuerte golpe del electrón en una colisión electrón-protón, por ejemplo. Este quark, entonces, sale despedido a gran velocidad en una dirección determinada. Ahora bien; debido a las fluctuaciones cuánticas, en la zona de colisión se están produciendo y absorbiendo continuamente pares quark-antiquark y gluones. Pero, como la intensidad de las interacciones fuertes *crece* con la distancia, es el quark golpeado, el que está más lejos, el que ejerce más fuerte atracción sobre estos pares quark-antiquark y gluones, los que son *arrastrados* por el quark que había recibido el golpe. Éste se rodea así de una nube de quarks, antiquarks y gluones que acaban por combinarse y aparecer en los detectores como un chorro (*jet*, en inglés) de hadrones: piones, protones, neutrones, partículas extrañas, etc.

La producción de jets se verificó experimentalmente por primera vez de forma clara en colisionadores de positrones y electrones; esto es lógico, ya que, al no haber restos de otros hadrones, los *jets* producidos aquí eran particularmente claros. En primer lugar, se observaron en SPEAR, en Stanford. Posteriormente, en 1979, en el colisionador e^+e^- conocido como PETRA, en el laboratorio alemán de DESY, cerca de Hamburgo, fue posible identificar la producción simultánea de *tres* chorros, de los que dos se debían a un par quark-antiquark y el tercero a un gluón: recordemos que los gluones tienen autointeracciones y por tanto producen *jets* al igual que los quarks. En este sentido se dice a veces que el gluón fue descubierto en estos experimentos en PETRA.

En el verano de 1982, antes de buscar evidencia de las partículas W y Z en el colisionador de protones y antiprotones recién construido en el CERN (de lo que hablaremos en el próximo capítulo), se realizaron en éste una serie de experimentos preliminares para, entre otras cosas, calibrarlo. Entre ellos destacó la producción y clarísima observación de espectaculares *jets*, primeramente detectados por la colaboración conocida como *UA2*, liderada por Darriulat y DiLella. A las tremendas energías del colisionador (540 GeV) los quarks golpeados se destacaban de tal manera que la presencia de "basura" (los otros quarks de protón y antiprotón que no habían soportado el golpe) era irrelevante.[66]

En el acelerador HERA, también en DESY, se observaron (gracias a su gran energía) los primeros chorros claramente identificados como tales en colisiones mixtas, electrón-protón. Un ejemplo de estos lo hemos mostrado en la figura 4 (capítulo 5), en la que se ven fácilmente dos chorros de hadrones y el electrón "rebotado".

Cálculos en un retículo. Casi todos los cálculos que hemos mencionado hasta ahora son lo que se conoce como *cálculos perturbativos*; en ellos se aprovecha la pequeña intensidad de las interacciones fuertes a cortas distancias para calcular en aproximaciones sucesivas. Pero es posible realizar cálculos no-perturbativos utilizando un método introducido por K. Wilson en 1974. Este método consiste en imaginarse que el espacio (y el tiempo) *no* son continuos, sino que están hechos de puntos aislados, de un *retículo* de tales puntos. Por supuesto, si estos puntos están muy juntos, y hay muchos de ellos, en el límite parecerán un continuo, igual que una playa parece de lejos lisa aunque esté hecha de granos de arena. La ventaja de sustituir el espacio por un retículo discreto es que en este caso se pueden calcular propiedades de la teoría de interacciones fuertes sin recurrir a aproximaciones sucesivas.

El precio que hay que pagar es que el número de cálculos depende del número de puntos del retículo. Si queremos que éste simule bien el espacio real, debe haber muchos puntos; el número de cálculos se dispara y únicamente con los más modernos y potentes ordenadores es posible obtener resultados fiables. Nosotros dejaremos aquí estas cuestiones, bastante técnicas.

---

[66] Sin embargo no fue el colisionador el primer acelerador de hadrones en identificar *jets*. En el ISR ya se habían detectado señales de chorros de partículas con gran energía transferida.

CAPÍTULO 11.

La interacción débil

"Si Dios Todopoderoso me hubiera consultado cuando la creación, le hubiera recomendado algo más sencillo."
ALFONSO X *"El Sabio"* (1211–1284),
rey de Castilla y León, cuando le
explicaron el sistema de epiciclos

§11.1. "Prehistoria": La teoría de Fermi. Estructura de la corriente débil: violación de la paridad. "Quiralidad" de los neutrinos

La teoría de Fermi. Como hemos discutido (y volveremos a discutir) la primera evidencia de la existencia de una interacción mucho más débil que la conocida interacción electromagnética fue la desintegración conocida como "desintegración beta" de ciertas substancias s. En esta desintegración se producen directamente electrones (rayos *beta*) y unas partículas neutras a las que Fermi dio el nombre italiano de neutrinos, que quiere decir "pequeños neutrones".[67] Fue precisamente Fermi el primero en proponer, en 1932, una teoría del proceso. En lenguaje moderno diríamos que un quark de tipo d en el interior de uno de los neutrones del núcleo que se desintegra se convierte en un quark de tipo u, emitiendo un electrón y un neutrino. En la teoría de Fermi la interacción (que por ser mucho menos intensa que la familiar electromagnética se conoce como *interacción débil*) sólo tenía lugar si las cuatro partículas, d, u, e y neutrino, se encontraban en el mismo punto. En esto se diferenciaba de la interacción electromagnética, mediada por el intercambio de fotones a distancias finitas.

Por supuesto, cuando Fermi formuló su teoría no se conocían los quarks y se pensaba que neutrones y protones eran elementales. De manera que Fermi realmente formuló su modelo como un modelo de interacciones entre protones, neutrones, electrones y neutrinos. Pero nosotros, en la presente sección, vamos a dejar de lado el rigor histórico y describiremos el avance de la comprensión de las interacciones débiles sin preocuparnos mucho si se formulan en términos de neutrones y protones (como de hecho ocurría hasta los años sesenta) o de quarks. Esto simplificará la comprensión de las ideas de base.

---

[67] Subsidiariamente, se emiten también rayos alfa y rayos gamma.

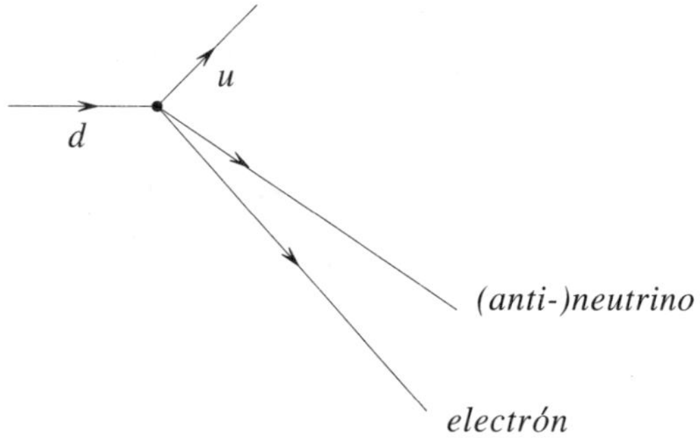

FIGURA 15. Desintegración de un quark d en un quark u y un par electrón-antineutrino en la teoría de Fermi.

La teoría de Fermi tuvo un gran éxito al describir con mucha precisión las desintegraciones beta de una gran variedad de núcleos. Y no sólo núcleos; sino también otras partículas. La teoría de Feini (con los refinamientos que el descubrimiento de su estructura espacial permitió introducir, y que comentaremos inmediatamente) proporcionó predicciones consistentes con el experimento para las desintegraciones de piones (cargados). Cuando se pudieron estudiar las desintegraciones del muón resultó que la teoría de Fermi, calculando a primer orden, las describía también con gran exactitud.

Pero la teoría de Fermi no podía ser una teoría definitiva. En efecto, de consideraciones muy generales de relatividad y mecánica cuántica se seguía que si procesos de desintegración como los mostrados en las figuras 15 y 16 ocurren, entonces también deben ser posibles procesos de colisión entre, en particular, neutrinos y electrones o neutrinos y quarks, como el proceso mostrado en la figura 17. Esto es una propiedad que se sigue con toda generalidad de invariancia relativista y mecánica cuántica (no existe, que sepamos, una explicación intuitivamente trasparente de este hecho), y por tanto no podemos evitar el tener que considerar la existencia y propiedades de colisiones mediadas por interacciones débiles, como las mencionadas.

La existencia de estas colisiones *no* representa un problema; en efecto, en 1956, Reines y Cowan detectaron las primeras colisiones debidas a interacciones débiles, tales como las mostradas en la fig. 17 (de hecho, lo que Reines y

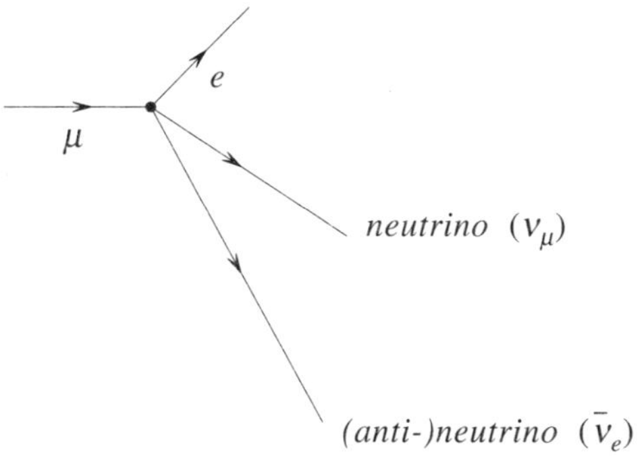

FIGURA 16. Desintegración del muón en la teoría de Fermi.

Cowan detectaron fueron colisiones neutrino-protón), y, dentro de los errores experimentales, que para procesos de colisión son muy grandes, estos procesos resultaban estar bien descritas por la teoría de Fermi, calculando en primera aproximación.

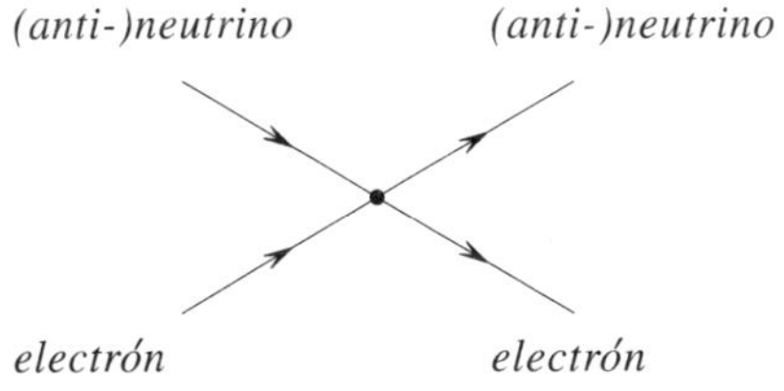

FIGURA 17. Colisión de un anti-neutrino con un electrón en la teoría de Fermi.

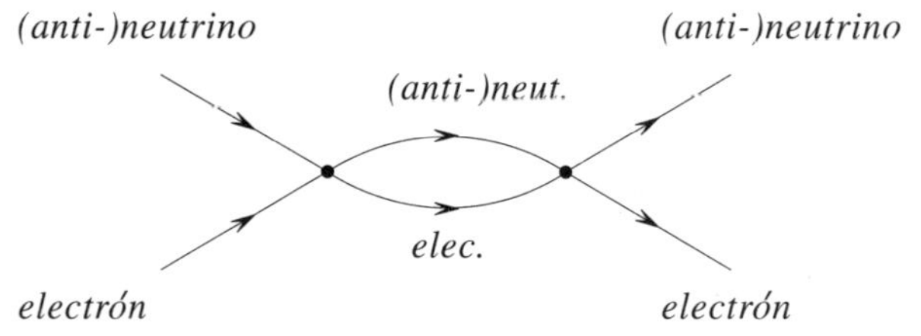

FIGURA 18. Colisión reiterada de (anti-)neutrino con electrón, en la teoría de Fermi.

Este es el problema; problema que puede plantearse desde dos puntos de vista distintos (aunque es posible demostrar que son equivalentes). El primero, que puede verse desarrollado con más detalle en el librito de Veltman *Partículas muy elementales*, es que la probabilidad de que se produzca la colisión, calculada a primer orden con la teoría de Fermi, crece sin límites al aumentar la energía. De manera que, para colisiones realizadas a energías de 300 GeV o más, obtenemos el resultado absurdo de que la probabilidad de que se realice una colisión de antineutrino con electrón,

$$\bar{\nu}_e + e \to \bar{\nu}_e + e,$$

como la mostrada en la fig. 17, es superior al cien por ciento. Y esto ocurre no sólo para la colisión $\bar{\nu}_e + e \to \bar{\nu}_e + e$, sino de hecho para cualquier colisión involucrando interacciones débiles.

Podemos pensar que este absurdo se corregirá si tenemos en cuenta efectos más allá de la primera aproximación; y aquí aparece de nuevo el problema, bajo el segundo punto de vista. Ocurre que, cuando se intentan hacer los cálculos a orden superior, y se tiene en cuenta que debido (como siempre) a los efectos cuánticos el neutrino y el electrón pueden, después de chocar una vez, decidir volver a chocar una vez más, como en la figura 18, resulta que la probabilidad de que esto ocurra es *infinita*.

Estos infinitos son parecidos a los que aparecen en la electrodinámica cuántica o en la teoría de las interacciones fuertes; pero, a diferencia de lo que ocurría en aquellos casos, no es posible ahora reabsorberlos con la ayuda de una redefinición de la masa y de la intensidad de interacción físicas. En el caso de la interacción de Fermi, cuando uno calcula a un orden de aproximación nuevo aparecen nuevos infinitos: la teoría es lo que se conoce como no-renormalizable, es decir, inconsistente.

La situación en los años cincuenta y (en parte) en los sesenta era peculiar. Si uno calculaba en primer orden de aproximación, la teoría de Fermi producía predicciones que eran confirmadas por el experimento con tres y en algunos casos hasta cuatro decimales exactas; pero si uno intentaba extender las evaluaciones hechas en primera aproximación a altas energías, o se pretendía hacer cálculos más precisos, a cualquier energía, se encontraban resultados absurdos.

La solución a esta paradoja la discutiremos en secciones próximas; lo que resta de esta lo dedicaremos a una discusión un tanto técnica acerca de la estructura de las interacciones débiles, un problema lejos de ser trivial. En efecto, fue necesario descifrar bastantes misterios aparentes, alguno tan importante como la cuestión de no invariancia bajo paridad, antes de poder estudiar en profundidad la *dinámica* de las interacciones débiles.

Estructura de la corriente débil: violación de la paridad. "Quiralidad" de los neutrinos. La interacción electromagnética puede describirse como una interacción del campo electromagnético (los fotones) con la *corriente* electromagnética, que denotaremos por el símbolo $\vec{j}$. Esta corriente viene descrita por un vector, proporcional a la velocidad con la que se mueve el electrón, $\vec{v}$: $\vec{j} = e\vec{v}$. La corriente eléctrica (por ejemplo, en un cable de la luz) es más intensa cuanto más rápido se mueven los electrones en ella. La densidad de energía de interacción electromagnética puede obtenerse multiplicando esta corriente por el potencial vector electromagnético, $\vec{A}$:

$$E_{\mathrm{int;e.m.}} = \vec{j}\vec{A}.$$

Nótese que hacemos aquí una discusión simplificada de una teoría de por sí bastante compleja, sin tener en cuenta efectos cuánticos ni los requisitos de invariancia relativista. Ambos pueden incorporarse sin excesiva dificultad reemplazando vectores ordinarios por cuadrivectores, y números por operadores, lo que no cambia lo esencial de la situación.

En el caso de las interacciones débiles tenemos algo parecido. Podemos definir una *corriente débil*, $\vec{j}_{\mathrm{W}}^{(-)}$ (W de *weak*, débil en inglés), que es la que lleva el electrón colisionante en, por ejemplo, la figura 17. Pero, después de interaccionar, el electrón se convierte en un neutrino: por eso se pone el signo $(-)$ en el símbolo de la corriente débil, y se dice que es una corriente *cargada*: en la teoría de Fermi, cuando dos partículas interaccionan débilmente intercambian su carga eléctrica. La densidad de energía de interacción para el proceso descrito en la figura 17 es, en esta teoría,

$$E_{\mathrm{int;W}} = \vec{j}_{\mathrm{W}}^{(+)}\,\vec{j}_{\mathrm{W}}^{(-)}.$$

Aquí $\vec{j}_{\mathrm{W}}^{(+)}$ denota a la corriente conjugada a la $\vec{j}_{\mathrm{W}}^{(-)}$.

No es posible, sin entrar en una técnica disquisición matemática, dar detalles acerca del sentido de la expresión "corriente conjugada"; digamos que en esta se intercambian creación y aniquilación de partículas. De todas maneras, nosotros en lo que sigue simplificaremos la escritura de la interacción débil en la teoría de Fermi no distinguiendo entre corriente y su conjugada, y reescribiremos la energía de interacción débil como, simplemente,

$$E_{\mathrm{int;W}} = \vec{j}_{\mathrm{W}}\,\vec{j}_{\mathrm{W}}.$$

En los primeros años cincuenta se realizó un estudio intensivo de desintegraciones de kaones, reconociéndose que estas desintegraciones eran de origen débil. En general la teoría las describía bastante bien, excepto por dos procesos que resultaban incomprensibles.[68] En 1956 dos científicos americanos de origen chino, T. D. Lee y C. N. Yang, se dieron cuenta de que una explicación del rompecabezas consistía en suponer que las interacciones débiles *no* conservan la paridad, un concepto que discutiremos en breve. Además, indicaron cómo se podía verificar su hipótesis en otros procesos, en particular en desintegraciones β de algunos núcleos. El mismo año, la americana (también de origen chino) C. S. Wu comprobó experimentalmente lo correcto de estas ideas, midiendo la asimetría bajo paridad de desintegraciones beta del cobalto-60. Para los (las) adeptos de la teoría sexista de la historia mencionaré que Lee y Yang, sexo masculino, recibieron el premio Nobel por su teoría; pero *madame* Wu, sexo femenino, no lo recibió por su experimento. Lo cierto, sin embargo, es que una vez que a Lee y Yang se les ocurrió lo que había que medir bastaba un experimentador competente (y Wu lo era en grado sumo) para comprobar la predicción.

Aunque la paridad la volveremos a discutir en el capítulo 13, es conveniente decir aquí unas palabras más sobre ella, insertando una pequeña digresión matemática, que no es en realidad necesaria para comprender lo que sigue. Así, el lector con alergia a las ecuaciones puede sin excesiva pérdida saltarse los correspondientes párrafos.

[68] Es el conocido como "puzzle $\theta - \tau$", correspondiente a desintegraciones de kaones en dos o tres piones. El lector interesado puede encontrar detalles, por ejemplo, en el libro de Yang, *Elementary Particles.*

La *paridad* es la simetría que nos pasa de la mano derecha a la izquierda, o de un objeto a su imagen en un espejo. Para la cuestión que nos interesa ahora podemos considerar el efecto de una transformación de paridad en un vector $\vec{v}$ diciendo que cambia de signo todas sus componentes, y por tanto lo envía sobre su opuesto: $\vec{v} \to -\vec{v}$ (*vector ordinario*). Pero también puede ocurrir que el transformado bajo paridad de un vector $\vec{a}$ sea el propio $\vec{a}$: $\vec{a} \to +\vec{a}$; estos son los llamados *vectores axiales*, y un ejemplo de ellos es el producto vectorial de dos vectores ordinarios. Si $\vec{a} = \vec{v}_1 \times \vec{v}_2$ y, bajo paridad, $\vec{v}_1 \to -\vec{v}_1$ y $\vec{v}_2 \to -\vec{v}_2$, entonces es evidente que $\vec{a} \to +\vec{a}$: dos veces menos da más.

Una vez demostrado por Lee, Yang y Wu que la paridad *no* se conserva en las interacciones débiles, los detalles de la estructura de las corrientes débiles, $\vec{j}_{\mathrm{W}}^{(-)}$, se descifraron en un par de años. De forma independiente, Marshak y Sudarshan y Feynman y Gell-Mann propusieron una estructura V-A, es decir, diferencia entre un vector ordinario y uno axial. En símbolos,

$$\vec{j}_{\mathrm{W}} = \vec{v} - \vec{a}.$$

Si la corriente débil fuese del tipo vectorial, como la corriente que interviene en las interacciones electromagnéticas, entonces al aplicar paridad cambiaría de signo: $\vec{v} \to -\vec{v}$. Pero la energía de interacción, que es es producto de la corriente por sí misma, se quedaría como estaba, ya que tendríamos $\vec{v}\vec{v} \to (-\vec{v})(-\vec{v}) = \vec{v}\vec{v}$. Lo mismo ocurriría, por supuesto, si la corriente débil fuese puramente axial. Sin embargo, una combinación $\vec{v} - \vec{a}$ cambia de acuerdo con

$$\vec{v} - \vec{a} \to -\vec{v} - \vec{a}:$$

el producto de la corriente por sí misma, y por tanto la energía de interacción, sí que resulta afectada ahora, ya que no es lo mismo $(\vec{v} - \vec{a})(\vec{v} - \vec{a})$ que

$$(-\vec{v} - \vec{a})(-\vec{v} - \vec{a}) = (\vec{v} + \vec{a})(\vec{v} + \vec{a}).$$

Según esto, encontramos que, si hacemos una transformación de paridad, la densidad de energía de interacción débil se modifica de acuerdo con

$$\begin{aligned} E_{\mathrm{int;W}} = \vec{j}_{\mathrm{W}}\,\vec{j}_{\mathrm{W}} &= (\vec{v} - \vec{a})(\vec{v} - \vec{a}) \\ &\to (\vec{v} + \vec{a})(\vec{v} + \vec{a}) \neq E_{\mathrm{int;W}}: \end{aligned}$$

la invariancia bajo paridad se viola. Con esto acabamos con el interludio matemático y regresamos a niveles más terrenales.

Podemos, tal vez, intentar entender mejor la cuestión de la paridad con una analogía. Imaginemos una caja de herramientas. La mayoría de los objetos de su interior son invariantes bajo paridad: clavos, martillo o destornilladores son simétricos. Pero no todos los objetos lo son; los tornillos nos van a presentar problemas. Para atornillar un tornillo ordinario tenemos que girar su cabeza en sentido contrario al que giran las agujas de un reloj. Pero si aplicamos paridad a un tornillo la rosca cambiará y avanzará en sentido contrario a la de un tornillo ordinario; y, para atornillarlo, tendremos que girarlo al revés que al tornillo ortodoxo.

Probemos a ver esto desde otro punto de vista. Diremos que un tornillo es *ortodoxo*, o *dextro*, si para atornillarlo tenemos que girar la mano que lleva el destornillador de tal forma que el pulgar se mueva en la dirección en la que está el dorso de la mano *derecha*. (Esto, por supuesto, es lo mismo que decir que giramos la cabeza del tornillo en sentido contrario al que se mueven las agujas de un reloj; pero la nueva descripción nos va a servir para introducir otro punto de vista sobre la paridad). El tornillo transformado por paridad (*heterodoxo*, o *levo*) es tal que para atornillarlo tenemos que girar la mano de forma que el pulgar vaya hacia donde está el dorso de la mano: pero ahora hay que utilizar la mano *izquierda*.

En griego mano se dice *chiros*, y por ello a la rotación de los tornillos (y otros entes análogos, como los neutrinos) se le llama *quiralidad*. *Dextro* indica la (mano) derecha, y *levo* es izquierda, también en griego.

Volvamos a nuestra caja de herramientas. Para que su contenido fuese invariante bajo paridad, tendría que haber tantos tornillos de tipo *dextro* como *levo*. Una caja ordinaria sólo contiene tornillos de tipo dextro, y por tanto es *no*-invariante bajo paridad.

¿Cuál es el tornillo entre las partículas? ¿O les falta a estas un tornillo? Marshak y Sudarshan dieron los primeros con la respuesta correcta: los *neutrinos* son los tornillos de la caja de herramientas de la naturaleza. Cuando un neutrino avanza, gira a la vez (a esto se le llama *espín*, del inglés *spin*, giro) como lo haría un tornillo *levo*. No existen en la naturaleza neutrinos *dextro*, o al menos, si existen, no participan en las interacciones débiles.

La conexión de la quiralidad de los neutrinos (es decir, el hecho de que sólo existan neutrinos levo) con la estructura de las interacciones débiles se debe a los citados Marshak y Sudarshan, que probaron que esta propiedad de los neutrinos implica la estructura V-A para las corrientes débiles que los involucran. La primera verificación experimental de la quiralidad de los neutrinos se debe a Goldhaber.

La cuestión de la estructura, con violación de la invariancia de paridad de las interacciones débiles, constituye, junto con el descubrimiento de la universalidad de Cabibbo (y Hara) que discutiremos más adelante, uno de los dos pilares que hicieron posible el paso de la teoría original de Fermi, basada en una interacción de contacto, a la moderna descripción en términos de campos intermediadores (las partículas W y Z). Sin una comprensión de la estructura V-A de las corrientes débiles nunca hubieran podido ni siquiera comenzar a formularse los esquemas *dinámicos* que acabaron resolviendo otro de los problemas de estas interacciones, la cuestión de su renormalizabilidad.

En efecto, hasta el descubrimiento de la violación de la paridad todas las estructuras que se intentaban para la corriente débil eran las compatibles con la conservación de la paridad: escalares (inspiradas en las de la teoría de Yukawa de interacciones fuertes), tensoriales (como las de la gravitación) o puramente vectoriales, al igual que las interacciones electromagnéticas. Con esto era posible obtener buen acuerdo entre teoría y experimento sólo para un número bastante limitado de procesos, y, en estos, sólo para ciertas cantidades entre las distintas observables: aquellos y aquellas en los que la estructura de la interacción no es relevante. Pero se fallaba totalmente en una cierta cantidad de procesos; cantidad que iba en aumento al ir mejorando los resultados experimentales.

La importancia capital del descubrimiento de la estructura correcta, $V-A$, puede intuirse leyendo a Feynman, uno de sus descubridores (en su libro *Surely you are joking, Mr. Feynman*, p. 229):[69]

> *"... if it was V and A ... I had the whole theory!*
>
> *That night I calculated all kinds of things with this theory [V-A] ... and new things fit, new things fit, and I was very excited. It was the first time, and the only time, in my career that I kew a law of nature that nobody else knew (Of course it wasn't true, but finding out later thet Gell-Mann —and also Sudarshan and Marshak— had worked out the same theory didn't spoil my fun).*
>
> *The other things I had done before were to take somebody else's theory and improve the methods of calculating [but this time] ...it's the only time I ever discovered a new law."*

Viniendo de la persona que resolvió la electrodinámica cuántica, y produjo una formulación completamente nueva de la mecánica cuántica, estas frases

[69] "Si [la estructura] era V y A ... [entonces] yo tenía la teoría completa!

Aquella noche calculé toda suerte de cosas con esta teoría [V-A] ... y más y más cosas se ajustaban, y yo estaba muy excitado. Era la primera vez, y la única vez en toda mi carrera que yo conocía una ley de la naturaleza que no conocía nadie más (por supuesto, esto no era verdad, pero cuando me enteré después que Gell-Mann —y también Sudarshan y Marshak— habían llegado a la misma teoría, este hecho no estropeó mi alegría).

Las otras cosas que había hecho antes habían consistido en tomar la teoría de alguna otra persona y mejorar los mátodos de cálculo [pero esta vez] ... es la única que había descubierto una nueva ley."

constituyen un elocuente testimonio de la importancia, y la dificultad, del hallazgo de la estructura de las interacciones débiles: ¡todos los cálculos de procesos en que intervenían estas interacciones producían resultados en acuerdo con el experimento! (Excepto por los que involucraban partículas extrañas, un rompecabezas que tardó aún algunos años en comprenderse).

§11.2. Partículas W, Z; modelo de Glashow. Modelo de Weinberg. "Corrientes neutras". Consistencia del modelo

El primer intento de arreglar los infinitos que aparecen en la teoría de Fermi cuando se calcula más allá de la primera aproximación se debe a Lee y Yang [*Phys. Rev.*, **128**, 885 (1962)], los mismos que resolvieron el *puzzle* de la no-conservación de la paridad. Lee y Yang supusieron que las interacciones débiles son parecidas a las electromagnéticas en que, al igual que estas, se realizan intercambiando partículas. La interacción electromagnética entre dos electrones (por ejemplo) se debe a que éstos intercambian *fotones*, como explicamos en capítulos anteriores. Según Lee y Yang, la interacción débil entre, digamos, un electrón y un neutrino sería mediada por el intercambio de unas nuevas partículas, que se conocen con los nombres de W^+ y W^-. Los signos (+) y (−) se deben a que, puesto que en las interacciones débiles se intercambia carga eléctrica, las partículas W deben de llevar también esta carga. La partícula W^- tiene que tener carga igual a la del electrón, y la W^+ opuesta.

Según esta teoría, debemos reinterpretar todos los procesos de interacciones débiles. En la desintegración β, tenemos que un quark d emite una partícula W^- y se convierte en un quark u. La partícula W^- se materializa posteriormente en un electrón y un antineutrino (recuérdese la figura 8 en la sección 6.2). Un mecanismo análogo se aplica en la desintegración del muón (Fig. 19), etc.

Puesto que la teoría de Fermi, en la que se supone que las partículas interaccionan en el mismo punto, funciona tan bien cuando se la compara con el experimento, se sigue que el *alcance* de las interacciones débiles debe ser muy pequeño. Si recordamos la discusión acerca de la conexión entre el alcance de una interacción y la masa de la partícula que la transporta que presentamos a propósito de la teoría de Yukawa en la sección 10.2, llegamos a la conclusión de que las partículas W deben ser muy pesadas. Cuando Lee y Yang hicieron su hipótesis era necesario postular una masa de al menos tres veces la del protón. En la actualidad hemos observado experimentalmente las partículas W y sabemos que esta masa es de unas *noventa* veces la del protón. Por supuesto esto explica lo difícil que es encontrar estas partículas; sólo en los años ochenta se dispuso de energía suficiente para materializarlas. Hasta

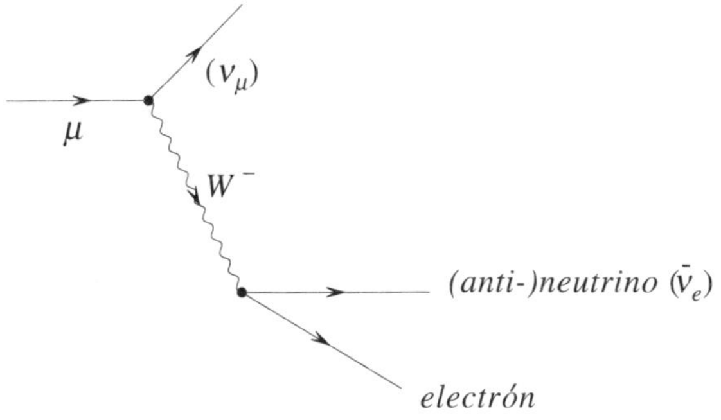

FIGURA 19. Desintegración del muón con una partícula W intermedia.

entonces tuvimos que conformarnos con especulaciones teóricas o evidencias experimentales indirectas.

A pesar de su atractivo, las ideas de Lee y Yang eran bastante incompletas, y ello por dos motivos importantes. En primer lugar, no se explicaba por qué todas las interacciones débiles tienen la misma intensidad. En segundo lugar, aunque los *infinitos* que aparecían en la teoría de Lee y Yang con partículas W eran menos severos que en la de Fermi, todavía había excesivas divergencias.

El modelo de Glashow. Corrientes neutras. La formulación que a la postre resultó llevar a la teoría correcta se debe a Glashow, que la publicó en la revista *Nuclear Physics* [**22**, 579, (1961)].

El americano Sheldon Glashow, profesor en la prestigiosa Universidad de Harvard, es un físico con una imaginación desbordante, a quien se deben algunas de las más brillantes ideas en física de partículas elementales, junto con un elevado número de especulaciones desbocadas (como, por ejemplo, una teoría sin quark t —antes de que se descubriese este— o una propuesta para buscar yacimientos de petróleo con neutrinos). Escribió el artículo sobre el modelo de interacciones débiles cuando estaba con una beca postdoctoral en Copenhague. Muy probablemente, su idea surgió de la elaboración de un modelo anterior, más rudimentario, que Schwinger (que fue el director de tesis de Glashow) había ideado algún tiempo antes.

En el modelo de Glashow se supone que existe una tercera partícula[70] que media interacciones débiles, un tercer W neutro que se denota por W^0 o Z. Se supone además que las tres W interaccionan entre sí débilmente, es decir, tenemos una estructura como la estudiada por Yang y Mills, en la que las partículas mediadoras de la interacción interaccionan entre sí, algo que ya apareció en el capítulo dedicado a las interacciones fuertes. Además, en el modelo de Glashow se reconoce que, debido a que la partícula Z tiene propiedades parecidas al fotón, se *mezcla* con ella y por tanto hay que tratar simultáneamente interacciones débiles y electromagnéticas. Es decir, el campo electromagnético que observamos en la naturaleza no es el que existiría si no hubiese interacciones débiles, y la partícula Z es distinta de la que tendríamos en un mundo hipotético en que no existiese el electromagnetismo.

Para poner esto de manifiesto suele denotarse por W^0 a la partícula neutra de las interacciones débiles, en ausencia (hipotética) de electromagnetismo, y por B al potencial electromagnético en ausencia (también hipotética) de interacciones débiles. En el mundo real, la partícula Z tiene una cierta componente "fotónica", y el fotón una componente débil. Por este motivo se dice a veces que las interacciones débiles y electromagnéticas están unificadas. La consecuencia más espectacular de esta "unificación" es que la partícula Z debe tener una masa algo mayor que las W^+, W^-, algo que se ha verificado experimentalmente.

La estructura de tipo Yang–Mills en el modelo de Glashow tiene tanto de agrio como de dulce, por lo menos hasta la reformulación del modelo por Weinberg y Salam. En efecto, como ya hemos mencionado a propósito de las interacciones fuertes, esta estructura implica que todas las partículas interaccionan con la misma intensidad, lo que tiene la virtud de explicar la universalidad de las interacciones débiles. Pero también implica que las partículas W, Z no pueden tener masa, lo que está en flagrante contradicción con el experimento. Uno puede añadir una masa distinta de cero manipulando las fórmulas, "por decreto"; pero entonces la teoría deja de ser consistente.

Una predicción muy importante del modelo de Glashow es que debe haber interacciones débiles sin intercambio de carga, mediadas por la partícula Z, a las que se conoce como *corrientes neutras*. Es decir, además de las colisiones neutrino-quark ordinarias (esto es, mediadas por las partículas $W^{\pm}$) como la

[70] A las tres partículas $W^{\pm}$, Z se las conoce colectivamente como *bosones vectoriales intermedios*.

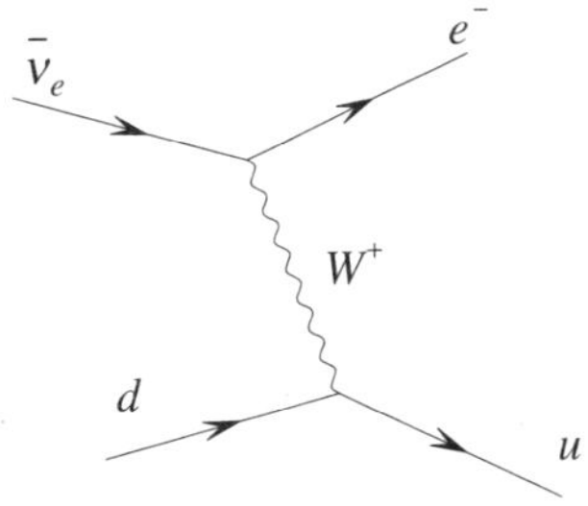

FIGURA 20. Colisión neutrino-quark con intercambio de una partícula W.

mostrada en la figura 20, debería haber procesos sin intercambio de carga, que después discutiremos en más detalle, como

$$\nu_\mu + e \to \nu_\mu + e$$

o también

$$\nu + d \to \nu + d.$$

Durante bastante tiempo poca gente prestó atención a esta predicción. Nadie había visto tales interacciones y los límites experimentales (bien es verdad que poco fiables) parecían excluirlas: y realizar experimentos más precisos era extraordinariamente difícil.

El último problema del modelo de Glashow era que, como demostraron Salam y Veltman, aunque mejoraba las propiedades del modelo de Lee y Yang, con sólo dos $W^\pm$, todavía no era renormalizable.

Mecanismo de Higgs. Modelo de Weinberg. De todas las objeciones al modelo de Glashow la más seria era la cuestión de la masa de las partículas W, Z. Esa cuestión fue solucionada por Weinberg en 1967 y algo después por Salam y Ward, y consiste en suponer que, efectivamente, las partículas W y Z *no* tienen masa por sí mismas, pero adquieren algo indistinguible de la masa a través de un mecanismo que se conoce como *mecanismo de Higgs*.

Este mecanismo lo discutiremos de nuevo en el capítulo 15. La idea del mecanismo se debe a bastantes físicos, aparte de Higgs; podemos citar en este contexto los nombres de Brout, Englert, Hagen, Guralnik y Kibble.[71] Además, un mecanismo muy similar había sido discutido con anterioridad por Gell-Mann y Lévy, y las ideas básicas deben mucho al japonés-americano Y. Nambu.

De hecho, el propio Higgs (que trabajaba en el Instituto de Física Matemática de la Universidad de Edinburgo, donde sigue en la actualidad) cita el artículo de los belgas Brout y Englert, ligeramente anterior al suyo. El nombre que ha quedado es el de Higgs, tal vez por ser el más corto y a pesar de que, entre los científicos citados, es sin duda el que ha realizado menos contribuciones relevantes al tema o, más generalmente, a la física de partículas.

La solución al problema por medio del mecanismo de Higgs consiste en imaginar que el vacío esta lleno (!) de un campo, que se conoce hoy como campo o partícula de Higgs. En este modelo no todas las partículas interaccionan con ese campo; las que lo hacen adquieren algo indistinguible de la masa, ya que al moverse en el vacío ocupado por el campo de Higgs tienen que arrastrarlo. No es fácil entender el mecanismo en sus detalles matemáticos; pero la idea no es, tal vez, excesivamente abstrusa. Esto puede verse con una analogía.

Imaginemos una piscina de agua muy, muy clara. Un rayo de luz la atraviesa prácticamente sin enterarse, porque la luz (apenas) interacciona con el agua. Pero si *nosotros* intentamos andar por dentro de la piscina, en un lugar en que el agua no nos cubra, encontaremos una resistencia a avanzar, como si tuviésemos más masa de la propia nuestra. Por supuesto, esta *masa* es la masa del agua (que sí interacciona con nuestros cuerpos) que tenemos que arrastrar y desplazar. De la misma manera, los fotones —que no interaccionan con el campo de Higgs— atraviesan el espacio sin ser afectados por su presencia; mientras que las partículas W o Z, que sí interaccionan con el campo de Higgs, sienten su presencia, en particular en forma de un aumento de masa.

Weinberg[72] y, algo después (pero al parecer de forma independiente), Salam y Ward, se dieron cuenta de que se podía salvar el modelo de Glashow suponiendo que las partículas W y Z no tienen masa por sí, sino únicamente como reflejo de su interacción con el vacío de Higgs.

Salam publicó los resultados de su trabajo con Ward en las actas de una conferencia, sólo bajo su nombre, pero especificando que

> *"Ward and I worked with these ideas intermitently ... Subsequently I discovered that an almost identical development had been made by Weinberg who apparently was also unaware of Ward's and my work."*

---

[71] Las referencias pertinentes son Peter W. Higgs, *Phys. Rev. Letters*, **13**, 509 (1964); F. Englert y R. Brout, *Phys. Rev. Letters*, **13**, 321 (1964); G. S. Guralnik, C. R. Hagen y T. W. B. Kibble, *Phys. Rev. Letters*, **13**, 585 (1964).

[72] *Phys. Rev. Letters*, **19**, 1264 (1967).

("Ward y yo trabajamos de forma intermitente con estas ideas ... Posteriormente descubrí que un desarrollo idéntico había sido realizado por Weinberg quien, aparentemente, no conocía el trabajo de Ward y mío." Publicado en *Elementary Particle Theory*, N. Svartholm, ed., 1968).

El premio Nobel por estas teorías lo recibieron, en 1979, Glashow, Weinberg y Salam. Respecto de este premio la comunidad científica ha hecho comentarios para todos los gustos. Según Gell-Mann, Salam se lo merecía porque, aunque su trabajo hubiera sido posterior al de Weinberg, había hecho otras contribuciones importantes, además del modelo de interacciones débiles (lo que es cierto). Veltman declaró en público que, mientras no se descubra la partícula de Higgs, lo único que se ha comprobado experimentalmente es el modelo de Glashow (lo que también es cierto). Finalmente, el comentario más mordaz es el hecho por el polaco-francés Jaques Prentki: *"Dans cette affaire, c'est Ward qui a eté couillonné"*. Lo que sin duda es verdadero.

El artículo de Weinberg es de 1967; pero durante los cuatro años siguientes no se tomó demasiado en serio. La razón es que nadie era capaz de realizar con él cálculos más allá de la primera aproximación. La teoría de Glashow–Weinberg–Salam vivió unos años de existencia gris hasta que entraron en escena 't Hooft y Veltman.

Es difícil encontrar dos personalidades más distintas (incluso físicamente) que las de 't Hooft y Veltman. Ambos son holandeses, pero aquí las semejazas se acaban. Gerardus 't Hooft es más bien introvertido, en su trato personal, pero brillante en sus concepciones científicas. Martinus J. G. Veltman, *Tini* para los amigos, es el paradigma del extrovertido a nivel personal y de una cierta oscuridad (que en realidad encierra profundidad) en lo profesional.[73] Cuando 't Hooft comenzó a trabajar como estudiante de doctorado con Veltman, éste llevaba varios años investigando el problema de la consistencia (*renormalizabilidad*) de teorías del tipo de las de Glashow y compañía. La característica brillantez con la que 't Hooft resolvió el problema, y calculó secciones eficaces y otras cantidades observables que permitieron a los colegas más prácticos diseñar sus experimentos con una guía clara, no puede hacer olvidar lo que todos los profesionales saben: que fue Veltman quien le puso en al camino apropiado, del que el propio Veltman había ya recorrido un buen trozo.

Los trabajos de 1971 de 't Hooft y, posteriormente, (1972) uno conjunto 't Hooft–Veltman describiendo un método de tratar las expresiones indeterminadas que infestan todas las teorías cuánticas relativistas dieron un vuelco a la

[73] Veltman tiene una especial relación con España; en efecto, de 1988 a 1994 fue profesor extraordinario en la Universidad Autónoma de Madrid, donde pasó uno o dos meses por año.

situación. De repente, la teoría de Glashow–Weinberg–Salam dejaba de ser un modelo, de cuya consistencia nada se sabía, y pasó a tener el carácter de teoría respetable. Significativamente, los trabajos de Glashow–Weinberg–Salam, que no habían recibido mención entre 1967 y 1971, aparecieron citados con gran profusión en multitud de artículos teóricos: estos se lanzaron a realizar cálculos, cada vez más exactos, con el modelo; utilizando en especial el método de cálculo diseñado por 't Hooft y Veltman.[74]

Los físicos experimentales, contagiados por este entusiasmo, planearon y realizaron los muy difíciles experimentos que eran necesarios para comprobar la predicción más novedosa de la teoría, la existencia de interacciones débiles sin intercambio de carga eléctrica (conocidas por este motivo como *corrientes neutras*). Interacciones que fueron efectivamente descubiertas en 1973 en el laboratorio europeo de física de partículas (CERN).

También en este laboratorio, en 1982, se dispuso de la energía suficiente para producir las partículas W y Z y comprobar que sus masas eran, exactamente, lo que la teoría de Glashow–Weinberg–Salam, *incluyendo las correcciones de orden superior* calculadas gracias a los trabajos de 't Hooft y Veltman, había predicho tantos años antes. Contaremos la historia de estos dos descubrimientos en lo que resta de este capítulo.

§11.3. Descubrimiento de las "corrientes neutras"

Corrientes neutras en interacciones de neutrinos. En febrero de 1973 se organizó en Formigal (Huesca) la primera reunión internacional que se realizaba en nuestro país en que intervenían tanto físicos de altas energías experimentales como teóricos. En ella el francés A. Rousset contó (entre otros temas) la observación en el CERN, con la ayuda de la cámara de burbujas llamada *Gargamelle*, construida a finales de los sesenta en Francia, de la traza dejada por un electrón.

Esta traza, que mostramos en la figura 21, tenía como interpretación más probable el ser debida a una colisión de neutrino muónico y electrón, como la

[74] Este método, la llamada *regularización dimensional*, consiste en trabajar como si las dimensiones del espacio, n, no fuesen un número entero, y tomar el valor real, $n = 3$, al final. (De hecho, el método fue anticipado, aunque con menos completitud, por los argentinos Bollini y Giambiagi). Este método ha sido crucial para realizar los complejos cálculos que las interacciones débiles implican y, en cierto modo, ha desempeñado respecto a éstas un papel análogo al que tuvieron los gráficos de Feynman para las electromagnéticas. También ha permitido realizar cálculos a órdenes de aproximación elevados en interacciones fuertes, e incluso en gravitatorias.

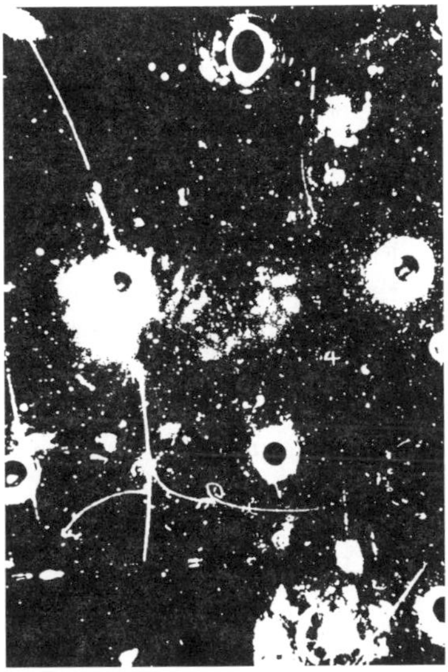

FIGURA 21. Fotografía del primer electrón golpeado por un neutrino observado en el experimento de Gargamelle. El electrón es la traza gruesa que cruza la figura desde el rincón de arriba a la izquierda hacia abajo, casi hasta abajo del todo. Los círculos son marcas de referencia hechas en la cámara para poder ubicar las trazas. (CERN photo)

mostrada esquemáticamente en la figura 22, y resultaba una señal inequívoca de la existencia de corrientes neutras.

Los organizadores del congreso intentamos convencer a Rousset de que publicara este descubrimiento en las actas del mismo. Pero, a pesar de nuestra insistencia, Rousset se negó a incluirlo en las actas:

> *"... the search for neutral currents*
> *($\nu_\mu + e^- \to \nu_\mu + e^-$, ν_μ + nucleon $\to \nu_\mu$ + nucleon),*
> *a very important part of the Gargamelle experiment, is not presented here."*

("La búsqueda de corrientes neutras ($\nu_\mu + e^- \to \nu_\mu + e^-$, ν_μ + nucleón $\to$ ν_μ + nucleón), una parte muy importante del experimento Gargamelle, no se presenta aquí."[75]) Y ello a pesar de que el hallazgo fue ampliamente discutido; por ejemplo, en las conferencias de A. de Rújula, publicadas en las mismas actas (p. 408) se discute la evidencia experimental de corrientes neutras y

[75] Actas del congreso: *Proc. 1st. Int. Winter Meeting in Fundamental Physics*, Formigal (Aguilar-Benítez, Rubio, Ynduráin, eds.), p. 251. Publicado por el Instituto de Estudios Nucleares, Madrid, 1973).

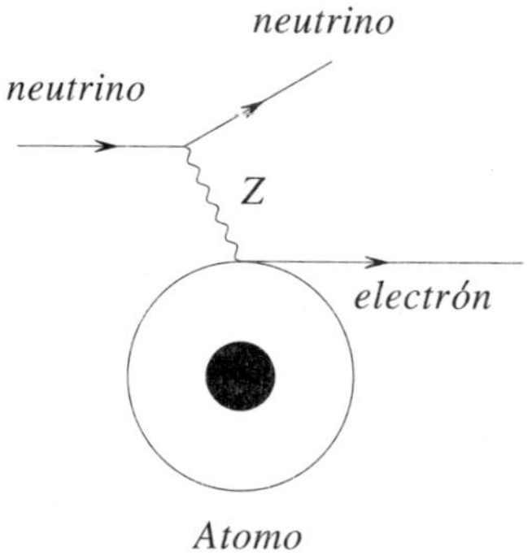

FIGURA 22. Esquema del experimento de corrientes neutras de Gargamelle: un neutrino golpea (a través del intercambio de una partícula Z) uno de los electrones de un átomo en el detector.

se cita explícitamente a la charla de Rousset: *"At this school Prof. Rousset reported a possible candidate"*.

Esta no fue, por supuesto, la única oportunidad que perdieron los experimentales del CERN de dar publicidad rápida a su observación, y así adelantarse claramente a sus competidores trasatlánticos. Pero es que los miembros de la colaboración Gargamelle, liderada por André Lagarrigue, no las tenían todas consigo. En primer lugar, porque tuvieron mala suerte: la primera señal encontrada (fig. 21) fue, durante bastante tiempo, la única; tardaron ocho meses en llegar otras señales (como la que reproducimos en las ilustraciones de las páginas centrales, obtenida en octubre de 1973) que confirmasen que el suceso representado en la figura 21 no era simple "ruido de fondo".

En parte también, tal vez, por el complejo de la física europea frente a la americana, entonces mucho más agresiva y exitosa; y finalmente por una natural cautela frente a las informaciones que llegaban del otro lado del Atlántico, donde el grupo de Rubbia (entonces en Estados Unidos) enviaba noticias contradictorias: tanto anunciaba cientos de señales de corrientes neutras, como pretendía *no* encontrar rastro de interacciones mediadas por la todavía hipotética partícula Z.[76]

[76] La colaboración americana estaba liderada, además de por Rubbia, por David Cline y Al Mann. No sólo su actuación causó un daño importante a los europeos, sino también a ellos mismos; a Cline, Mann y Rubbia les costó mucho sobreponerse al chiste que inmediatamente inventó la comunidad científica, según el cual Cline, Mann y Rubbia habían descubierto las *corrientes neutras alternas*.

Finalmente, los físicos de Gargamelle se decidieron a publicar; pero ya un poco tarde. Cuando, uno o dos años después del hallazgo de la primera señal, el humo se disipó y quedó claro que, realmente, el grupo europeo había sido el primero en encontrar la evidencia de las corrientes neutras, Lagarrigue había muerto; muerte a la que siguió poco después la de uno de sus más importantes colaboradores, Musset, en un accidente de montaña. En el dia de hoy la evidencia de las corrientes neutras, a pesar de su importancia central en el desciframiento de las interacciones débiles, es uno de los pocos hitos científicos cuya importancia no ha sido reconocida con la concesión de un premio Nobel; ni, a estas alturas, es probable que lo sea nunca.

No es fácil entender en la actualidad la resistencia de los físicos experimentales, tanto en Europa como en América, a realizar una búsqueda seria de interacciones mediadas por la partícula Z, considerando que el modelo de Glashow es de 1961 y su refinamiento por Weinberg de 1967 y que ni Glashow ni Weinberg ni, por supuesto, Salam (director del Centro Internacional de Física de Trieste) eran unos desconocidos; muy al contrario.

Pero el motivo puede vislumbrarse teniendo en cuenta la situación *teórica* de la época. Citemos al respecto las palabras de Donald Perkins, líder del contingente británico en los experimentos de cámaras de burbujas del CERN y uno de los más prestigiosos experimentadores europeos de neutrinos, refiriéndose al fracaso en la búsqueda de evidencia de corrientes neutras en el experimento del CERN de 1963 y al éxito de la misma búsqueda en los setenta.

Perkins señala que los detectores utilizados en 1963 eran demasiado pequeños para obtener resultados fiables, y continúa:[77]

---

[77] "Diez años después, en 1973, con una cámara de burbujas mucho mayor, Gargamelle, encontramos la primera evidencia, un tanto tardía, de las corrientes neutras débiles predichas por la que hoy se conoce como teoría electrodébil [de Glashow–Weinberg–Salam], y que ha sido verificada en la última década con un nivel increíble de precisión. Sin embargo, hace 30 años, pocos físicos experimentales creían tal modelo. Incluso en 1970, por ejemplo, la colaboración Gargamelle puso la búsqueda de corrientes neutras en el número ocho de una lista de prioridades [!]. En efecto, en aquella época había otros modelos plausibles de interacciones débiles debidos a físicos muy conocidos, como Gell-Mann, Goldberger, Christ, etc., por supuesto olvidados hoy. Sólo en 1971 los experimentadores comenzaron realmente a sentarse a pensar seriamente acerca de las corrientes neutras. Este fue el año en que Tini [Veltman] y su doctorando 't Hooft demostraron que el modelo electrodébil [de Weinberg–Salam] era renormalizable, una diferencia crucial entre este modelo y otras recetas. El artículo de 1971 [de 't Hooft] proporcionaba cálculos detallados de secciones eficaces para las colisiones de neutrinos con diversos blancos, y, por primera vez, los experimentadores podían hacer estimaciones fiables del número

"Ten years later, in 1973 in a much bigger chamber, Gargamelle, we were to find the first, belated evidence for the neutral weak currents predicted by what is now called the electroweak theory, and which has been verified in the last decade to an astonishing degree of accuracy. Yet 30 years ago, few experimenters believed in that model. As late as 1970, for example, the Gargamelle collaboration put the search for neutral currents as number eight in their list of priorities! Indeed, at that time there were several other plausible models of weak interactions, by quite well-known people, such as Gell-Mann, Goldberger, Christ etc, although of course you never hear about them today. It was not until 1971 that experimentalists really began to sit up and take the neutral current possibility seriously. That was the year that the work of Tini [Veltman] and his student 't Hooft showed that the electroweak model was renormalizable —a crucial difference between this and the other recipes. The 1971 paper gave the detailed cross-sections for the interactions of neutrinos on electron targets, and for the first time, experimentalists were able to calculate event rates and plan experimental runs searching for neutral currents, on a quantitative basis ... Personally, I became a convinced believer in neutral currents as soon as I was shown the very first event in early 1973, of the scattering of a muon antineutrino by an electron. From then until the general acceptance of the electroweak model was to take another two years. The combined results from four independent experiments on both sides of the Atlantic were by then decisive."

(Palabras dirigidas a los asistentes a la conferencia organizada en febrero de 2000 en la Universidad Autónoma de Madrid para celebrar el premio Nobel de 1999 concedido a Martinus Veltman.)

El caso del electrón de Gargamelle (que casi podría ser el título de una novela policiaca) nos va a servir además para ilustrar las dificultades con que se encuentra la física experimental, en especial la de neutrinos. El esquema del proceso de interacción de corriente neutra entre un neutrino y un electrón lo hemos mostrado en la figura 22; aparentemente, nada más claro. Pero, por supuesto, el neutrino no se detecta directamente; ni antes, ni después del choque. Para saber que el proyectil es un neutrino muónico, tenemos que realizar un análisis similar al que discutiremos en el próximo capítulo en relación

de sucesos esperados y [por tanto] planificar experimentos que buscasen corrientes neutras, sobre una base cuantitativa ... Personalmente, me convertí en un creyente firme en cuanto me enseñaron, a comienzos de 1973, el primer suceso de colisión de un (anti)neutrino muónico con un electrón [el que hemos discutido más arriba]. Todavía tuvieron que pasar dos años hasta que el modelo electrodébil fuera generalmente aceptado. Los resultados combinados de cuatro experimentos en ambos lados del Atlántico fueron ya decisivos."

con el experimento de los dos neutrinos. De esto se sigue que *no* podemos detectar cuántos neutrinos enviamos; este número, que es de una importancia capital, sólo podemos estimarlo indirectamente.

Pero este no es el problema más grave. Como *tampoco* detectamos el neutrino después del choque, resulta que lo único que aparece en el experimento es la traza del electrón. Y si ésta apareciera aislada, las cosas no estarían demasiado enbrolladas. Pero el electrón, al recibir el fuerte golpe del neutrino, sale rebotado y, al interaccionar con los átomos de la cámara de burbujas, emite fotones de gran intensidad, algunos de los cuales se materializan, o golpean a otros electrones. El resultado es el de la la figura 21; en este caso la señal es (relativamente) limpia; pero la señal de la ilustración que mostramos en páginas centrales ya lo es menos. La interpretación, incluso de la figura 21, no es sin embargo totalmente trivial: la aparición de ruido de fondo es evidente. Por otra parte, no es fácil excluir un rayo cósmico como origen del golpe al electrón, excepto que la dirección en la que éste sale sugiere que, en efecto, proviene del choque con un neutrino producido en el experimento.

Estas complicaciones pueden ayudar a comprender las reticencias de los experimentadores a publicar el resultado sobre la base de una sola señal. Únicamente cuando aparecieron más sucesos, como el mostrado en las páginas centrales, fue posible adquirir confianza en la interpretación.

Todavía en los tres o cuatro años posteriores se obtuvo más evidencia *indirecta*; notablemente, los experimentos de SLAC de colisiones de electrones y protones con gran precisión mostraron la interferencia entre la interacción intercambiando una Z y un fotón, interferencia que también se observó en el acelerador PETRA, en Hamburgo. Por otra parte, otros experimentos con neutrinos, más precisos que los pioneros ya citados, permitieron determinar la estructura de las interacciones con bastante certidumbre.

Gracias a ésta evidencia, y basado en cálculos teóricos, se dedujeron teóricamente las masas de las partículas W, Z y sus anchuras de desintegración con un error de menos del 1%. Predicciones brillantemente confirmadas en 1981-1982 cuando dos equipos liderados uno por Carlo Rubbia y el otro por Pierre Darriulat y Luigi Di Lella aprovecharon la enorme energía disponible en el *Collider* del CERN, más de quinientos millardos de electrón-voltios, y sus magníficas propiedades de focalización (desarrolladas por Simon van der Meer) para producir y estudiar aquellas partículas. La historia detallada de este descubrimiento la contamos en una próxima sección.

Corrientes neutras a muy baja energía. La evidencia que hemos discutido hasta aquí de la existencia de corrientes neutras se basa en experimentos a muy altas energías. Pero la fantástica precisión de las medidas y los cálculos en electrodinámica cuántica, que hemos discutido en el capítulo 8, es tal que podemos intentar buscar efectos minúsculos debidos a corrientes neutras en cantidades observables a bajas energías. Entre estos efectos se encuentra violación de la paridad en procesos de emision y absorción de radiación electromagnética por átomos. Esta violación de la paridad es debida a la interferencia de las interacciones electromagnéticas, de carácter vectorial, y las mediadas por la partícula Z, que tienen una componente axial.

Los primeros estudios de este tipo fueron llevados a cabo por los franceses C. y M. A. Bouchiat (teórico y experimental) ya al final de los años setenta, pero la extrema pequeñez del efecto hizo que sólo en 1988 se consiguieran resultados fiables (en especial, en la Universidad de Colorado). Las medidas más recientes[78] llegan a confirmar las predicciones teóricas con una precisión del orden del 1%, algo notable en un efecto que, él mismo, es del orden de una *billonésima*.

§11.4. La "revolución de noviembre". El quark c

Todavía en 1974, a pesar del descubrimiento de las corrientes neutras, el modelo de Glashow–Weinberg–Salam de interacciones débiles no podía considerarse establecido. El motivo es que, aunque describía correctamente las interacciones entre *leptones*, electrones (y muones) y neutrinos, tenía problemas con el experimento cuando se le intentaba aplicar a interacciones involucrando *quarks*.

Esto se debía a dos motivos. En primer lugar no todo el mundo aceptó inmediatamente la teoría de interacciones fuertes basada en quarks y gluones con libertad asintótica. Aunque ésta (como dijo Politzer) hacía al modelo de quarks respetable, y ya en 1973 personas como Gell-Mann y sus colaboradores, Weinberg o los propios Gross, Wilczek y Politzer consideraban que la teoría de interacciones de quarks y gluones que hemos descrito en un capítulo anterior, conocida como *QCD*, era *la* teoría, lo cierto es que esta creencia no era aún generalizada.

El motivo de la desconfianza es que faltaba una *predicción*. Es relativamente fácil inventar teorías consistentes con lo que se conoce; y la de interacciones fuertes que hemos descrito en el capítulo precedente sin duda lo era. Pero la marca de una teoría correcta es realizar predicciones sobre cuestiones desconocidas cuando la teoría se formula, y que éstas sean validadas por el experimento.

Por esta razón, muchos físicos miraban con suspicacia las interacciones débiles de *quarks*. Se consideraba que el experimento de Gargamelle validaba el modelo de Glashow–Weinberg–Salam para leptones (electrones, muones y neutrinos), pero quedaban dudas con respecto a su aplicabilidad en el mundo

---

[78] P. A. Vetter et al., *Phys. Rev. Letters*, **74**, 2658 (1995).

de los hadrones. En frase de Don Perkins, si las predicciones del modelo para las interacciones débiles de hadrones fallaban, no podía saberse si esto era realmente debido a un fallo del modelo de interacciones débiles, o a un incorrecto tratamiento de las interacciones fuertes.

Pero además de esta dificultad había una mucho más seria, relacionada con la propia estructura de las interacciones débiles. Esta era la conocida como el problema de las interacciones débiles neutras con cambio de extrañeza, que pasamos a describir.

Utilizando lenguaje moderno podemos decir que la desintegración β, por ejemplo de neutrones, se debe a que un quark d del neutrón se transforma en un quark u emitiendo una partícula W^-, la que se materializa en un par electrón-antineutrino. Podemos describir el proceso con el esquema siguiente:

$$d \to u + W^- \quad \llcorner\!\!\longrightarrow \bar{\nu}_e + e^-.$$

Esto produce la desintegración *beta* del neutrón:

$$\text{neutrón} \to \text{protón} + \text{electrón} + \text{antineutrino},$$

un proceso que ya hemos mostrado gráficamente en la figura 8 (sección 6.2).

¿Cuál es el mecanismo de las desintegraciones de las partículas extrañas en partículas ordinarias? Consideremos la partícula extraña[79] conocida con el nombre de Λ (*Lambda*), idéntica a un neutrón excepto por tener un quark extraño (s) reemplazando a uno de tipo d. Esto es, así como el neutrón tiene dos quarks de tipo d y uno de tipo u, la partícula Λ está compuesto por un quark de tipo s, uno de tipo d y uno de tipo u.

Podemos entender la desintegración de la partícula Λ con un mecanismo análogo al de la desintegración del neutrón: imaginamos que el quark de tipo s se transforma en uno de tipo u, emitiendo una partícula (vierual) W^- que luego se materializa en electrón y antineutrino. El esquema es,

$$s \to u + W^- \quad \llcorner\!\!\longrightarrow \bar{\nu}_e + e^-,$$

lo que induce el proceso observado experimentalmente, muy similar a la desintegración beta del neutrón,

$$\Lambda \to \text{protón} + \text{electrón} + \text{antineutrino}.$$

[79] Recordamos que las partículas extrañas son como las ordinarias —neutrón, protón, piones, ... — pero con un quark s reemplazando a un quark d o u.

Sin embargo, el *ritmo* de esta desintegración es mucho más lento que el ritmo de la desintegración del neutrón.

En principio esto contradice la estructura de Yang–Mills de las interacciones débiles, que implica que todas tienen que tener la misma intensidad. El italiano Nicola Cabibbo, en 1963, indicó la solución al problema. Postuló que las interacciones débiles no actúan de manera igual sobre quarks[80] d y s, sino que se *reparten* entre ambos. En la teoría de Cabibbo, lo que interacciona con la partícula W no es el quark s o el d, sino una combinación de ellos; en fórmulas, la combinación $d_C = d(\cos\theta) + s(\operatorname{sen}\theta)$. En esta fórmula, θ es un ángulo que hay que determinar empíricamente; se tiene $\theta \simeq 27^{\rm o}$.

La idea de Cabibbo implica que la intensidad de la desintegración

$$\Lambda \to \text{protón} + \text{electrón} + \text{antineutrino}$$

es proporcional a $\operatorname{sen}^2\theta$, y la del neutrón

$$\text{neutrón} \to \text{protón} + \text{electrón} + \text{antineutrino}$$

es proporcional a $\cos^2\theta$. Por tanto, y debido a que el coseno es menor que la unidad, ligeramente inferior a una desintegración puramente leptónica como la del muón:

$$\mu \to \nu_\mu + W^- \\ \hookrightarrow \bar{\nu}_e + e^-.$$

Efectivamente, al hacerse medidas más y más precisas de desintegraciones débiles este hecho apareció con claridad.

Mientras sólo consideremos interacciones involucrando corrientes cargadas, esto es, mediadas por partículas W^+, W^-, la teoría de Cabibbo es perfectamente satisfactoria. Pero si introducimos las corrientes neutras, esto es, interacciones mediadas por la partícula Z, encontramos dificultades. No es demasiado difícil demostrar que debería existir el proceso

$$s \to d + Z \\ \hookrightarrow \bar{\nu} + \nu,$$

lo que induciría la desintegración

$$\Lambda \to \text{neutrón} + \text{neutrino} + \text{antineutrino},$$

sin intercambio de carga. Experimentalmente tal tipo de interacciones o no se han visto o, cuando se han visto, su intensidad resulta ser millones de veces menor de lo que la teoría de Cabibbo implicaría. Esta es la segunda, y más

[80] Por supuesto Cabibbo no formuló su teoría en términos de quarks.

ОПЫТЪ СИСТЕМЫ ЭЛЕМЕНТОВЪ,

ОСНОВАННОЙ НА ИХЪ АТОМНОМЪ ВѢСѢ И ХИМИЧЕСКОМЪ СХОДСТВѢ.

			Ti=50	Zr=90	?=180.
			V=51	Nb=94	Ta=182.
			Cr=52	Mo=96	W=186.
			Mn=55	Rh=104,4	Pt=197,4.
			Fe=56	Ru=104,4	Ir=198.
			Ni=Co=59	Pl=106,6	Os=199.
H=1			Cu=63,4	Ag=108	Hg=200.
	Be=9,4	Mg=24	Zn=65,2	Cd=112	
	B=11	Al=27,4	?=68	Ur=116	Au=197?
	C=12	Si=28	?=70	Sn=118	
	N=14	P=31	As=75	Sb=122	Bi=210?
	O=16	S=32	Se=79,4	Te=128?	
	F=19	Cl=35,5	Br=80	I=127	
Li=7	Na=23	K=39	Rb=85,4	Cs=133	Tl=204.
		Ca=40	Sr=87,6	Ba=137	Pb=207.
		?=45	Ce=92		
		?Er=56	La=94		
		?Yt=60	Di=95		
		?In=75,6	Th=118?		

I. Primera versión de la tabla periódica de los elementos de Mendeleyev (1869).

II. Acelerador de Cockroft-Walton. Abajo, en la "jaula", Cockroft.

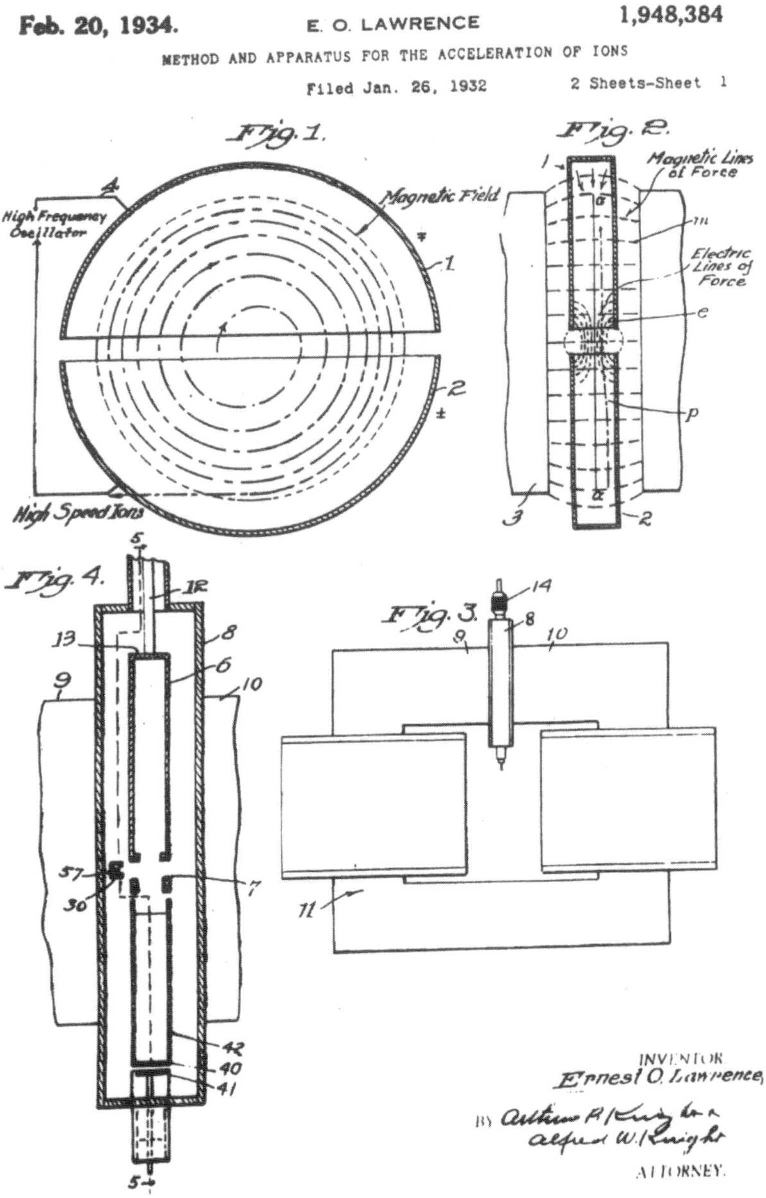

III. Diseño del acelerador de Lawrence.

IV. Localización del acelerador LEP, a caballo sobre la frontera franco-suiza, cerca de Ginebra; al fondo las montañas del Jura. La frontera se muestra en línea discontinua. La estructura en forma de horquilla, en la parte de abajo, son las pistas del aeropuerto internacional de Ginebra. El círculo marca la localización del túnel del acelerador, y los puntos blancos la de las cuatro áreas experimentales (conocidas por los nombres de Aleph, L3, Opal y Delphi), todas ellas a docenas de metros bajo tierra. (CERN photo).

V. Prototipo de imán (de quince metros de largo) para el detector Atlas, que operará en el acelerador LHC, en construcción en el CERN. (CERN photo).

VI. La cámara de burbujas *Gargamelle* en uno de los *halls* experimentales del CERN. (CERN photo).

VII. Interior de la cámara de burbujas *Gargamelle*. Los "ojos de buey" son marcas que sirven como refencia para ubicar las trazas en las fotos. (CERN photo).

VIII. Exterior del detector Aleph. Delante, el coordinador técnico con los tres primeros *spokesmen* de los experimentos: Foà, Steinberger y Lefrançois.

IX. El detector Zeus, abierto para mantenimiento. La estructura color rojizo es un calorímetro; recoge la energía de las partículas que han atravesado la parte interna del detector (cilindro color metálico, en el centro).

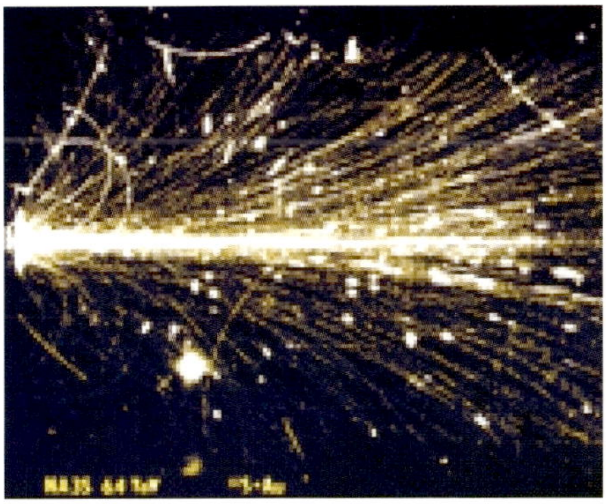

X. Trazas producidas en una cámara de burbujas por la colisión de un ión de azufre. (CERN photo).

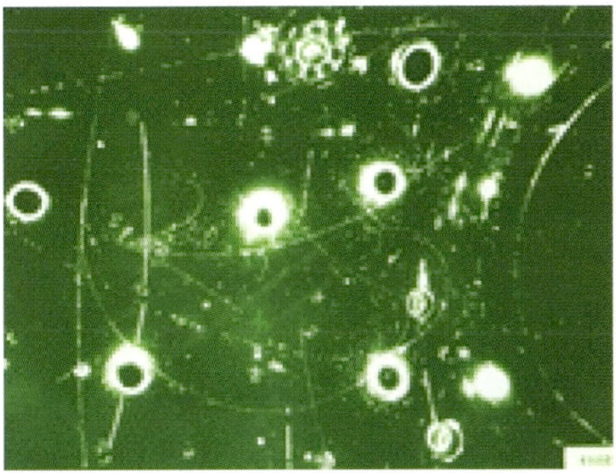

XI. Electrón golpeado por un neutrino, y observado en octubre, 1973, en el experimento de Gargamelle. (El electrón está menos claro que en la Fig. 21 del texto, pero se le distingue razonablemente bien a la izquierda). (CERN photo).

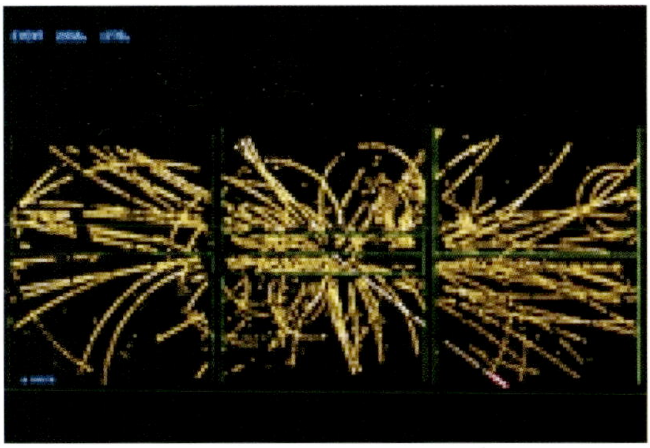

XII. Una de las primeras señales de una partícula W, obtenida (electrónicamente) en el detector UA1 del CERN. La evidencia de que se tiene la desintegración de una W consiste en el electrón, muy energético, que se observa entre la maraña de trazas (marcada su terminación en rojo abajo, en el centro). (CERN photo).

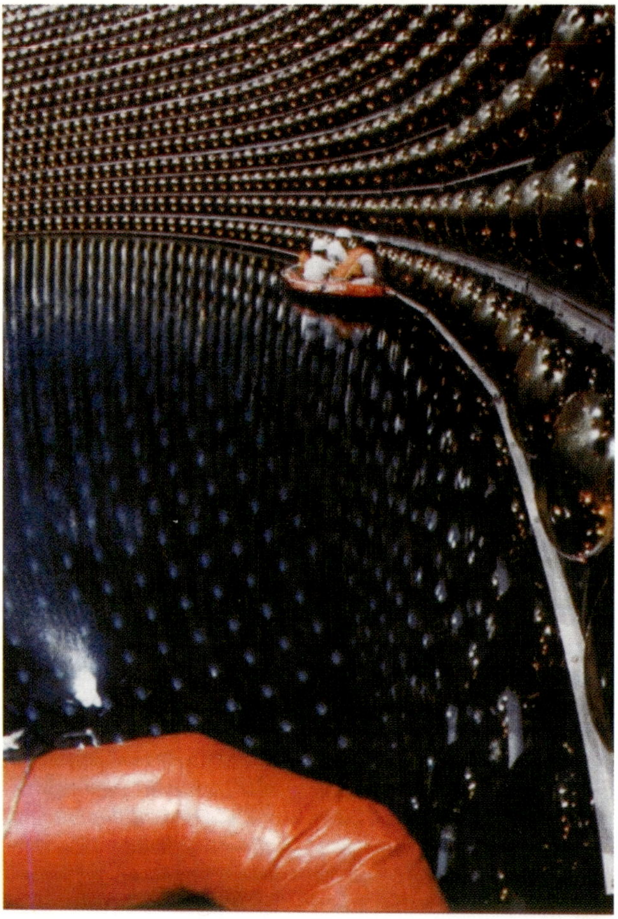

XIII. Vista, desde la superficie del agua, del detector Super Kamiokande, situado en Kamioka (Japón). El detector es una evolución de los empleados en el estudio de desintegraciones del protón. Super Kamiokande se utiliza para observar neutrinos producidos por rayos cósmicos. El detector contiene cincuenta mil toneladas de agua, rodeadas por 11 000 fototubos (la estructura en panal de abejas) que detectan luz Cerenkov producida por electrones golpeados por neutrinos. Los operarios en la barca de goma están ajustando los fototubos.

poderosa razón, por la que las interacciones débiles de quarks en el modelo de Glashow–Weinberg tenían tan mala fama.

Sin embargo hay una manera de resolver la contradicción entre las predicciones del modelo de Cabibbo para corrientes neutras y el experimento. En un artículo publicado en 1964, e ignorado durante mucho tiempo, Hara se dio cuenta de que si se *postulaba* la existencia de un nuevo quark, parecido al u, pero de masa mucho mayor, la probabilidad de la desintegración que hemos mencionado,

$$s \to d + Z \quad (Z \to \bar{\nu} + \nu),$$

recibía contribuciones de magnitud igual y signo opuesto de los quarks u, c (que intervienen virtualmente en el proceso), las cuales se cancelaban, al menos en primera aproximación.

Yasuo Hara, provenía del Departamento de Física de la *Universidad de Educación de Tokyo*; realizó su trabajo en el California Institute of Technology. En su trabajo, las entidades básicas prefiguran los quarks, aunque identifica a alguna de ellas (como el protón) con partículas compuestas: en realidad se queda a medio camino entre el modelo de quarks y el de Sakata.[81] Es interesante mencionar que la simetría fue sugerida primeramente por Gell-Mann [*Phys. Lett.*, **8**, 214 (1964)] y de hecho, Hara deja, en el artículo, constancia de su agradecimiento a éste por su ayuda (*"for valuable suggestions and discussions"*).

Como se ha dicho, el artículo de Hara fue ignorado durante bastante tiempo, a pesar de haber sido realizado en un centro puntero; y ello por dos motivos. La *cancelación* de las desintegraciones no deseadas sólo se sabía cierta en primer órden de aproximación: mientras no fuese posible controlar los órdenes superiores tal cancelación parecía insuficiente. En segundo lugar, el mecanismo de Hara implicaba un nuevo quark, el c, que nadie había visto.

En 1970, Glashow, Iliopoulos y Maiani analizaron el mecanismo de Hara, ya en términos de quarks, y a órdenes superiores. Llegaron a la conclusión de que la cancelación era incompleta y *no* tenía lugar en segundo órden de aproximación; pero obtuvieron, además, un resultado extraordinariamente interesante. El efecto residual que permitía desintegraciones como la $\Lambda \to$ neutrón + neutrino + antineutrino era proporcional al cociente de la masa del quark c dividido por la de la partícula W, elevado a la cuarta potencia. De manera que, dados los valores experimentales de las desintegraciones de partículas

[81] En el modelo de Sakata se intentaba considerar como constituyentes de los hadrones a tres de ellos: protones, neutrones y partículas Λ.

extrañas sin intercambio de carga, resultaba que la masa del quark c debería ser entre una y media y dos veces la masa del protón.

Desde el punto de vista de cuestiones de *principio*, el modelo de interacciones débiles, una vez demostrada su renormalizabilidad por 't Hooft, con el mecanismo de Cabibbo–Hara–Glashow–Iliopoulos–Maiani para desintegraciones de partículas extrañas, resultaba ser perfectamente coherente. Pero a pesar de ello no era fácil de creer, incluso en los primeros años setenta. En efecto, si el quark c pesaba como mucho dos veces lo que el protón, debería haberse detectado experimentalmente: hacía tiempo que algunos aceleradores (en especial el ISR, pero también el de Brookhaven o SPEAR, en Stanford) tenían energía más que suficiente para ello. A muchos físicos nos parecía este argumento definitivo para concluir que el mecanismo debía ser equivocado, y que se tendría que buscar uno distinto.[82]

Pero lo cierto es que el quark c existía; simplemente, los físicos experimentales no habían realizado una búsqueda seria de partículas que lo contuvieran y, de hecho, en al menos dos ocasiones antes de 1974 se habían detectado señales no identificadas de lo que, retrospectivamente, resulta muy probable fuesen efectos del quark c. Una de ellas es la señal observada en el experimento del neutrino del CERN, en 1963 (fig. 23) sobre la que se especuló mucho en la época y que, muy probablemente, fue causada por la producción y desintegración de una partícula conteniendo al quark c. Otra es la producción anómala de pares de muones observada por la colaboración HPW,[83] en 1973, en colisiones de neutrinos con núcleos, identificada *a posteriori* también con producción y desintegración de partículas *charmadas*.

En 1974 la situación cambió radicalmente. De forma casi simultánea, el grupo de Sam Ting en Brookhaven y el de Burton Richter en Stanford detectaron una partícula. Esta partícula fue llamada J por el grupo del chino-americano Ting (en un alarde de modestia: el símbolo J se parece a la grafía china que representa el nombre de *Ting*) y ψ por los de Stanford, y hoy se conoce con el nombre híbrido de J/ψ. Su masa es unas tres veces la del protón.

---

[82] Más de una apuesta se perdió y ganó sobre esta cuestión. Una famosa fue la caja de botellas de vino de Burdeos, apostadas en la conferencia de Londres en 1973, que Iliopoulos ganó a Steinberger. Menos famosa, pero más dolorosa, fue la cena que perdí con Álvaro de Rújula.

[83] Harvard, Pennsylvania y Winsconsin, liderada por Cline, Rubbia y Mann. El descubrimiento fue anunciado en la conferencia de Londres, en el verano de 1974, aunque los resultados circulaban *sotto voce* desde meses antes.

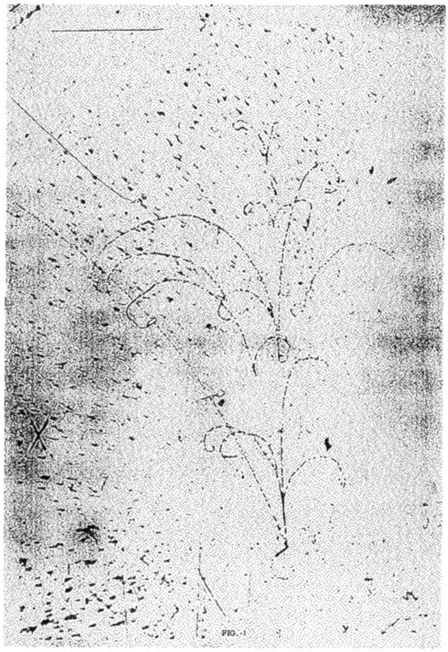

FIGURA 23. Fotografía obtenida en cámara de burbujas de una partícula "charmada" (conteniendo un quark de tipo c; esta es la interpretación más probable) producida por el choque de un neutrino en el experimento del CERN de 1963. En la época se especuló con la posibilidad de que fuera una partícula W.

Después de una brevísima duda de Rújula y Glashow y, simultáneamente, Appelquist y Politzer, identificaron la partícula J/ψ como un estado ligado de un quark c y un antiquark, $\bar{c}$.

El artículo con el descubrimiento de la J/ψ fue publicado a la vez por los grupos de Ting y Richter en noviembre de 1974 y produjo una verdadera revolución en la física de partículas, que los físicos bautizaron inmediatamente como la *revolución de noviembre*. Una revolución por partida doble. Por una parte vindicaba el modelo de interacciones débiles de hadrones, incluido el *charm*. Pero por otra parte, resultaba que la partícula J/ψ se desintegraba casi con el mismo ritmo en hadrones y electromagnéticamente: precisamente lo que predecía la teoría de interacciones fuertes con *libertad asintótica*. En efecto, al ser la energía total de desintegración de la partícula J/ψ muy grande, equivalente a tres y pico masas del protón, o sea, unos 3, 1 GeV, la intensidad de la interacción fuerte debería ser pequeña y por tanto a la J/ψ le costaría trabajo desintegrarse en hadrones.

La revolución era completa. Pocos experimentos habrán sido tan decisivos: se validaban simultáneamente las teorías de interacciones débiles y fuertes. La Academia Sueca, de ordinario tan parsimoniosa, concedió el premio Nobel a Ting y Richter dos años después de su descubrimiento. Durante bastante tiempo los físicos de altas energías se refirieron como *nueva física* a la realizada teniendo en cuenta los resultados de la *revolución de noviembre*, y *vieja física* a la anterior.

§11.5. El descubrimiento de las partículas W, Z. LEP, LEP200 y el quark t

En el invierno de 1976 se realizaron en el CERN, en Ginebra, una serie de reuniones de trabajo sobre la viabilidad e interés de construir un gran colisionador de electrones y positrones; colisionador que, efectivamente, se ensamblaría en los años ochenta,[84] dándosele el nombre de LEP (iniciales en inglés de *Large Electron-Positron collider*). Los estudios, tanto teóricos (en los que tuve la suerte de participar) como experimentales, se extendieron durante varios meses y se recogieron después en un informe, conocido como "Yellow Report", del CERN.

Uno de los objetivos fundamentales de tal acelerador era poder producir las partículas W y Z, las que, recordemos una vez más, son las partículas intermediadoras de la interacción débil, predichas teóricamente y cuyos efectos habían sido ya vistos *indirectamente*. De los cálculos realizados en el *workshop* del CERN (y también en otros lugares, en Europa, América o Rusia) se seguía que iba a ser posible tanto la construcción del acelerador como la detección, gracias a él, de las partículas W y Z; especialmente la segunda. Una de las razones de la prevista capacidad de detección de LEP era que es éste un acelerador "limpio". Puesto que tanto electrones como positrones son partículas elementales, se tiene la posibilidad de que ambos se aniquilen en una partícula Z, sin molestos residuos extra, según el esquema

$$e^+ + e^- \to Z.$$

Pero, a la vez que se estudiaba un colisionador de electrones y positrones, también se tenía en mente la posibilidad de producir las partículas W y Z en un colisionador de protones con antiprotones. La razón de este interés era doble. Por una parte, y como ya hemos mencionado en el capítulo dedicado a aceleradores, es más facil impartir grandes energías a protones y antiprotones que a electrones y positrones. Por otra parte, el CERN contaba ya con un gran acelerador de protones, que los llevaba hasta una energía de trescientos GeV; se podía utilizar el túnel de dicho acelerador, y la mayor parte de la

[84] El acelerador LEP fue aprobado oficialmente en 1983, y las primeras interacciones en él fueron detectadas en el verano de 1989.

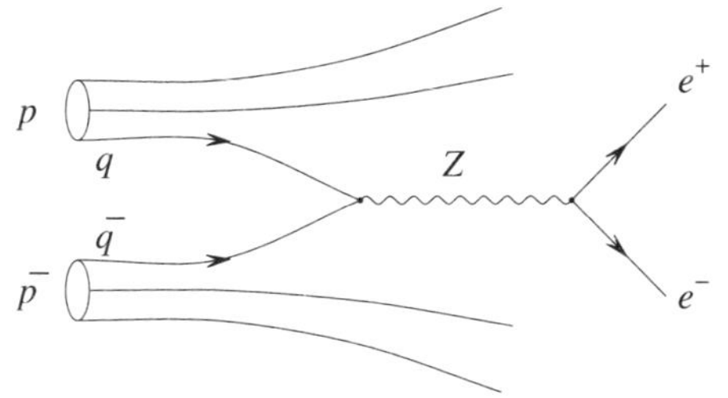

FIGURA 24. Diagrama de la colisión de un antiquark en un antiprotón con un quark en un protón, que se fusionan para dar una partícula Z, la que, a su vez, se desintegra en electrón-positrón. Compárese con la señal efectivamente observada, en la fig. 26.

infaestructura, para inyectar antiprotones que se movieran en dirección opuesta a la de los protones y que, al colisionar con ellos, permitieran obtener energías de quinientos o seiscientos GeV sin excesivas dificultades.

El problema, sin embargo, es que protones y antiprotones no son elementales, sino que están hechos de quarks y antiquarks. Esto tiene dos implicaciones poco agradables. La primera es que la energía de, digamos, el protón, tiene que repartirse entre la de los quarks (y gluones) que lo constituyen: por tanto, la energía efectiva del colisionador de protones y antiprotones es de algo menos de un tercio de la total, es decir, de unos 100 GeV. Pero lo peor es que la partícula Z, por ejemplo, se produce al aniquilarse un quark del protón con un antiquark del antiprotón:

$$q + \bar{q} \to Z.$$

Pero ahora quedan residuos: los dos quarks restantes del protón, y los dos antiquarks del antiprotón que no intervinieron, mas gluones, forman un ruido de fondo muy molesto. Además, la partícula Z tiene una vida tan efímera que se desintegra mucho antes de llegar al detector. Lo que en realidad se ve experimentalmente son los productos de desintegración de la Z. Si uno tiene suerte, lo que ocurre en una desintegración de cada ocho, más o menos, estos productos son un par electrón-positrón, razonablemente fáciles de identificar.

El mecanismo, discutido por primera vez en un contexto diferente por Drell y Yan, es como en la figura 24:[85] es difícil distinguir la partícula Z entre tanta chatarra. De hecho, los cálculos detallados realizados en muchos lugares indicaban la casi imposibilidad de identificar las partículas W y Z en un colisionador de protones con antiprotones; y por ello (entre otras razones que comentaremos en un momento) el laboratorio americano de Fermilab, cerca de Chicago, rehusó dar prioridad a tal proyecto.

Colisionadores protón-antiprotón. Parece establecido que el primer científico en considerar las posibilidades de un colisionador protón-antiprotón para producir las partículas W y Z fue el americano Peter McIntyre, que presentó su idea en un *workshop* en Fermilab, en 1975. Tampoco hay muchas dudas de que el italiano Carlo Rubbia fue quien se dio cuenta rápidamente, y a fondo, de las virtualidades de la idea, y fue quien la empujó al máximo. De hecho, Cline, McIntyre y Rubbia presentaron una primera propuesta oficial de colisionador de protones-antiprotones en Fermilab, en 1976. Pero, después de la desgraciada historia de las "corrientes neutras alternas", ni Cline ni Rubbia gozaban de las simpatías del director de Fermilab, Robert W. Wilson, quien, según Taubes (*Nobel Dreams*, pp. 7, 23) llegó a llamarles, después de una tormentosa reunión, "payasos aeronáuticos" (*jet-flying clowns*). A Wilson le puso furioso que, en lugar de estar en el laboratorio analizando el experimento en que estaban involucrados en aquel momento (y que finalmente resultó un fracaso), Cline y Rubbia se pasasen el tiempo volando de una reunión a otra haciendo propaganda de sus ideas sobre colisionadores de antiprotones.

A pesar de ello, Wilson era suficientemente buen físico como para darse cuenta de las potencialidades de la idea y, aunque sin gran entusiasmo (también era consciente de los problemas técnicos que hemos mencionado hace un momento), aceptó presentar la idea a la reunión del comité apropiado. La propuesta fue finalment rechazada y entonces Rubbia, esencialmente en solitario, se dirigió al CERN. De hecho, el colisionador de Fermilab, conocido como *Tevatron*, acabó por construirse, pero demasiado tarde para descubrir las partículas W y Z: las primeras colisiones de protones y antiprotones en el Tevatron sólo tuvieron lugar en 1984. (El Tevatron, sin embargo, no fue inútil. Gracias a

[85] Ver también la fig. 26, y la ilustración de la producción de la partícula W en páginas centrales.

FIGURA 25. Acumulador de antiprotones, en el CERN. (CERN photo)

tener una enorme energía, en su última versión más de tres veces la del colisionador del CERN, consiguió detectar el último quark, el t, en 1995).

Si en la resolución del problema de los dos neutrinos (que contaremos con un cierto detalle en la sección 12.2) los europeos, que tenían la partida ganada a los americanos, la perdieron por no percatarse de la importancia de la cuestión y de las posibilidades de sus máquinas, en el caso que ahora nos ocupa ocurrió casi exactamente al revés. La dificultades del proyecto no arredraron a Carlo Rubbia, un físico por otra parte difícil de contener, que acabó por convencer a las autoridades del CERN de dar prioridad al proyecto de ensamblaje del colisionador de protones y antiprotones. Además, se comisionó la construcción de dos áreas de experimentación, conocidas como UA1 y UA2,[86] para alojar los detectores necesarios para dos experimentos independientes que buscasen las partículas W y Z. UA1 estaba dirigida por Rubbia, y UA2 por Darriulat y DiLella.

A pesar del entusiasmo de Rubbia y de los responsables del CERN de la época, la comunidad científica era bastante escéptica acerca de las posibilidades

[86] Los nombres son las iniciales de "Underground Area 1" y "Underground Area 2"; tanto el acelerador como las áreas experimentales se encuentran bajo tierra (*underground*).

del experimento. Recuerdo que en las conversaciones de los teóricos en la cafetería del CERN durante aquellos años circulaba un chiste, en forma de preguntas y respuestas:

P *¿Para qué se construyen los detectores de UA1?*
R *Para que Rubbia encuentre las partículas W y Z.*
P *Y entonces, ¿por qué construir UA2?*
R *Para comprobar si es verdad que Rubbia las ha encontrado.*

Sin embargo, Rubbia y los físicos de UA2 tuvieron la suerte que la fortuna reserva de cuando en cuando al desparpajo. En el interín de la construcción del colisionador y los detectores el holandés Simon van der Meer desarrolló un método, conocido como "enfriamiento estocástico", que permitía empaquetar muchos más protones y antiprotones de lo hasta entonces posible en cada pulso que circulaba por el colisionador.[87] En efecto, uno de los problemas de acelerar partículas a las que, como ocurre con los antiprotones, hay que fabricar artificialmente, es que estas son creadas con energías y velocidades muy distintas unas de otras, con lo cual, al acelerarlas, unas se retrasan y otras se adelantan: la eficiencia queda muy disminuida.

Una solución a este problema fue propuesta en primer lugar por el ruso Gersh Budker, trabajando en Novosibirsk, en 1965, y consistía en *enfriarlos*, esto es, hacer que todos los antiprotones se muevan con la misma velocidad y energía por medio de choques con electrones. Simon van der Meer, que ya había diseñado un focalizador para el experimento del neutrino del CERN de 1963 y que mencionamos en el capítulo 4, utilizó la técnica de Budker en 1968, en el colisionador ISR; y, cuando la necesidad se hizo notar, la perfeccionó y desarrollo el ya citado método de *enfriamiento estocástico.*

En 1977 se decide hacer una prueba de este método, prueba que se realiza a partir del mismo año. La prueba resultó positiva y el CERN anunció la construcción del colisionador oficialmente en 1978. En 1981 se aceleran por primera vez en el mundo protones y antiprotones en el colisionador, llegando a acumularse (gracias a las técnicas de van der Meer) paquetes conteniendo cada uno hasta un tercio de billón de antiprotones. Esto representaba un auténtico prodigio tecnológico: téngase en cuenta que la antimateria (y los antiprotones son antimateria) se aniquila al mínimo contacto con la materia ordinaria. Lo que implica que todas las manipulaciones con los antiprotones tienen que hacerse a distancia, por medio de campos electromagnéticos.

[87] Una historia novelada y (a ratos) bastante entretenida del descubrimiento de las partículas W y Z, y en especial las peripecias de Carlo Rubbia, puede verse en el libro de Taubes, *Nobel Dreams*.

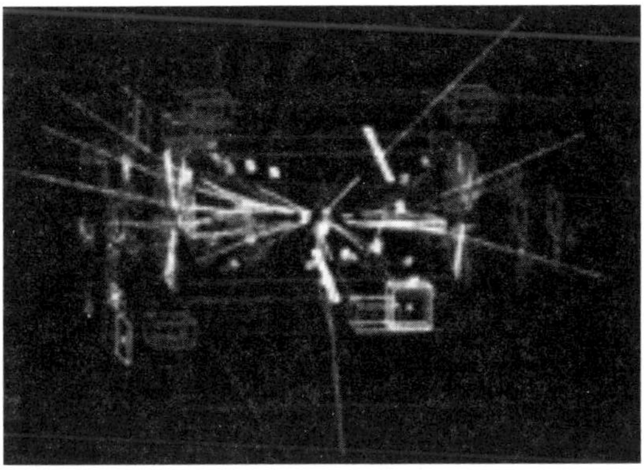

FIGURA 26. Primera señal de una partícula Z, obtenida en el detector UA1 del CERN. Los dos electrones en los que la Z se desintegra se ven como dos trazas, que apuntan hacia abajo y hacia arriba y la derecha. Los rectángulos que se observan en la imagen son marcas para localización. (CERN photo)

La contribución al experimento del método de enfriamiento estocástico fue decisiva. En lugar de los exiguos tres o cuatro W y Z que se hubieran obtenido sin él, y que, como los malévolos teóricos proclamaban, hubieran sido ciertamente difíciles de identificar, se encontraron Rubbia, Darriulat y DiLella con docenas de partículas. En el invierno de 1982 se comienzan a ver las primeras señales claras de partículas W, que se publican a principios de 1983. Un poco más tarde se detectan también partículas Z (fig. 26).

Los reconocimientos de los méritos de cada cual quedan bastante claros en la citación del comité Nobel de 1984. Allí, significativamente, *no* se dice que se le otorgase el permio a Rubbia y van der Meer por el descubrimiento de las partículas W, Z (que, de todas maneras, fueron detectadas esencialmente a la vez en los dos experimentos, UA1 y UA2), sino *"for their decisive contributions to the large project, which led to the discovery of the field particles W and Z, communicators of the weak interaction."* ("Por su decisiva contribución al gran proyecto que condujo al descubrimiento de las partículas W y Z, que son portadoras de la interacción débil.")

A partir de 1989 se detectaron en el CERN, en Ginebra, las primeras interacciones producidas en el acelerador LEP (iniciales de *Large Electron-Positron collider*), el mayor construido hasta la fecha: 27 kilómetros de circunferencia. Este es un acelerador extraordinariamente limpio; al ser los proyectiles partículas elementales, no se producen los desechos típicos de los colisionadores de partículas compuestas (como los protones).

La importancia de este acelerador para el estudio de las interacciones débiles (y también, aunque en menor medida, para las fuertes) fue capital.

Con respecto a las primeras y, aunque por supuesto llegó tarde para descubrir las partículas W, Z, lo que LEP produjo fueron resultados muy finos. Con él se podían medir con gran precisión, hasta cuatro cifras decimales, las propiedades de las partículas Z;[88] por ejemplo, su anchura de desintegración, 2 487 MeV (con un error de 9 MeV), o su masa, $M_Z c^2 = 91\,187$ MeV, con un error de sólo 7 MeV.

Al comparar los resultados de estas medidas con los cálculos teóricos resultaba una pequeña discrepancia que inmediatamente se interpretó como debida a no haber tenido en cuenta estos cálculos la existencia del quark t, existencia de hecho predicha por la teoría desde más de diez años antes. Realizados los cálculos teniendo en cuenta la posible existencia del quark t se obtuvo que el acuerdo con las medidas de LEP sólo era posible si este quark tenía una gran masa, del orden de 180 veces la masa del protón. En 1995 el Tevatron de Fermilab llegó a la energía necesaria para poder producir experimentalmente los quarks t: al realizar la correspondiente medida de la masa esta resultó tener, precisamente, el valor deducido por consistencia de las medidas de LEP.

Este último es un buen ejemplo de la precisión de las medidas de LEP. El Tevatron de Fermilab, cerca de Chicago, es un colisionador de protones y antiprotones, por tanto "sucio". En la actualidad, y después de cinco años de medidas directas del quark t, este acelerador permite obtener el valor de su masa con un error que aún no supera al deducido sobre la base de medidas de efectos indirectos en LEP. Hoy en dia se considera el acuerdo de las medidas directas de la masa del t, y las indirectas, *inferidas* de pequeñas discrepancias entre valores teóricos y experimentales de las propiedades de las partículas W y Z, como la prueba más precisa y espectacular de lo correcto de las teorías de Glashow, Weinberg y Salam de las interacciones débiles.

Pero aún hay más. En los años noventa se incrementó la energía de LEP hasta 200 GeV, llegando a un máximo de 210. Con estas energías se podían producir pares de partículas W^+, W^- de acuerdo con el esquema

$$e^+e^- \to [\gamma] \to W^+W^-$$

y también

$$e^+e^- \to [Z] \to W^+W^-.$$

De las correspondientes medidas se podía deducir la intensidad de las interacciones del triplete W^+W^-Z, que resultaron en perfecto acuerdo con las que la teoría había predicho casi cuarenta años antes.

[88] Las partículas W sólo se pudieron producir en LEP al mejorar la *performance* del acelerador en la versión conocida como LEP200, con capacidad de llegar a energías superiores a los 200 GeV, y que ha sido operativo en la última década del siglo XX.

CAPÍTULO 12.

Neutrinos.

Puede parecer sorprendente dedicar un capítulo entero a discutir un solo tipo de partícula, el neutrino, aunque éste exista en tres variedades diferentes: neutrino electrónico, neutrino muónico y neutrino tauónico. Pero es que el neutrino es algo especial. Los neutrinos son las únicas partículas que sólo existen en un estado de quiralidad, *levo* (los neutrinos *dextro*, si existen, sólo interaccionarían con el campo de Higgs y la gravitación): los neutrinos, cuando avanzan, *siempre* giran en el sentido contrario al que lo haría un tornillo ordinario. Son, con gran diferencia, las partículas que tienen masa más pequeña y, además, las únicas que tienen un solo tipo de interacción, la débil. Debido a esta última propiedad, los neutrinos han planteado difíciles retos experimentales en lo que respecta a su detección e identificación, obligando a los físicos a la realización de impresionantes *tours de force*.

Por ejemplo, sólo en los últimos tres o cuatro años hemos podido obtener evidencia (aún incompleta) de que los neutrinos pueden tener masa. Y ello con ayuda de neutrinos provinientes de fuera de la tierra; todavía no hemos podido verificar esta propiedad con neutrinos producidos en el laboratorio, aunque alguno de los varios experimentos planeados muy probablemente podrán estudiar esta importante cuestión.

Pero también, precisamente por su escasa interacción, los neutrinos han servido, y sin duda servirán en el futuro, para realizar estudios que, con otras partículas, hubieran sido imposibles. Por citar ejemplos cosmológicos, los neutrinos proporcionan información del centro del sol, o del corazón de la explosión de una supernova.

Todas estas razones, y alguna otra que se irá viendo más adelante, justifican, en nuestra opinión, dedicar un capítulo específicamente para los neutrinos.

§12.1. Neutrinos en desintegraciones radiactivas

Como acabamos de comentar, los neutrinos son elusivos; únicamente participan en las interacciones débiles, por lo que durante bastante tiempo sólo hubo evidencia indirecta de su existencia. Esta primera evidencia vino a través de la desintegración beta, por la que algunas substancias emitían misteriosos rayos conocidos como alfa (α), beta (β) y gamma (γ). Para estudiar su naturaleza se colocaron campos magnéticos de intensidad variable, lo que mostró que los rayos beta se desviaban mucho, los alfa poco y los gamma nada. Esto permitió

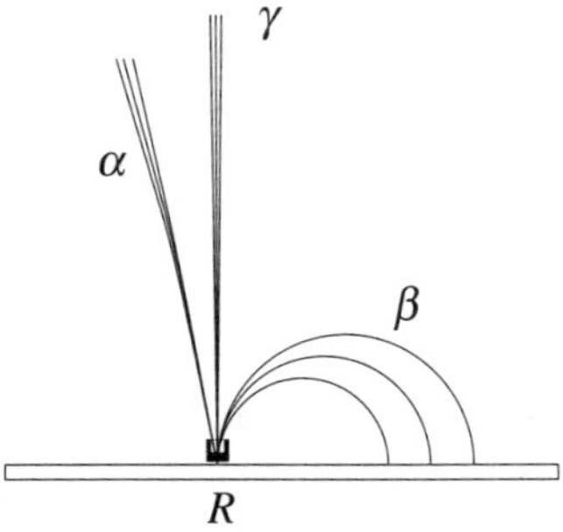

FIGURA 27. Efecto del campo magnético sobre las radiaciones α y β, lo que permite identificar sus constituyentes y medir sus energías. (Según dibujo de Chadwick, 1921)

identificar los β como electrones, los α como núcleos de helio y los γ como fotones de gran energía (fig. 27).

Pero del estudio de esta reacción se seguía una propiedad desconcertante: la energía del estado inicial era superior a la de los productos de la desintegración. Esta paradoja era un desastre; aparentemente, ponía en cuestión la ley de conservación de la energía, uno de los pilares sobre los que se asienta todo el edificio de la física. Durante un cierto tiempo pareció incluso que hubiese que abandonar esta ley; pero en 1930, en una famosa carta que el físico alemán Wolfgang Pauli dirigió el 4 de diciembre al congreso de radiactividad celebrado en Tubinga, éste dio cuenta de que el principio de conservación de la energía (y otros problemas relacionados con la estadística) podía salvarse si se suponía que, junto con el electrón, el producto de la desintegración contenía una partícula de masa muy pequeña o nula, eléctricamente neutra y que sólo interaccionase débilmente:

> *"Liebe Radioaktive Damen und Herren!*
> *Wie der Überbringer diese Zeilen, der ich hundvollst anzuhören bitte, Ihnen der näheren auseniandersetzen wird, bin ich angesichts der 'falschen' Statistik ... und der Energiesatz zu retten. Nähmlich die Möglichkeit, es könnten elektrischen neutrale Teilchen ... in der Kernen existieren ... daß beim β-Zerfall mit den Elektronen jewells noch ein Neutron emitieren wird",* etc.

("Queridos señoras y señores radiactivos,
como les explicará de una manera más precisa el portador de estas líneas, al que pido escuchen atentamente, he considerado [como arreglar] el problema de la 'falsa' estadística ... y el problema [del fallo del teorema] de la conservación de la energía ... A saber, la posibilidad de que puedan existir en los núcleos

partículas eléctricamente neutras ... [de manera que] en la desintegración β se emita, junto con el electrón, un tal neutrón").

Pauli llama a esta partícula *neutrón*; recuérdese que el verdadero neutrón lo descubrió Chadwick dos años después de la carta de Pauli. Nótese también que Pauli supone que el neutrino, y el electrón, preexisten en el núcleo (*in der Kernen existieren*). Fue Fermi, dos años después, el que aplicó las ideas de la relatividad cuántica para afirmar, correctamente, que tanto el neutrino como el electrón se *crean* en el acto de la desintegración beta, utilizando la energía debida a la diferencia de masas entre el neutrón y el protón, según el esquema

$$n \to p + e + \bar{\nu},$$

(a nivel más fundamental, podríamos reexpresar esto en términos de quarks, $d \to u + e + \bar{\nu}$ como ya hemos mencionado en el capítulo precedente). Que el electrón y el neutrino no "preexisten" se demostró experimentalmente al observar la desintegración beta de neutrones aislados, en el proceso que acabamos de mencionar, $n \to p + e + \bar{\nu}$.

También fue Fermi[89] quien dio a esta nueva partícula el nombre de *neutrino* con el que se la conoce en la actualidad, en el mismo artículo en el que propuso su famosa teoría de las interacciones débiles:

> *"Una possibilità qualitativa di spiegare i fatti senza dovere abbandonare il prinzipio di conservazione dell'energia consiste, secondo Pauli, nell'ammettere l'esistenza del cosí detto 'neutrino', cioè di un corpuscolo elettricamente neutro con masa dell'ordine di grandezza di quella dell'elettrone o minore."*

Pauli dudaba de que tal partícula, muy ligera, sin carga eléctrica y con sólo interacciones débiles, pudiera ser detectada experimentalmente: en la misma carta citada, Pauli manifiesta que no se atreve a publicar sus ideas y solicita que le indiquen cómo se podría obtener una demostración experimental de la existencia de tal "neutrón":

> *"Ich traue mich vorläufig aber nicht, etwas über diese Idee zu publizieren un wende mich erst vertrauensvoll an Euch, liebe Radioaktive, mit der Frage, wie es um den experimentellen Nachweis eines solche Neutron stande."*

Para la pequeña historia añadamos que, al final de la celebrada carta, Pauli explica por qué no podía ir al congreso de Tubinga: el 6 de diciembre

[89] E. Fermi, "Tentativo di una teoria dell'emissioni dei raggi beta", *Ricerca Scientifica*, **4**, 491 (1933).

tenía que asistir a un baile en Zurich. Pauli, además de ser un gran físico, tenía mucho de *bon vivant*.

Efectivamente, la detección de neutrinos no fue sencilla, aunque con el tiempo ha sido factible realizarla cada vez con mayor facilidad. Primero en unos difíciles experimentos llevados a cabo en 1956 por Reines y Cowan, y luego de manera casi rutinaria, los neutrinos no sólo se detectan, sino que hemos llegado a poderlos utilizar como proyectiles para con ellos (aprovechando precisamente la debilidad de su interacción) penetrar en el interior de otras partículas. La detección directa del primer neutrino fue anunciada por Reines en un simposium en el CERN, en 1956. Reines y Cowan utilizaron el enorme flujo de neutrinos producidos por un reactor nuclear, como subproducto de la fisión.

Pero esta es una historia bastante más reciente. La intensidad de las interacciones débiles es proporcional al cuadrado de la energía, para energías pequeñas comparadas con las de las partículas intermediadoras. Por lo tanto, la probabilidad de que neutrinos de poca energía interaccionen, y por tanto de observarlos, es muy pequeña. Por ejemplo, los neutrinos producidos en las desintegraciones beta, con energías de unos pocos MeV (frente a los casi cien GeV que corresponden a las masas de las partículas W y Z) apenas interaccionan con todo el planeta tierra. De manera que ha sido necesario o utilizar fuentes muy prolíficas en neutrinos acopladas con detectores gigantescos, y armarse de paciencia (para neutrinos poco energéticos), o producir neutrinos de al menos unos GeV para que sus interacciones sean observables con suficiente detalle.

§12.2. El "puzzle" de los dos neutrinos. Un tercer neutrino

Una buena parte de los descubrimientos en física comienzan por una paradoja que aparece cuando el progreso tecnológico permite explorar, con mayor detalle y precisión de lo hasta entonces posible, un fenómeno tal vez conocido imperfectamente con anterioridad. Así fue el descubrimiento de la existencia de *dos* tipos de neutrino, denotados por los símbolos ν_e y ν_μ, y conocidos con los nombres de "neutrino electrónico" y "neutrino muónico" por acompañar siempre el primero al electrón y el segundo al muón. Aparte de esto, y muy probablemente de una pequeña diferencia de masas (en todo caso minúsculas) que discutiremos más adelante, ν_e y ν_μ parecen tener propiedades idénticas.

La paradoja que llevó al descubrimiento de que hay dos tipos de neutrinos apareció al estudiar los *muones*. Estas partículas fueron descubiertas en rayos cósmicos, en 1937. Los muones, sin embargo, no proceden del espacio exterior (rayos cósmicos *primarios*), sino que se producen en las interacciones de los rayos cósmicos primarios con la atmósfera (rayos cósmicos *secundarios*). Esto se puso de manifiesto a partir de 1947 cuando se descubrieron, también en los rayos cósmicos, los piones.

El mecanismo de producción de muones resulta ser el siguiente. Llega a la atmósfera terrestre un protón cósmico de gran energía, el cual choca con uno de los núcleos de los átomos del aire. En este choque (interacción fuerte) se producen piones, que pueden ser de tres variedades, denotadas por los símbolos π^+, π^-, π^0; los índices se refieren a su carga eléctrica.

Pero los piones no son estables; los tres tipos de pión se desintegran. Así, los π^- se desintegran muy rápidamente produciendo muones (μ^-), los π^+ se desintegran en antimuones (μ^+) y los π^0 lo hacen en fotones. Finalmente, el muón y los antimuones también acaban por desintegrarse, emitiendo electrones y positrones; el mecanismo detallado lo veremos después. A este proceso se le conoce, por motivos obvios, como "cascada de desintegraciones".

Como hemos mencionado antes, el problema de los rayos cósmicos es que son erráticos; y además hay pocos con la energía suficiente como para que el muón producido en la cascada pueda ser identificado, y no digamos estudiado. Pero en los años cincuenta se construyeron grandes aceleradores de protones, capaces de proporcionarles las energías necesarias para producir, al chocar estos protones con un blanco, cascadas como las de los rayos cósmicos.

De esta manera se contó pronto con gran cantidad de muones y se pudo estudiar su desintegración. Denotando al muón con el símbolo μ^-, lo que se detectaba era el proceso

$$\mu^- \to e^- + X.$$

De la naturaleza de X sólo se sabía que contenía dos partículas (esto por consideraciones cinemáticas) y que estas partículas interaccionaban muy débilmente, ya que no dejaban trazas en ningún detector. No requirió un gran esfuerzo de imaginación el identificarlas con los mismos neutrinos que se producían en la desintegración beta. Podíamos pues reescribir el proceso de desintegración del muón como

$$\mu^- \to e^- + \nu + \bar{\nu}; \tag{1}$$

por argumentos teóricos muy generales[90] se sabía que uno de los neutrinos tenía que ser, realmente, un *anti*-neutrino, $\bar{\nu}$.

Y aquí aparece la paradoja. Si el proceso descrito en (1) es posible, entonces también puede ocurrir que neutrino y antineutrino se aniquilen en

[90] La verificación experimental de que los neutrinos son diferentes de los antineutrinos se debe a R. Davis y D. S. Harmer, *Bull. Amer. Phys. Soc.*, **4**, 217 (1959).

energía (fotones) y entonces, de cuando en cuando, deberíamos detectar la desintegración

$$\mu^- \to e^- + \nu + \bar{\nu} \to e^- + \gamma.$$

Este modo de desintegración no ha sido jamás visto; en la actualidad hay una cota sobre la probabilidad de que ocurra, que debe ser inferior a una billonésima.

Una posible explicación a esta paradoja, como se comprobó *a posteriori* la correcta, consiste en suponer que el neutrino y el antineutrino que se producen en la desintegración del muón son *distintos*. En efecto, una partícula y su antipartícula pueden aniquilarse en energía; pero una partícula *no* se puede aniquilar con la antipartícula de otra. Introducimos pues dos neutrinos distintos a los que denotamos, por motivos que serán obvios después, como ν_μ y ν_e y, tentativamente, reinterpretamos (1) como

$$\mu^- \to e^- + \nu_\mu + \bar{\nu}_e. \tag{2}$$

Esta interpretación, mas la hipótesis de que ν_e siempre acompaña al electrón, y ν_μ siempre al muón, tenía además la virtud de explicar los dos tipos de desintegraciones posibles de los piones, que identificamos como

$$\pi^- \to \mu^- + \bar{\nu}_\mu \text{ (casi siempre)}; \qquad \pi^- \to e^- + \bar{\nu}_e \text{ (un vez cada diez mil)}.$$

Es decir: el pión π^+ se desintegra casi siempre emitiendo un muón; sólo una vez de cada diezmil lo hace produciendo un electrón, en lugar del muón.

Pero tal interpretación no es única. Una prueba incontrovertible de que es la correcta sólo se encontraría detectando el proceso inverso, es decir, lanzando (por ejemplo) neutrinos *muónicos* contra un blanco nuclear y comprobando que *sólo* producían muones. Si denotamos por $\mathcal{N}$, $\mathcal{N}^*$ al núcleo antes y después del choque, tenemos que comprobar que se produce la reacción

$$\nu_\mu + \mathcal{N} \to \mu^- + \mathcal{N}^*$$

pero *nunca*

$$\nu_\mu + \mathcal{N} \to e^- + \mathcal{N}^*.$$

Esto se dice pronto; las dificultades prácticas de realizar tal experimento son enormes.

Consideremos, en efecto, el experimento con el que, finalmente, se demostró la existencia de dos neutrinos, y que el muónico sólo produce muones. Para empezar, necesitamos una gran energía, como veremos después de al menos 7 GeV de energía útil (en el *centro de masas*); lo que implica un acelerador de protones capaz de darles, como mínimo, una energía de 30 GeV. Y de estos sólo había dos en el mundo, el sincrotrón de protones (PS) del CERN

(Ginebra) y el del laboratorio de Brookhaven. Que fueron, por supuesto, los que lo intentaron.

La razón de requerir unos 7 GeV de energía útil es que a estos protones se les hace chocar con un blanco, produciéndose, como en el caso de los rayos cósmicos al chocar con los núcleos de la atmósfera, gran cantidad de piones, entre los cuales digamos (para fijar ideas) piones de tipo π^-. De los 7 GeV iniciales el pión, como mucho, se lleva algo menos de una tercera parte, unos 2 GeV. *Si la hipótesis de los dos neutrinos es correcta*, el π^- se desintegrará prácticamente siempre produciendo un (anti-)neutrino muónico, según el esquema que ya comentamos:

$$\pi^- \to \mu^- + \bar{\nu}_\mu.$$

Ya tenemos nuestro haz de neutrinos muónicos, con energía de alrededor de 1 GeV: el muón se nos llevó la mitad de la energía del pión. Ahora tenemos que evitar contaminaciones puesto que en el choque del protón se producen muchísimas otras partículas, además de los piones π^-. Esto es relativamente sencillo aprovechando, precisamente, que los neutrinos son las únicas partículas que *sólo* interaccionan débilmente. Basta rodear la zona próxima al blanco con varias toneladas de aislante (en el CERN se utilizaron blindajes de desecho del ejército suizo) que únicamente los neutrinos podrán atravesar. Finalmente, colocamos un detector (una cámara de burbujas, por ejemplo) para identificar los poquititos neutrinos que se dignen interaccionar allí produciendo, si esta hipótesis de los dos neutrinos es correcta, sólo muones. Para lo que tenemos la energía bastante justa.

La eficiencia del experimento es de hecho todavía menor de lo que esto podría hacernos pensar. En efecto, no basta con producir muones en la cámara de burbujas; hay que ser capaces de identificarlos. Lo que implica que se hayan producido en la región del centro de la cámara para seguir la traza del muón, y saber que, precisamente, es esta partícula la que hemos producido y, además, poder afirmar que *no* se han producido electrones. Estas limitaciones implican una señal muy débil: sólo se pueden identificar unos pocos muones por mes. Si queremos que la muestra sea significativa, tenemos por tanto que continuar el experimento durante varios meses; del orden de ocho o nueve.

Como hemos dicho, sólo en el CERN y en Brookhaven existían aceleradores con la energía suficiente para realizar el experimento; y en efecto, en 1961-1962 se estableció una fuerte competencia entre ambos laboratorios para completarlo. El grupo americano tenía ventaja en la utilización de detectores electrónicos (cámara de chispas) pero el europeo era superior porque contaba

FIGURA 28. El focalizador conocido como "cuerno de neutrinos" (*neutrino horn*), diseñado por van der Meer para el experimento de neutrinos del CERN de 1963. (CERN photo).

con un procedimiento para focalizar los neutrinos. La importancia de este artilugio era enorme porque permitía concentrar las partículas en la región donde se las podía detectar. A este ingenio se le conocía como "cuerno de neutrinos" o "cuerno de van der Meer", por la forma del aparato (fig. 28) y por el nombre del físico que lo diseñó.[91] Gracias al cuerno de neutrinos, las fuerzas estaban igualadas, pero con ligera ventaja de los europeos.

Sin embargo, el grupo del laboratorio europeo perdió una batalla que tenía ganada al repartir el tiempo de utilización del acelerador entre el experimento del neutrino y otros proyectos. Esta pérdida de eficiencia fue la que permitió al equipo americano dirigido por L. Lederman, M. Schwartz y J. Steinberger llevarse la gloria y el correspondiente premio Nobel al establecer, de forma definitiva, que el neutrino que acompaña al electrón es distinto del que se produce con muones.

Es fácil criticar hoy la elección de los responsables científicos del CERN de la época. Probablemente en su decisión intervinieron cuestiones de política;

[91] El holandés van der Meer fue una de las personas claves en garantizar la *performance* de los aceleradores del CERN. Ya hemos contado su esencial contribución a la detección de partículas W y Z, y la lista no acaba aquí.

el CERN es un laboratorio multinacional y había que contentar a más de un grupo. Pero también es cierto que había otros problemas que en aquella época parecían a bastantes físicos igual de prioritarios que verificar la hipótesis de los dos neutrinos; por ejemplo, investigar la estructura de las interacciones fuertes. La importancia fundamental del trabajo de Lederman, Schwartz y Steinberger sólo apareció (como tantas veces ocurre) al ir pasando los años, e irse comprobando de forma cada vez más clara la misteriosa estructura en familias de las partículas, para lo que el experimento del neutrino puso la primera piedra. De hecho, el comité Nobel sólo concedió el premio a Lederman, Schwartz y Steinberger en 1988.

Y por otra parte también es cierto que los americanos formaban un *dream team* de una valía extraordinaria. Leon (Leo) Lederman es uno de los físicos experimentales de mayor calibre de la segunda mitad del siglo XX, y ha sido uno de los pilares del laboratorio americano de Fermilab. Además de descubrir la existencia de dos tipos de neutrinos identificó la partícula conocida como *upsilon* (Υ) compuesta de un antiquark b y de un quark b, y fue por tanto el descubridor del quark b, en 1977.

El descubrimiento (real) de la partícula Υ fue presentado en un congreso en Budapest. Lederman, con un notable sentido del humor, cuenta que escogió el nombre de upsilon porque se parece a *"oops, Leon"*, expresión que puede traducise por "te colaste, León". En efecto, ya en 1976 Lederman había creído (equivocadamente) descubrir esta partícula.

Jack Steinberger[92] trabajó en Estados Unidos hasta que se trasladó al CERN en los años setenta. Es proverbial su fiabilidad, y entre los físicos de partículas cualquier experimento en que haya participado tiene un plus de credibilidad. En los años setenta demostró que un efecto en colisiones de neutrinos que el grupo de Cline, Mann y Rubbia creía ver (conocido como la anomalía a gran y) era inexistente. Otro caso sonado fue cuando, también en experimentos de colisiones de neutrinos a muy gran energía, su determinación de la intensidad de las interacciones estaba en conflicto con la encontrada en BEBC (*"Big European Bubble Chamber"*, "Gran cámara de burbujas europea"). Al reanalizar sus datos los físicos de BEBC reconocieron que tenían un sesgo debido a interpretar incorrectamente su flujo de kaones.

---

[92] Jack Steinberger es una persona con muchos intereses, además de la física. Cuando era más joven le encantaba esquiar y navegar. Yo le he escuchado alguna vez interpretar sonatas para flauta y piano, acompañado en este instrumento por Eduardo de Rafael. Además de sus otros intereses científicos, o lúdicos, Steinberger ha sido siempre una persona involucrada en cuestiones pacifistas, en especial las relacionadas con los peligros del armamento nuclear.

Finalmente, las determinaciones del parámetro ϵ'/ϵ (que interviene en violación combinada de conjugación de carga y paridad; ver el capítulo 13) realizadas por el grupo de Steinberger en el CERN fueron cuestionadas por resultados obtenidos en Fermilab (EE UU). Durante un cierto tiempo la comunidad estuvo en dudas: en principio el experimento de los americanos era mucho más preciso, pero el prestigio de Steinberger pesaba mucho. Finalmente se repitió el experimento en Estados Unidos, con muchísima más estadística y precisión. Para satisfacción de muchos físicos europeos, un poco hartos de la prepotencia de que hicieron gala los del otro lado del charco, los resultados cayeron casi exactamente sobre los encontrados diez años antes por el grupo de Steinberger.

Como tercer miembro del *dream team* tenemos a Mel Schwartz, a quien se debe la idea básica del experimento, incluyendo métodos electrónicos de detección, considerado por algunos como el más brillante de los tres. (Pero Schwartz abandonó la física por la empresa privada (*Digital Pathways*), donde trabaja en la actualidad).

Entre 1975 y 1976 se comprobó, por el grupo de Perl, y por los experimentos en DESY, que existe una tercera clase de neutrinos, los que acompañan a las partículas tau; aunque ahora el experimento fue mucho menos traumático. Tanto los métodos de detección como (sobre todo) la teoría habían progresado sustancialmente, y de hecho, la comunidad científica se convenció muy pronto de la realidad de este tercer tipo de neutrino. Sin embargo, la evidencia *directa*, es decir, la comprobación de que los neutrinos de tipo *tau* sólo producen partículas tau es muy reciente, y se debe al experimento conocido como "Donut beam dump", en el Tevatrón de Fermilab, que consiguió evidencia experimental de este hecho en el año 2000.

A la vista de todo esto podemos preguntarnos si habrá más neutrinos aparte de los que hemos descubierto. La respuesta depende, por supuesto, de cómo definamos lo que es un neutrino. Si lo definimos como partícula de masa pequeña comparada con la de la partícula Z, es decir, como mucho de una o dos docenas de veces la del protón; y con propiedades similares a las de los neutrinos que conocemos, entonces la respuesta es *no*. Tanto por argumentos cosmológicos como por el estudio de las desintegraciones de la partícula Z sabemos que hay, exactamente, los tres neutrinos que ya hemos identificado. Pero es posible que haya neutrinos muy pesados, y también es muy probable que existan neutrinos de tipo *dextro*, prácticamente indetectables por no tener n interacciones débiles. Ambas posibilidades las discutiremos en la sección 15.2.

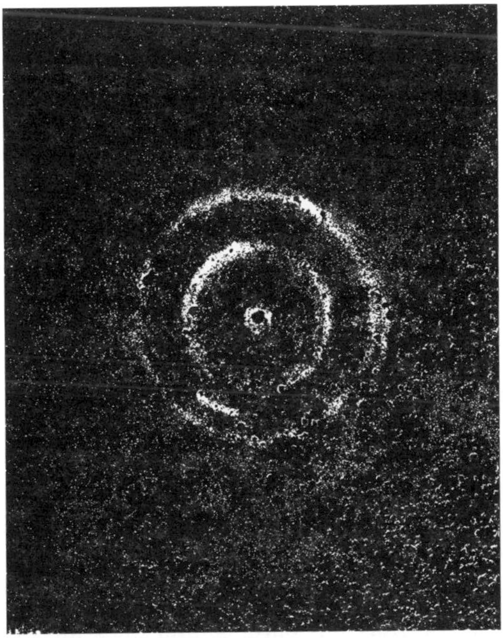

FIGURA 29. Los anillos de materia incandescente lanzados por la supernova de 1987, fotografiados por el telescopio Hubble.

§12.3. Neutrinos extraterrestres

Hemos comentado antes que para poder detectar neutrinos es necesario que estos sean muy energéticos o contar con detectores masivos. Los modernos detectores de neutrinos son en efecto aparatos gigantescos, de muchas toneladas de peso, y son sensibles a los neutrinos generados en los procesos nucleares que se llevan a cabo en el sol, y que proporcionan su energía: e incluso, cuando en 1987 se produjo la explosión de una supernova en una de las nubes de Magallanes (galaxias situadas en la vecindad de nuestra Via Láctea, pero aun así a ciento setenta mil años luz de nosotros), algunos detectores pudieron identificar el paso de los neutrinos producidos en la colosal detonación.

El problema de la detección de neutrinos solares *no* se debe a escasez de estos. El sol emite unos 10^{38} neutrinos por segundo, de los que en la tierra se reciben unos diez billones (10^{13}) de neutrinos por metro cuadrado y por segundo. Ciertamente una enorme cantidad, pero difícilmente detectable. En efecto, la gran mayoría de estos neutrinos se generan por fusión del hidrógeno en helio, y tienen muy poca energía, siendo, por tanto, inobservables: hay que tener en cuenta que la probabilidad de interacción de neutrinos de baja energía tiende hacia cero cuando la energía es muy pequeña. Es necesario pues buscar reacciones secundarias que proporcionen neutrinos más energéticos y, además, amplificar las posibilidades de detección.

De esta manera, la historia de los experimentos con neutrinos solares empezó desde dos direcciones completamente distintas.[93] En 1958 ocurrió el descubrimiento experimental de Holmgren y Johnston de que la producción del isótopo berilio-7 en la fusión de helio-3 y helio-4 era unas mil veces más frecuente de lo que se creía con anterioridad. Esto llevó a W. Fowler y A. Cameron a sugerir que estos procesos, posibles en el interior del sol, debían producir enormes cantidades de neutrinos en la posterior desintegración del boro-8, producido a su vez de la fusión del boro-7 con protones. El interés de esta subreacción es que los correspondientes neutrinos son muy energéticos, en comparación con los debidos a fusión ordinaria y, por tanto, podían producir más interacciones: se tenía pues una importante fuente de neutrinos solares potencialmente detectables.

La segunda dirección desde la que llegaron informaciones que hicieron el experimento factible fue la observación, hecha por John Bahcall en 1963, de que la probabilidad de absorción de neutrinos por el cloro es particularmente grande, gracias a un efecto de resonancia. Los neutrinos absorbidos convertían al cloro en argon radiactivo, de forma muy eficiente. Había pues mecanismos de producción y posible detección de neutrinos en cantidades que hacían el experimento factible. El interés astrofísico de esta detección sería enorme: ya que los neutrinos apenas interaccionan en su trayecto en el interior del sol, su observación proporcionaría información directa sobre el corazón solar: podemos calificar a los detectores de neutrinos cósmicos como *telescopios de neutrinos*.

En 1964 se realizó la propuesta formal de construir un detector con casi medio millón de kilos de un compuesto de cloro (*percloretileno*), que sería capaz de registrar las señales de estos neutrinos solares. Después de varias peripecias, y con la ayuda del Laboratorio Nacional de Brookhaven, en Estados Unidos, un pequeño equipo formado por Raymond Davis, Don Harmer y John Galvin diseñó y construyó el experimento en la mina de oro Homestead, en Dakota del Sur, en 1965. La razón de utilizar una mina (como en el experimento de Davis) o el interior de un túnel, como en otros experimentos, es que en tales lugares se está blindado contra los rayos cósmicos que, de lo contrario, producirían un

---

[93] Seguimos aquí el excelente artículo que John Bahcall y Raymond Davis, dos de los pioneros en estudios de neutrinos de origen extraterrestre, publicaron recientemente en el *CERN Courier*, julio-agosto 2000, p. 17.

FIGURA 30. Davis y Bahcall, con el recipiente utilizado en el experimento de Davis.

gran ruido de fondo, imposibilitando la detección de algo tan sutil como las interacciones de los neutrinos.

Se rellenó el depósito con el medio millón de litros de percloretileno (fig. 30); cada varios meses se ciclaba el material por detectores de radiactividad, esperándose detectar algún átomo de argon radiactivo, y por tanto el rastro de la interacción de algún neutrino, una o dos veces al año.

Pero durante mucho tiempo el experimento, conocido como *experimento de Davis* (que era quien lo lideraba), funcionó sin éxito aparente. Las señales de neutrinos tardaron en llegar y, cuando llegaron (a partir de 1968), resultaron mucho menos frecuentes de lo que se esperaba: al menos un factor dos, tal vez un factor tres. Sin embargo, el detector de Davis era tan difícil de controlar que la comunidad científica no prestó demasiada atención al hecho y durante casi veinte años Davis prosiguió, prácticamente ignorado, sus experimentos, a cuyos resultados la comunidad se refería ocasionalmente como *el problema de los neutrinos solares.*

Sin embargo, a finales de la década de los ochenta, y a lo largo de los noventa, y ayudados los investigadores por la experiencia adquirida en los intentos de detectar la desintegración del protón, se han llevado a cabo otros experimentos utilizando materiales distintos del de Davis, y con sensitivida a neutrinos producidos en reacciones solares distintas de las consideradas po él. Particularmente interesantes son los experimentos utilizando galio, sen sible a neutrinos solares procedentes de procesos menos alambicados que l cadena helio-3 – helio-4 – boro-7 – boro-8, y por lo tanto menos dependiente de detalles de modelos astrofísicos del interior del sol.[94] Los resultados de esto experimentos confirmaron los hallazgos del original de Davis.

También fueron muy importantes los experimentos reconvertidos de inten tos de detectar la desintegración del protón, en especial el de Kamiokande en una mina en las montañas del Japón (dirigidos por Masatoshi Koshiba y Yoj Totsika), que estuvieron entre los que observaron los neutrinos de la supernov en 1987. El nombre de *Kamiokande* deriva del lugar donde está localizado e experimento, *Kamioka*, y de las iniciales de *nucleon decay experiment*: como di jimos, los experimentos comenzaron con intentos de encontrar desintegracione de protones o neutrones (ligados), conocidos colectivamennte como *nucleones*

A partir de 1996, el detector se reemplazó por uno mucho más grande conocido como Superkamiokande (ver ilustración en páginas centrales), en qu la posibilidad de detectar neutrinos de origen extraterrestre se tuvo en cuent desde el principio. En la actualidad se planean también detectores de neu trinos procedentes de rayos cósmicos ultraenergéticos en lugares tan exótico como el polo sur (AMANDA), las profundidades del Mediterráneo (ANTARES NESTOR) e incluso en el espacio.

Aunque los experimentos son muy duros, ya que después de grandes es fuerzos sólamente se recogen unos pocos sucesos en varios años, la conclusión parece confirmarse: se detectan algo menos de la mitad de los neutrinos qu el sol emite. Lo que es más, los experimentos con rayos cósmicos parecen in dicar que también el número de interacciones de neutrinos procedentes de est fuente[95] decrece, cuando los neutrinos tienen que viajar un largo recorrido ante de llegar al detector.

Esto lo podemos saber porque en los más modernos experimentos (en particular en los realizados en Kamioka) es posible inferir la *dirección* desde l que llegan los neutrinos. Es por tanto posible diferenciar entre los neutrino

[94] Citamos entre estos la colaboración germano-franco-italo-israelí-americana cono cida como GALLEX, y la rusa SAGE.

[95] Estos neutrinos no son, estrictamente hablando, extraterrestres; aunque los rayo cósmicos que los producen *sí* proceden del espacio exterior, los neutrinos propia mente dichos son generados por las interacciones de los rayos cósmicos primarios en la atmósfera.

producidos en la atmósfera por rayos cósmicos directamente encima del detector, y aquellos neutrinos que llegan después de atravesar la tierra, habiendo sido producidos en los antípodas. El sorprendente resultado que se encuentra es que el número de neutrinos procedentes de los antípodas que se detectan es bastante inferior a los neutrinos detectados procedentes de encima del detector: aparentemente, desde los antípodas al detector desaparece casi la mitad de los neutrinos.

No podemos, con seguridad, dar una razón para estos curiosos comportamientos de los neutrinos. Cuando viajan una pequeña distancia entre la fuente que los produce y el detector, como es el caso con los generados en reactores nucleares, en la atmósfera inmediatamente encima del detector, o en aceleradores, sus señales son exactamente lo que se espera teóricamente. Pero cuando media una gran distancia entre fuente y detector parece que los neutrinos se perdiesen por el camino.

Se han propuesto docenas de explicaciones para este fenómeno. La más sencilla, sugerida ya en 1968 por Vladimir Gribov y Bruno Pontecorvo, es suponer que los neutrinos tienen una muy pequeña masa (tal vez generada por el mecanismo de Higgs), con lo cual podrían desintegrarse, o tal vez oscilar, entre los tres posibles tipos de neutrino. Así, el neutrino electrónico (que es el que producen las reacciones solares) podría desintegrarse, o transmutarse, en neutrinos tipo *mu* o *tau*, que los aparatos utilizados por Davis y los demás experimentos no son capaces de detectar.

Esto es un problema abierto; no cabe duda de que, dada la lentitud que, por su propia naturaleza, tiene el desarrollo de los experimentos, esta cuestión será una de las que tendrán ocupados tanto a teóricos como experimentadores durante mucho tiempo. Sobre todo porque la comunidad científica sólo quedará plenamente convencida cuando se detecte *aparición* de neutrinos. Es decir, cuando se observe que los neutrinos de tipo electrónico, producidos por una fuente tal como un reactor nuclear, se convierten en neutrinos de tipo *mu* o *tau*, que producen una de estas partículas. Porque lo cierto es que, hasta ahora, sólo se han identificado *desapariciones* de neutrinos.

§12.4. Las masas de los neutrinos

El lector con buena memoria recordará que, cuando en la sección 12.1 comentamos la formulación por Fermi del primer *"tentativo di una teoria dell'emissioni dei raggi beta"*, se refería éste al neutrino como *"un corpuscolo elettricamente neutro con massa dell'ordine di grandezza di quella dell'elettrone o minore"*. Fue el propio Fermi el que sugirió el método con el que, todavía hoy, se obtiene la mejor cota superior sobre la masa del neutrino electrónico: la medida del espectro de energías de los rayos beta (electrones) en la desintegración del tritio.

En efecto, es muy difícil observar a los neutrinos directamente y por tanto las mejores estimaciones de sus masas son siempre indirectas.

El tritio, un isótopo del hidrógeno (símbolo T), se desintegra en un isótopo del helio, el helio-3 (símbolo ^3He) emitiendo un electrón y un (anti-)neutrino electrónico:

$$T \to^3 He + e^- + \bar{\nu}_\mathrm{e}.$$

Si medimos la diferencia de masas entre el tritio y el helio-3, muy bien conocidas, y la energía máxima que se lleva el electrón, entonces podemos utilizar la conservación de la energía para obtener una cota para la masa del neutrino. La razón de que este experimento proporcione la mejor cota es que el tritio apenas tiene masa para desintegrarse, y además su vida media es suficientemente larga como para poder hacer medidas de precisión.

Fermi no llevó a cabo el experimento, pero este se ha realizado por otros grupos, incluso muy recientemente. Gracias a ellos se sabe que $m(\nu_\mathrm{e})c^2 \leq$ 15 eV; esto es, como mucho el neutrino electrónico tiene una masa de treinta millonésimas de la del electrón.

Las masas de los otros dos neutrinos son mucho peor conocidas; no existe para ellos un proceso que permita fijarlas con tanta precisión como la del neutrino electrónico. Tenemos que la masa del neutrino muónico es menor que un tercio de la del electrón,

$$m(\nu_\mu)c^2 \leq 0,17 \text{ MeV},$$

y la del neutrino tau podría, como máximo, ser cincuenta veces la del electrón

$$m(\nu_\tau)c^2 \leq 24 \text{ MeV}.$$

Estos límites nos dan valores *máximos* posibles para las masas de los neutrinos. Pero, ¿qué hay de valores *mínimos*? ¿Podrían las masas de los neutrinos ser cero? En el modelo de Glashow–Weinberg–Salam de las interacciones débiles la masa de todos los neutrinos es estrictamente cero; pero no es difícil modificarlo, añadiendo una pequeña interacción del campo de Higgs con los neutrinos[96] para obtener una teoría con cualquier valor que se nos ocurra para las masas de los neutrinos (dentro, por supuesto, de los límites experimentales conocidos) e idéntica con la de Glashow–Weinberg–Salam a todos los demás respectos.

Nos encontramos, por tanto, sin guía teórica para los valores de las masas de los neutrinos, y tendremos que esperar a que los experimentos nos iluminen.

[96] Hace falta además introducir unos nuevos estados de los neutrinos, los neutrinos *dextro*, extraordinariamente difíciles de observar experimentalmente ya que sólo interaccionarían con la partícula de Higgs.

Estos experimentos pueden ser de dos tipos: como los ya mencionados, de observación (mejor dicho, de *no observación*) de neutrinos extraterrestres, y, con más precisión, los proyectados tanto en Europa como en los E.E.U.U., de enviar neutrinos producidos en aceleradores a grandes distancias, de trescientos a tres mil kilómetros, que nos podrían proporcionar informaciones con un cierto detalle en los próximos diez o quince años. De momento, nos tenemos que conformar con saber que los experimentos de Kamioka y otros similares nos indican que la diferencia entre los cuadrados de las masas de los neutrinos muónicos y los demás es del orden de un treintavo de GeV cuadrado:

$$m_{\nu_\mu}^2 - m_{\text{otros}\,\nu}^2 \simeq 3 \times 10^{-3}\ \text{GeV}^2/c^4.$$

CAPÍTULO 13.

Simetrías

> *"Puisque ces mystères nous dépasent, feignons de les avoir organisées."*
> JEAN COCTEAU

La cuestión de las simetrías es una de las que han permeado la ciencia en el siglo actual, en especial en relación con la física de las partículas elementales; pero no sólo con esta ciencia. La noción de simetría fue importante, por ejemplo, en el descubrimiento de la estructura en doble hélice del ADN. En esta sección vamos a discutir algunas de las apariciones de la noción de simetría en física de altas energías.

Las simetrías en física de partículas pueden ser de muchos tipos. Algunas simetrías, creemos, son *exactas*: tal la conservación de la carga eléctrica o la equivalencia masa inerte-masa pesante (es decir, que la misma masa que nos hace ser atraidos por la tierra es la que nos produce una inercia si queremos echar a correr). Aunque, por supuesto, tal exactitud es sólo teórica: en realidad, lo más que se puede decir es que no hemos encontrado desviaciones dentro de la precisión (en algunos casos extraordinaria) de nuestras medidas. Este escepticismo está justificado porque, en algunos casos (como ocurrió con la invariancia bajo paridad), simetrías que se creían exactas han resultado ser tan sólo aproximadas. Igualmente, algunas simetrías parecen rotas, pero únicamente están ocultas: esto ocurre en la simetría tipo Yang–Mills en las interacciones débiles.

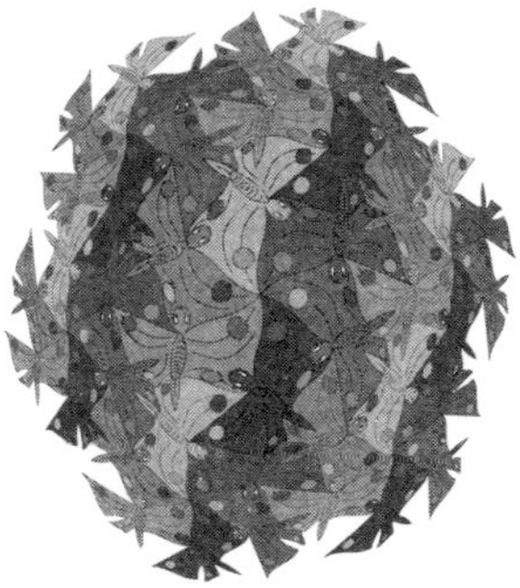

FIGURA 31. Dibujos como los de Escher deben su atractivo a un inteligente uso de la simetría.

Ha habido también simetrías que parecían fundamentales, como el isospín y la llamada *simetría unitaria*, o $SU(3)$, y han resultado ser tan solo accidentales; mientras que tenemos otras (así el "color", en las interacciones fuertes) que, mucho tiempo ocultas, se han revelado a la postre como esenciales.

Pero en cualquier situación las simetrías, hasta las que sólo son aproximadas, sirven para clasificar, ordenar y simplificar. Incluso, cuando no conocemos la dinámica subyacente, si encontramos simetría esta nos sirve para relacionar cantidades observables, lo que, al menos en parte, permite obviar nuestra ignorancia.

De todos estos casos hemos visto y/o veremos ejemplos en lo que sigue.

La simetría relativista. La primera aparición importante de la cuestión de la simetría ocurre ya a finales del siglo XIX, aunque su transcendencia sólo se reconoció en el siglo XX. Está relacionada con la contradicción entre la mecánica de Galileo y Newton y la teoría del electromagnetismo de Maxwell. De hecho, podemos expresar esta contradicción diciendo que las transformaciones de simetría de las ecuaciones de Maxwell no coinciden con las simetrías de la mecánica clásica, lo que las hace incompatibles.

Las transformaciones de simetría de la mecánica clásica (es decir, el conjunto de trasformaciones que dejan invariantes las ecuaciones de Newton: rotaciones y traslaciones del origen de coordenadas, y paso a sistemas de referencia que se muevan con velocidad uniforme, pero considerando el tiempo como absoluto) constituyen un grupo, conocido como grupo de Galileo: este fue quien primero se dio cuenta de que las leyes de la física no cambian si realizamos los experimentos en un laboratorio que se mueva con velocidad uniforme.

Las transformaciones de simetría de las ecuaciones de Maxwell fueron estudiadas por el científico alemán Waldemar Voigt en 1887, bastante antes de que se descubriera la teoría de la relatividad. El trabajo de Voigt no fue apreciado, y las transformaciones de simetría de las ecuaciones de Maxwell, que forman las transformaciones relativistas (hoy, con cierta injusticia, conocidas como transformaciones de Lorentz y Poincaré) fueron redescubiertas, independientemente del trabajo de Voigt, por estos dos autores y por Einstein.

La moraleja de esta historia es que, si en el siglo XIX y principios del XX, se hubiese prestado más atención a las cuestiones de simetrías, la teoría de la relatividad (restringida) se hubiese descubierto bastante antes, como reconoció el propio Lorentz ya en 1907; ver p.ej. el libro de Pais *El señor es sutil ...* , citado en la bibliografía. En efecto, un análisis físico de las transformaciones encontradas por Voigt hubiese demostrado que, para velocidades pequeñas en comparación con la de la luz, se convierten dichas transformaciones en las de

Galileo: proporcionando la solución correcta a la aparente incompatibilidad de electromagnetismo y mecánica.

Paridad, conjugación de carga, inversión temporal. Las transformaciones relativistas (cambios de sistemas de referencia) son transformaciones realizables. Esto es, podemos mirar un fenómeno desde un observatorio que esté en reposo con respecto a él, o que se mueva a una velocidad determinada; y lo mismo ocurre con rotaciones o traslaciones: es, al menos en principio, perfectamente posible girar o trasladar un objeto. Las transformaciones que vamos a discutir ahora no son realizables experimentalmente. Además, no son simetrías exactas en el mundo microscópico, donde sólo se verifican aproximadamente.

Comenzamos considerando la transformación conocida como paridad, o inversión espacial. Es la simetría que nos pasa de la mano derecha a la izquierda, o de un objeto a su imagen en el espejo. Es evidente que no puede realizarse físicamente; por más vueltas que le demos, no es posible superponer la mano derecha sobre la izquierda. Intuitivamente parece que, aunque la transformación no sea posible de realizar, un objeto y su imagen por inversión espacial deberían tener las mismas propiedades; pero no es así. Incluso a nivel macroscópico se sabe que abundan mucho más los seres humanos con el corazón a la izquierda, y los sacáridos "dextro" son muchísimo más comunes que los "levo".

Hasta 1956 se creía que estas asimetrías eran una mera cuestión estadística; tal vez en una galaxia muy, muy lejana, hubiese seres humanos con el corazón a la derecha. Pero en este año T. D. Lee y C. N. Yang se dieron cuenta de que unos problemas de desintegraciónes de partículas elementales (concretamente, de kaones en dos o tres piones) podían resolverse suponiendo que las interacciones débiles violan la invariancia bajo paridad. Además, propusieron verificaciones experimentales de este hecho, verificaciones realizadas en el mismo año de 1956 por el equipo de C. S. Wu.

El descubrimiento de Lee y Yang fue esencial para el estudio de las interacciones débiles. Llevó a escribir la ecuación correcta para los neutrinos, y a encontrar la estructura correcta (vector-axial) de las interacciones débiles, una historia que hemos contado con anterioridad.

La segunda transformación que consideramos es la llamada *conjugación de carga*, o *conjugación partícula-antipartícula*. Consiste en reemplazar cada partícula por su antipartícula. De nuevo parece intuitivamente obvio que esta simetría debería ser respetada en la naturaleza; pero no es así. Al estudiar la violación de la paridad se vio, inmediatamente, que la conjugación partícula-antipartícula también debería de violarse.

También muy pronto Landau y Salam, entre otros, se dieron cuenta de que podían salvarse a la vez paridad y conjugación de carga combinándolas. Por ejemplo: si aplicamos paridad a un neutrino (*levo*), la partícula correspondiente (un neutrino *dextro*[97]) no existe o, si existiera, tendría que tener propiedades muy distintas de las de un neutrino levo, ya que no ha sido observada. Pero si, a la vez, le aplicamos al neutrino *levo* conjugación de carga, obtenemos un resultado perfectamente válido, un antineutrino *dextro*.

Dicho de otra manera, y recordando la discusión de la sección 11.1, esperaríamos que los tornillos de antimateria tuviesen la rosca al revés pero, por lo demás, deberían tener las mismas propiedades que los ordinarios: por ejemplo, no debería causar problemas el atornillarles una rosca, a condición por supuesto de que ésta también estuviese hecha de antimateria.

A pesar de esto, también tenemos aquí una situación asimétrica en la naturaleza. En efecto, no cabe duda de que, en nuestro alrededor, hay mucha más materia que antimateria. ¿Es esto una fluctuación local, y cabe esperar que en otras galaxias predomine la antimateria? ¿Es posible que, en algún rincón alejado del universo, exista un antilector que esté leyendo un antilibro sobre antielectrones, antineutrinos y antiquarks? La evidencia astrofísica que tenemos (y que discutiremos en detalle en próximos capítulos) indica que esto no es así, sino que en todo el universo accesible predomina la materia sobre la antimateria.

La razón de tal asimetría de nuestro universo es uno de los más profundos y fascinantes problemas cosmológicos, y uno de los que han sido más influidos por la física de partículas. Su solución, todavía no aclarada, tiene como requisito necesario la violación de la simetría combinada de la paridad y conjugación de carga. Esta violación fue efectivamente observada en 1964 por Christensen, Cronin, Fitch y Turlay estudiando desintegraciones de partículas extrañas. No existe, hoy por hoy, una teoría completamente aceptada de este fenómeno,[98] aunque los trabajos de Kobayashi y Maskawa ofrecen la *posibilidad* de entenderlo dentro de la teoría estándar de interacciones.

La última simetría de este tipo que discutiremos es la inversión temporal: es decir, el cambio de pasado por futuro. No parece intuitivamente que esta sea una buena simetría; pero lo cierto es que la situación es distinta. En mecánica clásica, en efecto, tenemos perfecta simetría: la diferencia entre evolución de pasado a futuro, o la inversa, resultan ser, simplemente, debidas a

---

[97] Los nombres *levo* y *dextro* se refieren a la dirección del espín del neutrino en relación con la dirección en la que el neutrino se mueve; recuérdese la sección 11.1.

[98] Para expertos, precisamos que nos estamos refiriendo al problema de la violación fuerte de CP, y su conexión con el vacío θ.

la asimetría de las condiciones iniciales. Pero esta invariancia parece ser, en el mundo de las partículas elementales, sólo aproximada. Todos los mecanismos inventados para explicar la ruptura de la invariancia bajo la simetría combinada paridad-conjugación de carga implican violación de la simetría bajo el intercambio pasado-futuro.

Dejamos aquí esta cuestión con el comentario de que su comprensión profunda puede ofrecer importantes claves para el entendimiento de los orígenes del cosmos, y la recomendación del libro de Hawking *Breve historia del tiempo* y los dos artículos de Galindo citados en la bibliografía para más información.

Simetrías internas. Tal vez una de las mayores novedades que la física de partículas ha aportado a la ciencia es el concepto de espacio "interno" y el concomitante de "simetría interna". La posibilidad de que exista un espacio interno, distinto del espacio tridimensional ordinario, fue primeramente sugerida por Werner Heisenberg, en 1932, en conexión con las simetrías de las fuerzas nucleares, al darse cuenta de lo parecido de las propiedades de núcleos con distinto número de protones y neutrones, pero con igual número total de ambos. Heisenberg propuso que las interacciones fuertes fuesen consideradas como invariantes bajo el cambio de neutrones por protones, y viceversa, siendo por tanto estos dos objetos realmente estados de la misma partícula. Esto puede formalizarse al introducir el espacio interno que hoy (después de varios cambios de nombre) se conoce como espacio de isospín.

En esencia, podemos describir la situación como sigue. Imaginémonos el espacio ordinario. Si en él nos giramos 180 grados, está claro que, para un observador, habremos cambiado. Pero está igual de claro que seguimos siendo la misma persona, con las mismas propiedades. De la misma manera, si en el espacio de isospín giramos un protón 180 grados, obtenemos un neutrón: partícula que presenta apariencia distinta, pero las mismas interacciones nucleares.

Es difícil exagerar la importancia que este concepto de "espacio interno" y "simetría intena" ha tenido en la física de partículas. El concepto original de isospín, y su generalización por Gell-Mann y Ne'eman a la llamada simetría SU(3), fueron instrumentales en el estudio de las interacciones de hadrones, tanto débiles como fuertes. Y, aunque hoy sabemos que no tienen carácter fundamental (son debidas, simplemente, a la pequeñez de la diferencia de masas de los quarks ligeros en comparación con la escala de masas hadrónicas), el concepto de isospín ha resultado ser aplicable también a las interacciones débiles: en la teoría de Glashow–Weinberg–Salam, el electrón y el neutrino resultan ser distintos estados de la misma partícula, obtenidos uno de otro por rotación de 180 grados en un espacio interno. Este espacio interno es conocido como "isospín débil" y, este sí, resulta ser de carácter fundamental. Como vimos al discutir las interacciones fuertes, estas también involucran un espacio interno, llamado "espacio de color" (que, recordamos, *no* tiene nada que ver con el *color* ordinario) y cada especie de quark, y cada gluón, pueden presentar varios aspectos al realizar rotaciones en este espacio de color.

No es excesivamente complicado estudiar experimentalmente el espacio interno; por ejemplo, si golpeamos a un electrón con una partícula W^+, lo hacemos girar en el espacio interno, al convertirlo en un neutrino; y, si a un neutrino lo golpeamos con una W^-, lo convertimos en un electrón. El *status* de las simetrías internas no está, sin embargo, del todo claro. En primer lugar, no es fácil compatibilizarlas con algunos aspectos sutiles de otras simetrías (las llamadas *reglas de superselección*, que no discutiremos aquí). Además, en el estado actual de los conocimientos sobre el mundo microscópico, tenemos que suponer que los espacios internos y el ordinario están desacoplados. La abundante evidencia experimental de la existencia de estos espacios y simetrías internos no resuelve el problema de la conexión de dichos espacios con el espacio ordinario, problema que ha recibido gran atención, pero poca clarificación. Una conexión tal vez posible podría darse en las teorías de cuerdas: con el problema endémico de éstas de no presentar predicciones experimentales que puedan ser verificadas.

Transformaciones gauge. Las transformaciones gauge fueron introducidas en primer lugar por el físico y matemático Hermann Weyl, que las estudió tanto en relatividad general ("transformaciones gauge espacio-temporales") como en electromagnetismo ("transformaciones gauge internas"). La importancia de las transformaciones gauge ha ido *in crescendo* a lo largo del siglo; en la actualidad, pocos dudan que la invariancia gauge es uno de los principios básicos de la naturaleza. La invariancia gauge puede involucrar el espacio ordinario y, efectivamente, la teoría de la relatividad general de Einstein puede deducirse postulando la invariancia de tipo gauge de las transformaciones generales de coordenadas. Y puede involucrar un espacio interno, como en las interacciones electromagnéticas, débiles y fuertes. Nosotros discutiremos brevemente estos últimos casos.

Comenzamos por las interacciones electromagnéticas. Como es sabido, el potencial entre dos cargas, e_1 y e_2, situadas a distancia r, viene dado por la fórmula de Coulomb,

$$V = \frac{e_1 e_2}{r}.$$

Pero, en principio, también podemos modificar este potencial sumándole una cantidad arbitraria, C: modificación que no altera las propiedades físicas descritas por el potencial. Basta (en mecánica cuántica) con cambiar la fase de la función de onda en una cantidad proporcional a C para que la ecuación básica, la ecuación de Schrödinger, quede invariante. Este es un caso sencillo de la simetría gauge en electromagnetismo. Una consecuencia de esta simetría es que la carga eléctrica debe ser conservada, algo que se sabe experimentalmente con una gran exactitud.

Invariancia gauge no-abeliana. La invariancia gauge en electromagnetismo es (relativamente) simple porque las partículas que transmiten la interacción electromagnética, los fotones, no tienen carga eléctrica. En realidad, esto se sigue del hecho de que existe un solo tipo de carga eléctrica. Pero podemos preguntarnos qué ocurriría en el hipotético caso de que existieran varios tipos de carga eléctrica.[99]

En 1954, Yang y Mills se plantearon, efectivamente, estudiar matemáticamente el siguiente problema. Supongamos que existiesen dos tipos de carga eléctrica, que denotaremos por A y B; y por tanto, dos tipos de electrón, uno con carga de tipo A, que llamamos e_A y otro con carga de tipo B, que denotaremos por e_B. También habría distintos tipos de fotones, que interaccionarían con los dos tipos de carga eléctrica. Supongamos, además, que sus interacciones son invariantes en el "espacio interno", A, B; es decir, que no cambian si sustituimos el electrón e_A por el e_B. Entonces, es relativamente fácil ver, utilizando argumentos de simetría, que tiene que haber *tres* tipos de fotones que podemos denotar por $\gamma_{AA,BB}$, γ_{BA} y γ_{AB} que conectan entre sí a electrones A con A o B con B, B con A y A con B. (En realidad la situación es algo más complicada de lo que esta discusión simplificada parece indicar; hay que desarrolar más trabajo matemático para convencerse de que el "fotón" que conecta A con A, y el que conecta B con B es el mismo, pero el que conecta A con B es distinto del que conecta B con A).

En el caso de las interacciones fuertes, tenemos tres tipos de carga, según el "color", r, a, v y tres tipos de cada quark, q_r, q_a, q_v. Un cálculo algo más complicado que el anterior nos muestra que debe haber *ocho* gluones. Más generalmente, si hubiese N tipos de una cierta carga, tiene que haber $N^2 - 1$ partículas intermedias.

Lo dicho hasta ahora no es muy sorprendente. Tampoco es muy de extrañar la conclusión de que las partículas intermedias tienen que tener carga:

---

[99] O de cualquier otro tipo de carga. De hecho Yang y Mills realizaron su trabajo inspirados por la estructura de isospín de las interacciones fuertes. Es digno de mención que este tipo de teorías ya habían sido estudiadas antes por Pauli (que nunca publicó sus resultados: para su mente hipercrítica tales ideas no tenían valor físico puesto que nadie había visto partículas con las propiedades requeridas) e incluso antes (1938) por el sueco O. Klein.

en nuestro primer ejemplo, los "fotones" $\gamma_{AA,BB}$, γ_{BA} y γ_{AB} no sólo interaccionan con los "electrones" e_A y e_B, sino que también interaccionan entre sí. Lo que sí es más sorprendente, y resulta ser una consecuencia inevitable de que la interacción sea de tipo gauge y con más de un tipo de carga, es que (como hemos ya mencionado varias veces) la consistencia relativista y cuántica de esta clase de interacciones sólo es posible si todas las interacciones (de e_A y e_B con los γy y de éstos entre ellos) tienen la misma intensidad; y, además, los "fotones" γ_{AA}, γ_{BB} y γ_{AB} no pueden tener masa.

No hay, que el autor sepa, una explicación intuitiva de por qué esto es así. Hermann Weyl, quien extendió el concepto de invariancia gauge a la teoría de la gravitación de Einstein, sugirió que la invariancia de tipo gauge podría estar conectada con la llamada *invariancia de escala*; y de hecho, el nombre original (*Eichinvarianz*, en alemán) quiere decir precisamente esto; pero aquí Weyl se equivocó. La invariancia gauge constituye un principio nuevo, sin imagen intuitiva y distinto de los demás (relatividad o mecánica cuántica). Las propiedades fundamentales de las interacciones de tipo Yang–Mills se siguen del postulado, aparentemente totalmente *ad hoc*, de que éstas involucran partículas con distintos tipos de carga, y que la simetría correspondiente es de tipo gauge: lo cual puede parecer sorprendente. Pero de lo que no hay duda es de que todas las teorías que explican el comportamiento de las distintas interacciones, al menos en las energías y distancias que hemos explorado, son de tipo gauge: la evidencia experimental de tal hecho es apabullante.

Las transformaciones gauge tales como las del electromagnetismo, en las que el resultado de dos transformaciones *no* depende del orden en el que se realicen, se conocen como *transformaciones abelianas.*[100] Las transformaciones del tipo de las estudiadas por Yang y Mills no tienen esta propiedad: el resultado de dos transformaciones puede depender del orden en el que se realicen, por lo que se las denomina *no abelianas.* A las teorías con simetrías gauge abelianas (de las que en la naturaleza sólo se conoce el electromagnetismo) se las llama teorías abelianas y a aquellas (como las de Yang–Mills de interacciones débiles o fuertes) que tienen simetría no-abeliana, se las conoce como *teorías gauge no-abelianas.*

Estas propiedades tan restrictivas de las teorías de tipo Yang–Mills, el que las partículas intermediarias no puedan tener masa; y, en segundo lugar, el que todas las interacciones deban tener la misma intensidad, son, como ya hemos discutido para cada interacción específica, extremadamente importantes.

[100] El nombre deriva del nombre del matemático noruego Abel, el cual estudió grupos con esta propiedad, conocida en lenguaje matemático como *conmutatividad.*

Mencionaremos ahora unos pocos ejemplos más de consecuencias observables de tales propiedades.

En primer lugar, digamos que la segunda propiedad es esencial para entender por qué las partículas de las tres "familias" tienen la misma interacción débil y fuerte, a pesar de sus muy distintas masas; o por qué quarks y leptones tienen las mismas interacciones débiles. La comprobación experimental de esta universalidad es muy detallada; en los últimos años se ha realizado una muy espectacular al comprobarse en el acelerador LEP200 que la intensidad de la interacción débil entre partículas W y Z, a energías de casi doscientos GeV, es la misma que entre electrón, muón y neutrinos en la desintegración del muón, a menos de cien MeV, o en las desintegraciones β, apenas a un MeV. Asimismo, la intensidad de las interacciones fuertes en las desintegraciones de las partículas Z y *tau* es la misma, a pesar de involucrar energías variando en un factor cincuenta.

La propiedad de que las partículas correspondientes a campos con autointeracción (teorías gauge no abelianas) no puedan tener masa lleva a uno de los rompecabezas de la física de partículas actual. Puesto que las partículas W y Z tienen autointeracciones, se sigue de la invariancia gauge que no deberían de tener masa: pero sí que la tienen, y muy grande. La solución (no totalmente satisfactoria) a esta paradoja, que se obtiene a través del mecanismo de Higgs, la hemos mencionado ya a propósito del modelo de Weinberg–Salam de las interacciones débiles, y la volveremos a discutir más adelante.

Para terminar con este capítulo, hacemos el comentario de que es un hecho curioso, cuya explicación profunda se nos escapa, que sean las interacciones débiles, *y únicamente ellas*, las que violan invariancia bajo paridad, conjugación partícula antipartícula y la invariancia bajo inversión temporal, además de requerir ruptura espontánea de la simetría gauge (el mecanismo de Higgs).

CAPÍTULO 14.

Más allá del modelo estándar.

*"Good, Watson, good! But not, if I may say so, quite good enough."**

A. CONAN DOYLE, The Valley of Fear, p. 13

§14.1. Problemas con el modelo estándar. La interacción gravitatoria

Imagino que lo dicho hasta ahora habrá dejado la impresión, correcta, de que (en líneas generales) contamos con una teoría coherente y extraordinariamente exitosa de las interacciones que operan en el microcosmos.

En efecto, el modelo ("modelo estándar") que incorpora las teorías relativistas y cuánticas de interacciones fuertes, electromagnéticas y débiles ha superado todas las confrontaciones con la evidencia experimental: desde las energías más pequeñas hasta los millones de millones de electrón-voltios que se alcanzan en el laboratorio Fermilab de Illinois; desde la precisión de las medidas de masas de estados ligados o de momentos magnéticos, a baja energía, hasta las fabulosas del acelerador LEP en el CERN (Ginebra), realizadas desde algo menos de cien hasta más de doscientos mil millones de electrón-voltios, y alguna de las cuales ya hemos citado. En realidad, tal es la capacidad predictiva del modelo estándar, que lo más irritante para los físicos de partículas en la actualidad es la falta de sorpresas.

Con una exasperante monotonía, y con la posible excepción de la masa de los neutrinos, hace más de veinte años que los resultados experimentales no hacen sino confirmar las predicciones teóricas; y todos ellos, sin excepción, encuentran acomodo en el modelo estándar. Y no sólo eso. Hasta la fecha, todos los intentos de ir más allá del modelo han fallado a la hora de pasar el único test de validación que es aceptable para teorías científicas: no han sido capaces de realizar predicciones que fuesen confirmadas por el experimento. Como dice Glashow, es muy sencillo (al menos para él no cabe duda de que lo es) inventar teorías que expliquen hechos conocidos: lo difícil es que también acierten en sus predicciones.

Sin embargo nos parece sin duda importante el discutir, al menos, los más interesantes de entre los intentos realizados de ir más allá del modelo estándar. En primer lugar, porque es muy posible que una futura teoría más completa que

* "¡Bien, Watson, bien! Pero, si me es permitido decirlo, no lo bastante bien."

el modelo estándar del universo del microcosmos contenga elementos de alguna de las especulaciones que vamos a presentar. Y, en segundo lugar, porque en el modelo estándar aún quedan puntos obscuros; si no en la confrontación de la teoría con el experimento, en la que no existe, hoy por hoy (y a diferencia de lo que ocurría a finales del siglo XIX) ninguna discrepancia, sí que hay problemas de principio. Presentaré ahora una lista de los (a mi juicio) más sobresalientes para cada una de las tres interacciones fuerte, débil y electromagnética, y luego diré algunas palabras sobre la interacción gravitatoria. Nótese que alguna de las cuestiones son de carácter bastante técnico; ruego disculpas al lector sin conocimientos especializados.

Interacciones fuertes. ¿Por qué los quarks tienen espín $1/2$, y no 0, ó 1? ¿Por qué tienen tres colores (y no 6, 8, ó 27...)? ¿Por qué hay seis especies de quark? ¿Por qué no hay violación fuerte de invariancia bajo inversión temporal?

Interacciones electromagnéticas. El fotón es la única partícula intermediaria que no interacciona consigo misma. Hay indicaciones serias de que la teoría es inconsistente, si no se la modifica sustancialmente, a energías muy altas. ¿Por qué todas las cargas eléctricas son múltiplos enteros de $1/3$ de la del electrón?

Es notable que todos estos problemas de la interacción electromagnética se resolverían en las llamadas teorías de gran unificación, que discutiremos en la próxima sección.

Interacciones débiles. La teoría que describe estas interacciones es muy peculiar. Es la única teoría en la que la invariancia gauge está rota, y las partículas intermedias tienen masa. El mecanismo por el que adquieren masa es altamente sospechoso: consiste en suponer que el vacío está lleno del campo de Higgs, que únicamente interacciona con las partículas con masa. Esto no sólo recuerda al éter decimonónico, sino que presenta problemas similares a los de éste; en particular una constante cosmológica inaceptable. Por otra parte, la partícula correspondiente a dicho campo es la única que aún no se ha encontrado experimentalmente (aunque hay indicaciones recientes de su existencia).

Finalmente, las masas de las partículas tienen valores que parecen escogidos al azar, variando en más de cinco órdenes de magnitud (sin contar a los neutrinos, de cuyas masas apenas se sabe nada). El esquema de masas es tan enrevesado que parece imposible que pueda ser resuelto sin una modificación drástica de toda la teoría o, al menos, sin introducir en ella ideas completamente nuevas.

Finalmente, y como ya comentamos en el capítulo dedicado a las simetrías, resulta curioso que únicamente las interacciones débiles violen invariancia bajo paridad, conjugación partícula antipartícula, invariancia bajo inversión temporal, y requieran el alambicado mecanismo de Higgs.

Los problemas de las interacciones débiles, sobre los que volveremos al final de este ensayo, son indudablemente más severos que los que aquejan a las otras interacciones.

Interacción gravitatoria. Las cuerdas. De todas las interacciones que conocemos la más familiar de todas, la gravitación, es, paradójicamente, de la que sabemos menos a nivel microscópico. La teoría de la relatividad general de Einstein, extraordinariamente exitosa para interacciones macroscópicas, no dice absolutamente nada sobre las propiedades cuánticas de la gravedad. Lo que es peor, todos los intentos por construir una teoría de la gravedad consistente con la relatividad y la mecánica cuántica se han saldado con un fracaso. Las únicas teorías que parecen ofrecer alguna esperanza a parte de la comunidad de físicos de altas energías son las teorías de cuerdas, que discutiremos en un próximo capítulo.

§14.2. La malograda gran unificación.

Como ha quedado claro en la parte anterior de esta obra, en la actualidad somos capaces de comprender toda la estructura microscópica de la materia en términos de los quarks de tipo u, d que forman (ligándose entre sí a través de las interacciones fuertes) los protones y neutrones; los que a su vez constituyen los núcleos de todos los átomos que encontramos en la naturaleza. Estos átomos contienen también electrones, unidos a los núcleos por la interacción electromagnética. Finalmente, en las desintegraciones radiactivas de algunos de los núcleos, o en las reacciones nucleares en el centro de las estrellas, se producen, además de las partículas citadas, neutrinos (de tipo electrónico). A la teoría compendio de las tres interacciones, de las partículas fundamentales (e, ν_e, u, d),[101] y de sus propiedades, que se ha mostrado capaz de proporcionar una descripción detallada y coherente de todos los fenómenos observados en el microcosmos se la conoce globalmente como "modelo estándar", como ya hemos indicado.

No cabe duda de que el progreso en la comprensión de la estructura de la materia que esto implica es enorme. Los fenómenos que a finales del siglo XIX constituían importantes puntos oscuros, tales como desintegraciones radiactivas o los mecanismos de producción de energía por las estrellas, han sido explicados; como lo ha sido la estructura del núcleo atómico descubierto a principios del

---

[101] Por supuesto, además de estas partículas tenemos las de las otras dos generaciones: μ, ν_μ, c, s y τ, ν_τ, t, b que no consideraremos aquí explícitamente: aunque, probablemente, tuvieron un importante papel en el big bang, podemos entender la inmensa mayoría del universo sin tenerlas en cuenta.

siglo XX. De los casi cien elementos químicos de la tabla de Mendeleyev hemos pasado a cuatro: los quarks de tipo u, d, el electrón y el neutrino electrónico. Podemos decir que, a partir de 1971-1973, años en que se propusieron las teorías correctas de interacciones débiles y fuertes, y culminando en 1982, en que se descubrieron (con todas las propiedades predichas por la teoría) las partículas intermediadoras de la interacción débil, las W y Z, tenemos una descripción sencilla y coherente de la materia.

Sin embargo, casi desde el principio, desde ya 1974, comenzaron los intentos por ir más allá del modelo estándar. Intentos que, hasta hoy, se han saldado con un fracaso: a pesar de lo cual vamos a discutir brevemente algunos de los más interesantes. Como se ha dicho, aún sin éxito por el momento, pueden tal vez formar la base de la física de partículas en el siglo XXI.

Comenzamos por las llamadas "teorías de gran unificación". Estas teorías vienen sugeridas por un hecho indudable: tanto las partículas como las interacciones que componen el modelo estándar presentan unas notables similitudes. Electrones, neutrinos y quarks son todos ellos fermiones, esto es, obedecen la estadística de Fermi–Dirac y el principio de exclusión de Pauli. También tienen el mismo valor para el número cuántico de espín, $1/2$ (en unidades de la constante de Planck, $\hbar$).

Con respecto a las interacciones, las similitudes son también claras. Las interacciones electromagnéticas, débiles y fuertes son las tres de tipo gauge, y están mediadas por partículas (fotones, W y gluones) que son todas ellas *bosones* y tienen el mismo valor del espín, 1. Finalmente, resulta que las interacciones electromagnéticas y débiles están, en el modelo de Glashow–Weinberg, parcialmente unificadas. Parece, pues, natural intentar completar esta unificación, e intentar extenderla para incluir también las interacciones fuertes.

En efecto, esto es (teóricamente) posible. Y así, a mediados de los años setenta Pati y Salam y, especialmente, Georgi y Glashow, construyeron modelos en los que las tres fuerzas (débiles, electromagnéticas y fuertes) se unificaban en una *única* interacción; y las cuatro partículas (quarks *u, d,* electrón y neutrino electrónico) resultaban ser diferentes estados de una *única* partícula elemental.

Tal vez valga la pena intercalar unas palabras para decir que, contrariamente a lo que se ha podido leer en más de un artículo periodístico (incluyendo alguno debido a profesionales de la ciencia que, por su cargo, deberían haber sido más cuidadosos), estas unificaciones *no* tienen absolutamente nada que ver con la famosa, y un tanto penosa, teoría del campo unificado que Einstein persiguió, infructuosamente, al final de su vida profesional, en la época del declive de sus capaciades intelectuales. Einstein creía posible integrar, en un marco geométrico, al electromagnetismo con la gravitación y, con ello, formular una teoría general de campos que reemplazara a la mecánica cuántica. Completamente al revés de esta idea, las modernas unificaciones dejan de lado a la gravedad, pero se basan profundamente en efectos cuánticos.

Las teorías de gran unificación propuestas por Georgi y Glashow tenían importantes consecuencias. En primer lugar, explicaban por qué todas las cargas son múltiplos enteros de la del quark d, que a su vez es $^1/_3$ de la del electrón. En segundo lugar, eliminaban algunos de los problemas de autoconsistencia de la electrodinámica cuántica. En tercer lugar, la intensidad relativa de las fuerzas resultaba una *predicción* de la teoría, predicción que estaba de acuerdo con los resultados experimentales, dentro de la precisión alcanzable en los años setenta-ochenta.

Finalmente, la gran unificación implicaba que el protón tenía que ser inestable, siendo su tiempo de desintegración de un poco más de 10^{29} años. Esta última predicción llevaba a impactantes consecuencias cosmológicas, ya que ofrecía una posible explicación de la aparición de la materia en el big bang, a partir de energía pura, por el proceso inverso al de desintegración. Y lo que es más importante, las teorías de gran unificación ofrecían resultados *cuantitativos* sobre ritmos de desintegración del protón, los que, además, resultaban estar al alcance de la tecnología experimental de la época.

Parece difícil entender cómo pueden medirse vidas medias tan largas, muchísimo más que la edad del universo (*sólo* 10^{10} años). Pero es perfectamente posible. Consideremos un protón con una vida media de 10^{33} años que, como veremos, es el límite actual para su longevidad. Para medir este número uno puede, por supuesto, sentarse delante de un protón y esperar 10^{33} años a que se desintegre; pero, si tenemos prisa, podemos reunir 10^{33} protones, y entonces (debido a una más de las pecularidades de la mecánica cuántica) es probable que uno de ellos se desintegre en el año. En los experimentos realizados se reunen cientos de toneladas de material, lo que da el equivalente a 10^{35} protones, o sea unas cien desintegraciones al año, una cantidad ciertamente observable. Y, de hecho, varios grupos experimentales en la India, Japón, Estados Unidos y Europa habían comenzaron al final de los años setenta una frenética carrera por detectar la posible inestabilidad de la materia.

En el verano de 1979 se celebró en la ciudad noruega de Bergen una conferencia sobre física de altas energías. Aunque dedicada en principio a interacciones débiles y neutrinos, pocas dudas hay de que la estrella de la conferencia fue, realmente, la gran unificación y la posibilidad de medir experimentalmente desintegraciones del protón. Las medidas de la intensidad de las interacciones débiles, cada vez más precisas, parecían situar su valor exactamente sobre el requerido por la gran unificación, y la predicción teórica para la vida media del protón, unos 10^{29} ó 10^{30} años, adquiría fuerza.

La conferencia de Bergen marcó, tal vez, el punto álgido del prestigio de las teorías de gran unificación. En una de las sesiones plenarias el americano Bjorken llego a sugerir que la gran unificación poco menos que formaba parte del modelo estándar; y la búsqueda de desintegraciones del protón era una cuestión tan caliente que los distintos grupos experimentales involucrados no pudieron ponerse de acuerdo al designar a la persona que, entre ellos, hiciera el resumen de los distintos trabajos, y tuvo que ser Cecilia Jarlskog, una física teórica sueca, quien los presentara.[102]

Parecía que el hallazgo de tan fundamental proceso estaba a la vuelta de la esquina, aunque personalmente nunca las tuve todas conmigo, a pesar de (o tal vez a causa de) haber escrito algunos de los primeros artículos sobre el tema. La razón era que los cálculos teóricos involucrados en las teorías de gran unificación, en especial en la desintegración del protón, implicaban una enorme extrapolación: desde las pocas docenas de GeV, que eran las energías máximas exploradas en la época, hasta los cien *billones* de GeV a los que, según los cálculos de Georgi, Quinn y Weinberg, y si las ideas de gran unificación eran correctas, la identificación de las tres interacciones débiles, electromagnéticas y fuertes, sería exacta. Recuerdo que van der Velde, que era uno de los líderes de la colaboración IMB[103] me preguntó en Bergen sobre mi opinión acerca de la probabilidad de que encontraran la desintegración del protón. Y recuerdo también que le contesté que "el cincuenta por cierto: o la encontráis o no". En mi opinión la base teórica no permitía dar una respuesta más matizada: no me parecía fácil de creer que, entre 100 y 10^{14} GeV, no existiese ningún fenómeno nuevo, o que de existir no afectase la extrapolación. Esta opinión era compartida, por supuesto, por bastantes otros físicos, y por ejemplo la misma idea fue expresada por Sheldon Glashow en las conclusiones de la conferencia de Bergen.

---

[102] Su *report* comienza así: *"This talk was scheduled to be given by Klaus Winter. However, recently the proton lifetime has turned into a hot political issue and Klaus ... decided not to get involved ... So, I had to act as a last minute substitute"...* ("Esta charla estaba programada para Klaus Winter [Un experimental *senior* del CERN]. Sin embargo, recientemente la vida media del protón se ha convertido en un tema políticamente caliente y Klaus ... decidió no involucrarse ... Así que he tenido que actuar como un sustituto de última hora.")

[103] De las iniciales de las universidades de Irvine y Michigan, y el laboratorio de Brookhaven, que estaban montando un gigantesco detector con miles de toneladas de agua enterradas en una mina de sal de Ohio, experimento recién aprobado (en 1978), y operativo a partir de 1982. Jack van der Velde era profesor en la Universidad de Michigan.

Las teorías de gran unificación tuvieron todavía gran auge durante un tiempo; pero cayeron en un cierto descrédito a mitad de los años ochenta, y esto por las siguientes razones.

En primer lugar los experimentos realizados en varios laboratorios del mundo para intentar encontrar la desintegración del protón (indudablemente la predicción más importante de estas teorías, y que discutiremos en la próxima sección) no dieron fruto, llegándose en 1983 a establecer la vida media del protón como superior a 10^{32} años, decididamente incompatible con los modelos de gran unificación. (En la actualidad, después de bastantes años de resultados negativos, se sabe que la vida del protón debe exceder los 10^{33} años). Sin embargo, los experimentos no resultaron inútiles; no detectaron la desintegración del protón, pero sí los neutrinos producidos por la explosión de una supernova en las nubes de Magallanes, en el año 1987, y a la que ya nos hemos referido. Además, la experiencia adquirida con ellos fue extremadamente útil para construir los modernos detectores de neutrinos extraterrestres (ver algunas de las ilustraciones en las páginas centrales), de alguno de los cuales ya hemos hablado y sobre los que volveremos más adelante.

En segundo lugar, al realizarse medidas más y más precisas, se vio que las relaciones implicadas por los modelos de gran unificación para las intensidades de las interacciones no se cumplían con la exactitud esperada. En tercer lugar, tenían las teorías de gran unificación problemas de consistencia: las llamadas jerarquías, de carácter bastante técnico y que no discutiremos. (Las teorías de gran unificación predicen la existencia de *monopolos magnéticos*, objetos con un solo polo magnético, que no han sido encontrados; pero esto puede, tal vez, ser explicado con las teorías cosmológicas llamadas *inflacionarias*, y que discutiremos más adelante).

Esto es una lástima; personalmente, espero que alguien consiga reformular las teorías de gran unificación salvando sus éxitos y corrigiendo sus defectos: encuentro la idea muy atractiva. Y además, de haberse encontrado, la desintegración del protón nos hubiera proporcionado una ventana por la que asomarnos a enormes energías, totalmente inalcanzables con aceleradores, igual que las desintegraciones β nos proporcionaron una ventana a las interacciones débiles y, a través de ellas, a fenómenos (como las masas de las partículas W, Z) relacionados con energías de cien GeV.

§14.3 Interludio cósmico: ¿Son los diamantes eternos?

El título de esta sección lo he tomado del de unas charlas de Don Perkins, uno de los expertos europeos en experimentos de desintegración de protones (además de física de neutrinos), quien, a su vez, la tomó de una conocida película de James Bond, *Diamonds are forever.* Aquí, en esta sección, nos planteamos la cuestión de la estabilidad de la materia, independientemente de modelos específicos de gran unificación.

Según Aristóteles la materia es eterna e indestructible. Lavoisier formuló este principio de forma más científica como la ley de conservación de la materia (de hecho, Lavoisier lo enunció realmente como una ley de conservación de los elementos químicos). Desde la formulación de la relatividad de Einstein sabemos que materia y energía son equivalentes, y una puede transformarse en la otra: de manera que cabe plantear el problema de la existencia de la materia y la energía que detectamos a nuestro alrededor.

El problema se puede desgranar en varios subproblemas. En primer lugar, la conversión de materia en energía sólo se ha constatado cuando se crean (o se aniquilan) partículas y *anti*partículas. La aniquilación de un protón y un antiprotón en energía pura, o la creación a partir de energía de un par protón-antiprotón es algo que se realiza rutinariamente en varios laboratorios del mundo; pero nadie ha visto a un protón desaparecer en energía, sin la ayuda del antiprotón; o que la energía se materialice en una sola partícula, sin su antipartícula correspondiente. ¿Es esto así porque tales procesos son imposibles, o sólo porque son improbables?

Ligado a este problema está el ya citado de la simetría entre partículas y antipartículas. Las leyes que rigen la naturaleza, resumidas en el modelo estándar, son simétricas bajo el cambio de materia en antimateria. (Para expertos diré que dicho cambio debe incluir el de "derecha" en "izquierda" y una inversión del movimiento). Sin embargo, en el universo que nos rodea la materia domina de forma aplastante: sólo producidas por algún raro rayo cósmico se encuentran antipartículas. Por supuesto, las partículas y antipartículas se aniquilan al encontrarse, por lo que no es sorprendente que no queden, por ejemplo en nuestro sistema solar, restos de una hipotética antimateria primigenia. Lo que sí es sorprendente es que al parecer, y como ya hemos comentado, no existen otros sistemas solares, ni otras galaxias, hechos de antimateria: la evidencia, en algunos casos aplastante, es que todos están hechos de la misma materia que nosotros, y contienen tan poca antimateria como el sistema solar.

Como un ejemplo espectacular podemos citar a los ya mencionados neutrinos provenientes de las nubes de Magallanes. En el año 1987 explotó una supernova en las nubes de Magallanes (que son pequeñas galaxias relativamente próximas a la nuestra, a sólo unos ciento setenta mil años luz). Como toda explosión nuclear, ésta produjo gran cantidad de neutrinos; los cuales, por viajar a la velocidad de la luz, fueron detectados por varios laboratorios terrestres coincidiendo con el fogonazo óptico. Tales neutrinos eran precisamente del tipo que podía esperarse si la supernova estaba constituida por materia (en lugar de antimateria).

Pero con toda su espectacularidad, esta no es ni de lejos la más importante prueba de la inexistencia de galaxias de antimateria: "sólo" llega a los 170 000 años luz a los que se encuentran las nubes de Magallanes, y la prueba que vamos a discutir asegura que no hay cantidades apreciables de antimateria en el universo visible, unos diez mil *millones* de años luz. La indicación más fiable acerca de la inexistencia de antimateria en tan colosales distancias se basa en la ausencia de ciertos rayos gamma (recordamos que los rayos gamma son fotones muy energéticos) que resultarían de la existencia de estructuras estelares hechas de antimateria, y que discutimos a continuación.

Imaginemos una galaxia hecha de antimateria. El punto clave es que, salvo el cambio de derecha en izquierda, y ligeras modificaciones en algunos procesos afectando a partículas extrañas, la física de la antimateria es idéntica a la de la materia. Por tanto, esperamos que en las galaxias de antimateria se producirán (anti-)novas y (anti-)supernovas, las cuales, al igual que las novas y supernovas ordinarias, lanzarían al espacio, al explotar, enormes cantidades de antimateria;[104] en particular, antiprotones, antineutrones y antinúcleos. Al llegar estas antipartículas a galaxias formadas por materia, se aniquilarían produciendo energía; en particular fotones muy energéticos (rayos gamma) de acuerdo con el esquema

$$\bar{p} + p \to \gamma + \gamma.$$

Estos fotones, con energía de casi un GeV, viajan enormes distancias y, de existir, hubieran sido detectados muchas veces.

Esta es la más clara evidencia de que, si hay antimateria en un enorme radio alrededor de la tierra, deberá encontrarse en cantidades muy pequeñas. Esta evidencia, aunque importante, es indirecta. Se espera que se complete con evidencia directa gracias a experimentos realizados en el espacio exterior (en los que colaboran físicos españoles del CIEMAT), donde se pueden detectar rayos cósmicos *primarios*, antes de que su interacción con la atmósfera enmascare en una ducha de partículas a la original, al rayo cósmico extraterrestre que provocó la cascada de partículas que se observan en los detectores.

Una primera exploración, dedicada sobre todo a demostrar la viabilidad del arreglo experimental, se realizó en 1998 con ayuda de la lanzadera *Discovery*; resultados más detallados se obtendrán a partir de 2003, cuando la siguiente fase del experimento se instale en la *International Space Station*. Pero pocas

[104] La cantidad de materia eyectada por novas y supernovas es muy grande; la práctica totalidad de elementos pesados que se encuentran en la tierra provienen de explosiones de novas y, sobre todo, supernovas. Sólo los elementos muy ligeros son originarios del big bang.

personas dudan de que el resultado confirmará la inexistencia de antimateria en cantidades apreciables.

Finalmente tenemos el problema de la propia existencia de la materia o de la energía primordiales. Aquí somos más ambiciosos y no sólo nos planteamos el por qué hay materia (y no antimateria, o apenas) en nuestro universo, sino que también examinamos la existencia misma de la energía primigenia: ¿hay que postular esta existencia, como una hipótesis externa a la física, o ésta tiene algo que decir al respecto?

No es posible afirmar nada definitivo con respecto a ninguna de las preguntas que planteamos. Con respecto a las primeras podemos adelantar posibles soluciones, desgraciadamente aún no contrastadas experimentalmente; con respecto a la última tenemos que contentarnos con especulaciones.

La radiación de fondo, la asimetría materia-antimateria y la negativa del protón a desintegrarse. Uno de los descubrimientos más fundamentales del siglo XX fue el de la existencia de la llamada "radiación de fondo" (Wilson y Penzias, en 1965): esto es, que todo el espacio está lleno de una radiación electromagnética, prácticamente isótropa, constituida por fotones de muy poca energía correspondiente a unos 3 grados Kelvin —doscientos setenta grados centígrados bajo cero—. La cantidad de estos fotones es inmensa, mil millones de fotones por cada partícula material. El número de fotones, y las características de la radiación de fondo, son lo esperable si el universo comenzó con una gran explosión: su extraordinaria densidad sugiere que en tal comienzo nuestro universo pudo ser energía pura, y la materia que encontramos en la actualidad una mera fluctuación.

Para que esto sea posible es necesario que haya interacciones que conviertan energía en materia, sin necesidad de introducir antimateria: por ejemplo, que conviertan dos fotones en un átomo de hidrógeno. Si no existiesen tales interacciones, en el big bang se hubiese producido tanta materia como antimateria, lo que, como ya se contó, es contrario a la evidencia observacional. Si, por el contrario, efectivamente existen estas interacciones, también se podrá desintegrar la materia: más pronto o más tarde, el hidrógeno, y todos los elementos materiales se desintegrarían en radiación. El estado actual del universo sería pues una pequeña asimetría transitoria entre el big bang y el estado final, ambos consistentes en energía (radiación) pura sin presencia de partículas.

A finales de los años setenta y principios de los ochenta parecía que el problema estaba en vías de solución, como ya hemos discutido. E incluso, en 1982, parecía haber un candidato para tal tipo de procesos, una señal que podía interpretarse como la desintegración de un protón. Pero, desgraciadamente, tal candidato no ha sido confirmado; y, del resultado negativo de los experimentos de desintegración del protón, hoy sabemos que el ritmo de estos procesos (si existen) es mucho más lento que lo predicho por las teorías de gran unificación: como mínimo los ya citados 10^{33} años.

¿Quiere esto decir que no es posible crear materia a partir de energía sin crear antimateria? En absoluto. Además de los mecanismos que aparecen en los diferentes modelos de gran unificación existen los que se dan en teorías de gran unificación *supersimétrica*. También hay conversión de materia en energía catalizada por monopolos magnéticos o agujeros negros o, sin salir del modelo estándar, por los llamados instantones. Por ser de carácter muy técnico no discutiremos estos procesos. Desgraciadamente, las correspondientes desintegraciones son muy difíciles de observar experimentalmente.

Energía y universo. Sea cual sea el mecanismo, es probable que sea factible convertir radiación en materia (sin producir antimateria); y es también probable que sea eso exactamente lo que ocurrió al principio del universo: en el big bang, originariamente, tal vez sólo hubiese energía pura.

¿Es posible ir más allá? ¿Existe al menos como posibilidad teórica el que la propia energía se cree espontáneamente? Nótese que no me estoy refiriendo a la creación o aniquilación de energía en materia y antimateria (suceso trivial que ocurre todos los días en varios laboratorios); ni la producción de energía al desaparecer materia, sin la ayuda de antimateria, que hemos discutido en el apartado anterior: queremos considerar la creación de energía, o materia, *ex nihilo*.

Ex nihil nihilo, dice el aforismo escolástico; la experiencia y el sentido común parecen darle la razón. Curiosamente, sin embargo, lo difícil no es construir teorías con creación espontánea de energía, sino todo lo contrario. Hay que ir con mucho cuidado al formular cualquier teoría que incorpore la relatividad y la mecánica cuántica para que no implique, inevitablemente, violaciones de causalidad y no-conservación de probabilidad y, por tanto, aparición y desaparición espontánea de materia. De hecho, el mismo modelo estándar contiene interacciones (el sector electromagnético —$U(1)$ para los expertos— y el campo de Higgs) que, si nos las tomamos literalmente, nos llevan a, precisamente, los comportamientos mencionados. En bastantes artículos en revistas o libros muy serios se especula con la posibilidad de creación de *universos* de la nada, a partir de fluctuaciones cuánticas. Para ilustrarlo, citamos tres ejemplos, de entre muchos: el artículo *Creation of universes from nothing*, de Alexander Vilenkin, publicado en la conocida revista *Physics Letters*, **117B**, 25 (1982), y el de Susskind en el libro homenaje a Veltman en su sesenta aniversario, *Gauge Theories* (World Scientific, 1992). El tercer ejemplo es el de los prestigiosos astrofísicos Bondi, Gold y Hoyle, que basan una teoría del universo (es verdad que bastante *demodé*), conocida como *teoría del estado estable*, en creación espontánea y continua de materia.

Con respecto a esta cuestión hay dos actitudes posibles. Una es considerar que las leyes de conservación de la probabilidad y la causalidad son sacrosantas; y por tanto debemos intentar modificar nuestras teorías, en particular el modelo estándar, para que dichos principios se cumplan. La otra es pensar que lo más que podemos decir, *científicamente*, es que no se han observado experimentalmente (al menos de manera fiable) procesos de aparición y desaparición de materia o energía. Tales procesos podrían sin embargo ocurrir a ritmos muy lentos, o a energías muy elevadas: y la tarea de un científico es poner límites experimentales a estos ritmos o energías.

Para poder decir algo sobre el *ritmo* a que tales procesos tienen lugar, dentro de los intervalos de energías accesibles en nuestro entorno, la mejor cota la proporcionan, como para muchos otros procesos exóticos, los experimentos dedicados a intentar medir la vida media del protón. De ellos, y como ya se dijo, resulta que cualquier proceso de creación o desaparición espontánea de energía tiene que ocurrir con una lentitud de al menos 10^{30} años.

La precisión experimental que implica tan largo periodo de tiempo es suficiente para proporcionarnos interesante información. Nuestra vieja conocida, la teoría de la electrodinámica cuántica, produciría lo que se llama un "polo de Landau" a energía menor que la de Planck[105] si hubiese demasiadas partículas elementales con carga eléctrica. Tal polo generaría aparición y desaparición espontánea de materia a un nivel *incompatible* con la cota experimental.

La propia teoría estándar de las interacciones débiles también llevaría a la creación de materia más allá de los límites experimentalmente aceptables, y ello a través de la partícula de Higgs, si la masa del quark t fuese muy superior a unas 180 veces la del protón. Experimentalmente sabemos que m_t es, precisamente, unas 180 veces la masa del protón: la teoría parece consistente, pero no por un gran margen.

De todas maneras, el modelo estándar implica creación espontánea de materia, salvo que se le modifique sustancialmente. Esta creación espontánea, si ocurre, lo hace (como ya hemos dicho) a un ritmo probablemente indetectable a las energías actualmente accesibles; pero el ritmo crece con la energía y la creación espontánea ocurre copiosamente en el big bang. Esta y otras razones nos pueden llevar a especulaciones frente a las que las mencionadas hasta ahora palidecen. Aunque yo no soy, ni mucho menos, experto en el tema, voy a

[105] La energía de Planck se obtiene combinando la constante de gravitación universal, la velocidad de la luz y la constante de Planck; $E_{\text{Planck}} \simeq 10^{19}$ GeV. Es la energía a la que los efectos *microscópicos* de la gravitación son importantes.

concluir esta sección con unas brevísimas palabras de descripción de algunos de los escenarios considerados.

Universos. El universo en que vivimos es mucho más peculiar de lo que a primera vista parece. En él la interacción gravitatoria es lo suficientemente intensa para que sistemas solares puedan formarse, pero no tanto como para que colapsen; por lo menos la mayoría. Las interacciones débiles, si fuesen un poco más intensas, harían tan fuerte la radiactividad de muchos elementos que la vida (al menos la vida tal como la conocemos) sería imposible. De hecho, incluso sin incrementar la intensidad de las interacciones débiles, tal generación de radiactividad ocurriría si el quark de tipo d fuese un poco más pesado (o el de tipo u un poco más ligero) de lo que son en nuestro universo.

Las interacciones fuertes también tienen, aparentemente, el valor preciso para que se hayan podido formar por nucleosíntesis (ya sea en el big bang o en supernovas) elementos tales como el oxígeno, el carbono o algunos metales esenciales para la vida; un pequeño incremento, o disminución de su intensidad impedirían la existencia de seres vivos como los que habitan la tierra, al menos los más organizados. Finalmente, el *tamaño* y la *densidad* del universo no se pueden variar en exceso sin obtener un universo que vuelve a contraerse (si la densidad es excesiva) antes de dar tiempo a la evolución, o cuyos componentes se separan sin llegar a formar estructuras materiales extensas (estrellas), si la densidad del universo fuese muy pequeña.

Estas casualidades no son nada comparadas con lo que ocurre si uno acepta el modelo estándar. Como Linde y Veltman han mostrado, el llamado campo de Higgs genera una interacción, conocida como "constante cosmológica", que no se ha observado experimentalmente. Para resolver este problema hay que postular una constante primordial, es decir, no generada por el campo de Higgs, que cancela exactamente a aquella. Tal cancelación ha de ser fantásticamente precisa: hasta *cincuenta* cifras decimales. Finalmente, las masas de las distintas partículas: neutrinos, electrones y quarks (ligeros y pesados), son tan dispares que parecen elegidas al azar.

El cúmulo de coincidencias citado parece excesivo. Por supuesto es muy posible que lo que, en el estado actual de nuestro conocimiento sea de difícil explicación, resulte obvio cuando hayamos construido una teoría coherente que englobe al modelo estándar y a la gravitación (por ejemplo). Otra posibilidad, sin embargo, es que tales coincidencias sean reales, esto es, que efectivamente vivamos en un universo altamente improbable: algo que se hace más fácil de tragar si el universo no es único. Y también podemos imaginarnos que el carácter aparentemente aleatorio de algunas cantidades (como las masas de las partículas, que discutiremos más adelante) se debe a que, realmente, las constantes físicas básicas son producto del azar. Podemos imaginarnos que, igual que hay muchos planetas y satélites en nuestro sistema solar, pero sólo uno habitable, podría haber muchos universos (probablemente infinitos) de entre los cuales, por supuesto, sólo en los habitables habría seres vivos capaces de preguntarse sobre el cúmulo de improbabilidades que hacen al entorno apto para su existencia.

Este es el llamado *principio antrópico.* Podría pensarse que este principio está más allá de la ciencia, en el dominio de la fantasía pura, o la especulación teológica, si no hubiese las indicaciones mencionadas en lo que antecede, de que sea posible la creación espontánea, *ex nihilo*, a grandes energías. No es (al menos a priori) absurdo suponer que en un super-big-bang se crease no uno, sino muchos universos (indudablemente infinitos de ellos), cada uno con interacciones y constantes físicas distintas; incluidas algunas poco probables.

Dejaremos aquí estas cuestiones, que nos llevan a temas excesivamente alejados del central de este libro, aparte de estar, teniendo en cuenta la falta de evidencia experimental, más cerca de la especulación, si no de la metafísica, que de la física propiamente dicha.

§14.4 Partículas y fuerzas. Superunificación; supersimetría. Supergravedad

Unificación de fuerzas y partículas. El lector avispado (y/o con con conocimientos apropiados) se habrá dado cuenta de que la distinción que hemos adoptado en este libro entre "partículas" y "fuerzas" es un tanto artificial. En efecto, y refiriéndonos a un ejemplo concreto, el de las más familiares interacciones electromagnéticas, veremos que el papel de ambas es en el fondo muy similar.

Consideremos la interacción, electromagnética, entre dos electrones. Esta interacción, como ya hemos dicho, se entiende como intercambio de fotones, los *quanta* del campo electromagnético de los que se sabe, desde el artículo fundamental de Einstein de 1905, que se comportan como partículas. Pero es que los electrones también se comportan como ondas, algo que también sabemos hace mucho tiempo, desde que de Broglie lo sugiriera en 1923 y se comprobara experimentalmente tal propiedad poco tiempo después.[106] La interacción entre dos rayos de luz por medio de intercambio de electrones, aunque es un efecto minúsculo a las energías que manejamos en la actualidad, ha sido observada experimentalmente (en la llamada *colisión Delbrück* y, de forma indirecta pero muy precisa, en efectos en los momentos magnéticos de muones). El parecido

[106] Una aplicación del comportamiento de los electrones como ondas es el microscopio electrónico; y del de fotón como partícula, células fotoeléctricas y cámaras de video.

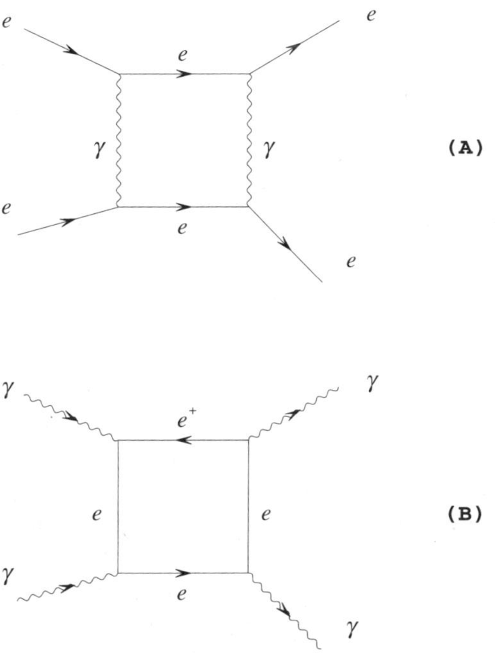

FIGURA 32. (A) Colisión de electrones, intercambiando dos fotones, y (B), colisión de dos fotones intercambiando electrones.

entre los diagramas A y B de la figura 32, describiendo colisiones de electrones y de fotones es evidente.

Cabría preguntarse, según esto, si sería posible unificar "partículas" y "fuerzas"; en el caso electromagnético electrones y fotones. Para ello hay que extender el concepto de simetría ya que, a pesar de compartir algunas características fundamentales (en especial, el carácter de onda y partícula), electrones y fotones difieren en aspectos también básicos, notablemente en el espín y las propiedades estadísticas. Estas propiedades (que no vamos a discutir aquí) son las que hacen quc, aunque pueda intercambiarse un fotón, como se muestra en la fig. 9 de la sección 8.4, o dos, como en la fig. 32 (A), o tres, cuatro, etc., el número de electrones y positrones intercambiados tiene que ser necesariamente *par* (y además el proceso debe involucrar forzosamente al menos un positrón).

Podemos también intentar extender este tipo de unificación, si fuera posible, a las demás partículas y fuerzas del modelo estándar; pero este tipo de extensiones del modelo son muy distintas de las "grandes unificaciones". A pesar de ello, fueron ensayadas desde muy pronto; son las llamadas *teorías superunificadas*, o *supersimétricas*, introducidas por Julius Wess y Bruno Zumino en 1973.[107] En estas teorías, como hemos dicho, lo que se intenta unificar son las partículas y las fuerzas. Es decir, si funcionasen realmente las teorías supersimétricas, los quarks, electrón y neutrino, por una parte; y los fotones, gluón y partículas W, Z por otra, serían, simplemente, distintos estados de un único objeto fundamental. La enorme elegancia formal de este tipo de teorías, unificando entidades aparentemente distintas, ha hecho que muchos físicos hayan sido seducidos por ellas; hasta tal punto que en la actualidad, más de ventisiete años después del trabajo original de Wess y Zumino, la supersimetría sigue siendo un importante tema de investigación en física de partículas. Y ello a pesar de dos fracasos, en mi opinión casi definitivos.

En primer lugar, la idea de unificar las partículas y las fuerzas *conocidas* no funciona. Es necesario suponer la existencia de hasta ahora inobservadas fuerzas y partículas complementarias (conocidas en la jerga del oficio como *compañeros supersimétricos*, y que ya han aparecido en este ensayo al hablar de las teorías de cuerdas) a las que hay que dotar de unas masas enormes para explicar su ausencia en los experimentos realizados con los aceleradores construidos hasta la fecha.

En segundo lugar, todos los modelos concretos que se han elaborado de supersimetría, en los que se hacía predicciones sobre las masas de los compañeros supersimétricos que pudieran ser verificadas experimentalmente, han resultado invalidadas cuando se han realizado los correspondientes experimentos. Según han ido incrementándose las energías de los aceleradores, los constructores de modelos supersimétricos han tenido que modificar éstos haciéndolos más alambicados; en particular suponiendo a los compañeros supersimétricos cada vez más y más pesados, para escapar a la observación. Este aspecto lo discutiremos en detalle más adelante.

Gravedad y supergravedad. Como hemos mencionado más de una vez, la gravitación es la única de las cuatro interacciones que operan en la naturaleza que no ha sido aún posible comprender a nivel microscópico. Una de las razones, indudablemente, es la de que no tenemos evidencia experimental en la que

[107] Una historia detallada de los precursores, y los primeros años de supersimetría, puede encontrarse en el artículo de K. Olive y M. Shifman, *Glimpses of superhistory*, CERN Courier, p. 19, marzo 2001.

basarnos: las interacciones gravitatorias son tan extraordinariamente débiles que sólo la enorme cantidad de masa que hay en un cuerpo como la tierra permite que sus efectos sean observables; pero la interacción gravitatoria entre un electrón y un protón (por poner un ejemplo) en un átomo de hidrógeno es 10^{54} veces más débil que la electromagnética.

Es posible intentar atacar el problema en otra dirección, y trabajar con la teoría clásica (aquí la palabra *clásica* se utiliza en el sentido de no-cuántica) de la gravedad de Einstein, y realizar en ella cambios análogos a los que llevan de la teoría clásica de Maxwell del electromagnetismo a la electrodinámica cuántica; pero esta vía presenta varios problemas: no está claro el papel de la teoría de la gravitación universal de Einstein, ni siquiera a nivel clásico, y su cuantización choca con dificultades notables. Pasamos a discutir brevemente ambos aspectos de la cuestión.

Diez años después de la formulación de la teoría de la relatividad Hilbert y Einstein obtuvieron las ecuaciones generales que gobiernan, en una teoría relativista, la interacción gravitatoria. Matemáticamente, esto se concreta en lo que se llama una *función lagrangiana*, que, sin tener en cuenta la mecánica cuántica, se escribe como sigue:

$$\mathcal{L} = \sqrt{-\det g_{\mu\nu}} \left(\frac{1}{16\pi k} R + \tfrac{1}{2} T^{\mu\nu} g_{\mu\nu} \right). \qquad (1)$$

(En realidad, esta fórmula nos da la densidad lagrangiana, aunque en esta sección la llamaremos lagrangiano o lagrangiana —no hay indicaciones fiables acerca del sexo de tal entidad— para abreviar). No es necesario comprender la fórmula de más arriba, algo que sólo los especialistas consiguen, y ello con dificultades, para seguir la discusión que viene a continuación; pero, para los expertos, aclararemos el significado de alguno de los símbolos que aparecen allí. $g_{\mu\nu}$ es el tensor métrico espacio-temporal, $T^{\mu\nu}$ es el tensor energía-impulso de la materia (incluido el campo electromagnético y otros campos no gravitatorios) y R es la curvatura de Riemann, que puede expresarse en términos de $g_{\mu\nu}$ y de sus derivadas. Finalmente, $k \simeq 6.67 \times 10^{-8} \mathrm{cm}^3\,\mathrm{gr}^{-1}\,\mathrm{s}^{-2}$ está relacionado con la constante de gravitación universal. Como se ha repetido muchas veces, la virtud principal de la formulación einsteniana de la gravitación es que reduce ésta a geometría: en efecto, la misma cantidad que proporciona la métrica del espacio ($g_{\mu\nu}$) representa también al campo gravitatorio.

De hecho, el lagrangiano de la ecuación (1) es el más general posible, si suponemos que el campo gravitatorio es único y que la teoría es predictiva. Pero si aceptamos la existencia de otros campos acompañando al gravitatorio ordinario (como ocurre por ejemplo en las teorías de cuerdas, de las que diremos algo después), entonces podemos añadir términos suplementarios a (1), que modificarán las predicciones de la teoría de Einstein de la gravedad. Sin embargo, estas modificaciones son difícilmente observables. Por ejemplo, si consideramos el efecto más ajustado que se sigue de (1), la precesión del periastro de un cuerpo sujeto a la interacción gravitatoria, sabemos que (1) implica un desplazamiento, a primer orden en la constante k, de

$$\delta\phi = \frac{3\pi r_{\text{Schwar.}}}{a(1-\epsilon^2)}.$$

Aquí $r_{\text{Schwar.}} = 2Mk/c^2$ es el llamado *radio de Schwartzschild* del objeto,[108] de masa M, que crea el campo gravitatorio; a es el semieje mayor, y ϵ la excentricidad de la órbita del cuerpo cuyo movimiento estudiamos. En el caso del planeta Mercurio, $M = M_\odot \simeq 2.2 \times 10^{33}$ gramos es la masa del sol; por tanto, $r_{\text{Schwar.}} = r_\odot \simeq 3.3 \times 10^5\,\text{cm} = 3.3\,\text{km}$. Como $a \simeq 58\,000\,000\,\text{km}$ (el radio medio de la órbita de Mercurio) se encuentra $\delta\phi \simeq 5.1 \times 10^{-7}$, en radianes por revolución. Haciendo el cálculo con mayor precisión, y comparando con el resultado observacional, tenemos, en segundos de arco por siglo,

$$\delta\phi = \begin{cases} 43.03\text{''} \quad \text{(teoría)} \\ 42.11\text{''} \pm 0.45\text{''} \quad \text{(observado)}. \end{cases}$$

La coincidencia entre teoría y observación no se limita al movimiento del planeta Mercurio. También se da en otros objetos celestes en los que se ha medido: Venus, el asteroide Ícaro, la propia tierra e incluso un objeto alejado miles de años luz, el púlsar PSR 1913+16, en el que la precisión en $\delta\phi$ es todavía mejor que en el caso de Mercurio.

El acuerdo es indudablemente espectacular; pero nos dice poco sobre posibles correcciones. Los términos que se podrían añadir al lagrangiano de Hilbert–Einstein involucrarían derivadas superiores de $g_{\mu\nu}$, y por tanto constantes de acoplamiento que esperaríamos fuesen del orden de k^2, k^3, etc., cuya influencia, a distancias grandes comparadas con el radio de Schwartzschild, son despreciables. Por ejemplo, la corrección de segundo orden (en la propia teoría de Einstein) a $\delta\phi$ es de menos de una milésima de segundo de arco por siglo, más de cien veces menor que el error experimental de la precesión del perihelio de Mercurio. Pero para detectar posibles términos suplementarios al lagrangiano de Hilbert–Einstein necesitaríamos hacer observaciones a distancias comparables con el radio de Schwartzschild del objeto cuya influencia gravitatoria estamos estudiando: es decir, tendríamos que observar lo que ocurre en la vecindad de un agujero negro.

[108] El radio de Schwartzschild de un objeto es el radio tal que, si comprimiésemos el objeto en el interior de dicho radio, se convertiría en un agujero negro.

Con respecto a lo que ocurre si intentamos cuantizar la teoría gravitatoria, la situación es aún más obscura. Las observaciones *clásicas* todavía nos permiten verificar la aproximación de primer orden deducida del lagrangiano de Hilbert–Einstein. Pero los efectos cuánticos, incluso de la teoría a primer orden, son completamente inobservables, y probablemente lo seguirán siendo durante muchos, muchos años. A las energías actualmente alcanzables son de menos de una milésima de billonésima de los efectos de las otras interacciones y, por tanto, indetectables.

Podemos decidir no hacer caso de la falta de información experimental, e intentar cuantizar directamente (1), reinterpretando las variables como operadores; así, reemplazamos $g_{\mu\nu} \to \hat{g}_{\mu\nu}$, que representaría un operador describiendo creación y aniquilación de *gravitones*, los hipotéticos *quanta* del campo gravitatorio. Si hacemos esto nos encontramos con una teoría no-renormalizable: al hacer cálculos de orden superior al primero encontramos infinitos, los que no podemos reabsorber en la definición de los parámetros de la teoría. Por todos estos motivos muchos físicos piensan que el lagrangiano de Hilbert–Einstein representa sólo una teoría efectiva, a ser utilizada únicamente a primer orden. Las claves de una teoría más fundamental serán difíciles de encontrar mientras no tengamos resultados experimentales sensibles a órdenes superiores (y a efectos cuánticos, lo que es de momento inimaginable). Por ejemplo, sería interesante saber si es sólo el tensor métrico, $\hat{g}_{\mu\nu}$, el que tiene que representarse por un operador; o si también habría que hacer algo parecido con las coordenadas, reemplazando x_μ por $\hat{x}_\mu$: algo que nadie sabe cómo realizar.

Pero la situación no es, tal vez, tan desesperada. En las teorías de *supergravedad*, que discutiremos a continuación, los infinitos que ocurrirían en segundo orden de aproximación desaparecen, lo que resulta un indudable avance; y en las teorías de cuerdas, que también consideraremos más adelante, los infinitos desaparecen, tal vez a todos los órdenes.

Las teorías de supergravedad fueron consideradas en primer lugar por el americano D. Z. Freedman, el holandés Peter van Nieuwenhuizen y el italiano Sergio Ferrara[109] y por Stanley Deser y Bruno Zumino.[110] Su importante observación consistió en darse cuenta de que, si suponemos que la idea de supersimetría se aplica también a la gravitación (*supergravedad*), entonces las contribuciones de los compañeros supersimétricos, en especial del compañero supersimétrico del gravitón (conocido con el absurdo nombre de *gravitino*), tendrían la propiedad de dar contribuciones iguales y de signo contrario a los

[109] *Phys. Rev.*, **D13**, 3214 (1976).

[110] *Phys. Letters*, **62B**, 335 (1976).

infinitos que aparecen en la teoría ordinaria (con el lagrangiano de Hilbert–Einstein) de la gravitación.

Los cálculos son extraordinariamente complicados; pero el resultado era esperanzador, y parecía ofrecer una vía para tratar efectos de gravitación cuántica. Lo que llevó a un elevado número de científicos a explorar las posibilidades de teorías que incluyeran gravitación y supersimetría.

§14.5. La triste historia de los monojets.

El hecho de que en una teoría de la gravitación que incluya compañeros supersimétricos las inconsistencias (infinitos) de la gravitación sólo aparezcan a tercer órden parecía indicar que la teoría de supergravedad iba en la buena dirección. En particular, esto espoleó a los físicos[111] para intentar extraer consecuencias de estas teorías que pudiesen contrastarse experimentalmente.

Estas parecieron encontrarse. En una amplia clase de los más sencillos modelos de supergravedad se obtenía una masa para los *gluinos* (compañeros supersimétricos de los gluones) de unas pocas veces la masa del protón; y para los *squarks* (los compañeros de los quarks) del orden de las masas de las partículas W y Z.

Si existiesen realmente gluinos y squarks con tales masas, entonces hubiera sido posible producirlos en el colisionador de protones y antiprotones que operaba en el CERN desde 1982. Este acelerador, que en 1983 acababa de descubrir las partículas W y Z, tenía suficiente energía para producir squarks con tal masa. Pero algo tal vez más interesante era que los squarks, al desintegrarse, podían generar a veces señales muy características, que hubieran permitido identificarlos con relativa facilidad.

Una de estas señales consistía en la desintegración del squark producido en el choque en un quark, muy energético, que produciría el característico chorro (*jet*), acompañado de un fotino (el compañero supersimétrico del fotón) que, por interaccionar muy débilmente, no dejaría rastro en el detector. Esto es, tendríamos un *monojet*: un chorro de partículas aislado, saliendo en una dirección, sin nada que lo equilibrara en la dirección opuesta. La sugerencia de que los squarks podrían producirse en el colisionador, y, sobre todo, la señal, el *monojet* que producirían y que hubiese permitido su detección, se deben a

[111] El número de éstos es demasiado grande como para que podamos presentar aquí una lista detallada; pero sí quiero mencionar entre ellos a J. Iliopoulos y P. Fayet y a los españoles Luis Álvarez Gaumé, Luis Ibáñez y Cayetano López, que desempeñaron un papel relevante en construir modelos consistentes con supergravedad.

María Herrero, Luis Ibáñez, Cayetano López y el autor,[112] y era conocida como "el modelo de Madrid".

La temperatura subió muchos grados cuando, unos meses después de este análisis teórico, los grupos experimentales que operaban con el colisionador del CERN, en especial el conocido como UA1, liderado por Carlo Rubbia, anunciaran que observaban una media docena de monojets (también en UA2 se observaban señales extrañas[113]), con número y propiedades compatibles con los que se seguían de los cálculos basados en supersimetría.

La excitación no sólo ganó a los científicos, sino que trascendió al público. Un elevado número de físicos, tanto en Europa como en E.E.U.U., se lanzaron a producir refinamientos o variantes del modelo. En revistas científicas tan serias como *Nature*, o la de divulgación *Discover*, se daba la supersimetría como poco menos que descubierta; y en la italiana *La Ricerca* se pedía un nuevo premio Nobel para Rubbia (que ya lo había recibido por el descubrimiento de las partículas W y Z) por encontrar la supersimetría.

Sin embargo la situación era menos clara que lo que estas alharacas pudieran hacer suponer. Las primeras indicaciones de que los monojets, lejos de ser debidos a partículas supersimétricas, correspondían a física estándar vinieron de dos direcciones. Una fue la evaluación, entre otros por la física experimental Aurora Savoy-Navarro (francesa de origen español), de la producción en el colisionador de electrones pesados de tipo *tau*, por medio de desintegración de una W generada en las colisiones. En estas desintegraciones las partículas *tau* vendrían acompañadas de su correspondiente neutrino, inobservable; y, al desintegrarse, producirían la mitad de las veces pares de quarks que se materializarían en un chorro de partículas: por tanto, *monojets*. Las observaciones experimentales de Savoy-Navarro indicaban que este podía ser el plebeyo origen de dos o tres de los monojets identificados por UA1.[114]

Por otra parte el italiano Odorico y Steve Ellis y Keith Ellis (americano y escocés, sin ningún parentesco) evaluaron este proceso y también la probabilidad de que en la colisión se produjera un gluón (que daría lugar a un *jet*) y una partícula Z, que podría materializarse en dos neutrinos, inobservables,

---

[112] *Phys. Letters*, **132B**, 199 (1983).

[113] G. Arnison et al., *Phys. Letters*, **139B**, 115 (1984), por UA1; P. Bagnaia et al., *Phys. Letters*, **139B**, 105 (1984), por UA2.

[114] Savoy-Navarro vino a verme a mi despacho del CERN, en donde (atraido por las noticias de los monojets) yo estaba pasando un año sabático, a principios de 1985, a contarme su hallazgo. Le recomendé que lo publicara inmediatamente pero, aparentemente, su grupo (liderado por Rubbia) no se decidía a autorizarlo. Finalmente, Aurora sí lo contó en una conferencia.

y por tanto también producir monojets. El número de los monojets esperables con este mecanismo era de uno o dos, de manera que de los cinco o seis monojets originales cuatro o cinco, tal vez todos, podían finalmante ser física banal. A pesar de que en su artículo el grupo de Rubbia había manifestado que no encontraban explicación para sus señales en términos de ruido de fondo o entre lo esperable en el modelo estándar (*"[We cannot] find an explanation for such events in terms of backgrounds or within the expectations of the standard model"*) cada vez estaba más claro que los físicos de UA1 no habían hecho correctamente sus deberes, y la relevancia de los monojets como heraldos de nueva física parecía dudosa.

A principios de 1985 la situación era pues confusa. Los resultados experimentales sobre *monojets* eran compatibles con la producción de squarks; pero también lo eran con su ausencia.

En 1984 la energía del colisionador del CERN se incrementó de 540 a 630 GeV y su luminosidad (que mide, esencialmente, el número de colisiones observables) se aumentó sustancialmente, de 153 a 500 nanobarns inversos. Si los monojets hubiesen representado nueva física, por ejemplo los *squarks* del modelo de Madrid, su número hubiera aumentado enormemente, debiéndose producir entre doce o veinte. Si, por el contrario, se debían a *taus* o Z, es decir, eran física estándar, entonces sólo deberían observarse un número comparable a los del experimento anterior: de cuatro a seis. Ya en el verano de 1985 los resultados de los análisis experimentales llevaban con claridad su mensaje negativo, y las esperanzas de encontrar squarks se desvanecían.[115]

§14.6. Las siete vidas de SUSY.

Como vemos, grandes unificaciones y supersimetrías son poco exitosas cuando se las confronta con el experimento. En particular, la aventura de los monojets dejó bastante tocada a la supersimetría; pero a pesar de ello bastantes físicos han seguido trabajando en ella hasta hoy, y más de uno piensa que representa una posibilidad viable.

¿Cuál es el motivo de este optimismo? Una de las razones es que no hay otras alternativas más apetecibles que vayan más allá del modelo estandard: SUSY (como se conoce a veces a la supersimetría, por contracción de su nombre inglés) sigue siendo la chica más guapa del pueblo. Pero además de eso, SUSY presenta algunas indicaciones que, aunque muy poco convincentes, le dejan a uno con la duda: ¿Y si ...? Pasamos a discutir algunas de éstas brevemente.

---

[115] La historia de los monojets, y en particular del modelo de Madrid, puede encontrarse novelada (con buen lujo de detalles en los que aquí no podemos entrar) en el libro de Taubes, *Nobel Dreams*.

La primera indicación es el valor de la masa del quark t. En las teorías supersimétricas la masa de los quarks es arbitraria; pero estas teorías tienen tendencia a producir valores grandes para, precisamente, la masa del quark t. Aunque los números que se obtienen de forma más natural en supersimetría son un poco demasiado grandes (doscientas cincuenta o más veces la masa del protón), no cabe duda de que van en la buena dirección.

La segunda indicación es la masa de la partícula de Higgs. De nuevo tampoco hay una predicción bien definida, pero los valores entre cien y ciento cuarenta veces la masa del protón son los favorecidos. Aunque la partícula de Higgs aún no se ha encontrado, las indicaciones que tenemos sobre esta masa coinciden con los valores que SUSY prefiere.

Las siguientes indicaciones vienen de teorías de gran unificación. Como dijimos, estas se abandonaron porque presentaban tres problemas: uno de consistencia interna, las llamadas *jerarquías* que no discutimos antes, ni lo haremos ahora. Otro es que las relaciones que implicaban entre las intensidades de las tres interacciones (fuertes, electromagnéticas y débiles) no se cumplían con suficiente exactitud. Finalmente, el protón se niega a desintegrarse con el ritmo que la gran unificación le pide.

Pues bien: en las teorías supersimétricas la primera dificultad, si no se soluciona, por lo menos se hace más llevadera[116] La segunda dificultad puede arreglarse, suponiendo que las masas de los compañeros supersimétricos son del orden de unas quinientas veces la del protón, lo que de paso explica por qué no pudieron verse con el colisionador del CERN, ni posteriormente con el Tevatron de Fermilab: son demasiado pesados para poder ser producidos en estos aceleradores, y habrá que esperar a LHC.

Finalmente, en supersimetría los mecanismos ordinarios de desintegración del protón están suprimidos, y la vida media correspondiente resulta ser de unos 10^{35} años, compatible con el experimento. Desgraciadamente, y como hicieron ver Wilczek y Weinberg, SUSY implica otros nuevos procesos involucrando compañeros supersimétricos (los llamados *operadores de dimensión 5*) que harían que el protón viviese 10^{27} años o menos, un completo desastre. Para arreglarlo hay que suponer que, por un mecanismo bastante artificial, estos procesos se cancelan con otros.[117]

---

[116] M. Veltman, *Acta Phys. Polon.*, **B12**, 437 (1981); E. Witten, *Nucl. Phys.*, **B188**, 513 (1981).

[117] Algo que no está claro si es positivo o negativo para la supersimetría es que las teorías de cuerdas la *exigen* para poder ser compatibles con la existencia de partículas (fermiones).

Como vemos, ninguna de las predicciones o aspectos positivos son muy limpios, y de hecho puede decirse que más que construcciones teóricas sólidas tenemos chapucillas. Pero esto no es lo peor; el problema más grave que, en mi opinión, presentan tanto gran unificación como supersimetría es que no tocan apenas ninguna de las grandes carencias que aquejan a la física de partículas. No explican por qué existen las dos familias de partículas elementales pesadas que hemos descubierto en experimentos a altas energías. No explican el enrevesado esquema de las masas de las partículas. Y, finalmente, no resuelven las cuestiones del mecanismo de Higgs, y de la imbricación de la relatividad general (gravitación) en la física microscópica.

Las primeras cuestiones, que constituirán sin duda (no parece que sea esta una profecía arriesgada) la base de la investigación en física en el siglo XXI, no son resueltas total ni parcialmente por grandes unificaciones o supersimetrías que lo más que llegan a conseguir es ser compatibles con estos hechos.

Acerca de la cuestión de la imbricación de la gravedad, las teorías de cuerdas constituyen (justo es decirlo) las únicas que, por lo menos, tocan el problema; las discutiremos en el próximo capítulo.

CAPÍTULO 15.

Perspectivas para el siglo XXI

"Contemplation of superstrings may evolve into an activity as remote from conventional particle physics as particle physics is from chemistry, to be conducted at schools of divinity by future equivalents of medieval theologians. For the first time since the Dark Ages, we can see how our noble search may end, with faith replacing science once again."
S. GLASHOW Y P. GINSPARG,
En "Desperately seekig superstrings",
Phsics Today, mayo, 1986

15.1. El problema de las masas y el mecanismo de Higgs

No es el de profeta o adivino un oficio cómodo. A los peligros que acecharon a los de la antigüedad (baste recordar cuántos murieron lapidados, quemados o, como Laocoonte y sus hijos, presa de serpientes; por no hablar de la Sibila de Cumas, convertida en grillo), se une uno indudablemente menos violento, pero más seguro, que es el de la confrontación de las predicciones con la realidad: piénsese en las afirmaciones de Poincaré y Lord Kelvin, en relación con el problema de las edades de la tierra y del sol, que hemos citado al principio de este texto. Sin embargo, un ensayo sobre la ciencia del microcosmos estaría incompleto sin un intento por extrapolar nuestros conocimientos, y por presentar un panorama de posibles líneas de progreso.

Antes de ello, sin embargo, y para tomar perspectiva, vamos tanto a recapitular alguno de los problemas del modelo estándar que ya hemos mencionado, comenzando por el campo de Higgs y el concomitante problema de los peculiares valores de las masas de las partículas. No sólo por su importancia, sino porque es posible que sea el único que podamos resolver en los próximos años, en particular con la ayuda del acelerador LHC, en la actualidad en construcción en el CERN, cerca de Ginebra o en el Tevatron de Fermilab, si las indicaciones recientemente encontradas en LEP200 se confirman. Las demás cuestiones (imbricación de la gravedad o la razón del esquema de masas) requerirán, probablemente, información experimental inalcanzable con los aparatos que podemos imaginar en la actualidad.

El campo de Higgs. Para explicar el problema del mecanismo de Higgs tenemos que retroceder, y recordar las teorías de las interacciones débiles. Recordamos que, ya en 1961, Sheldon Glashow había formulado una teoría, esencialmente idéntica a la que ha sido comprobada experimentalmente, suponiendo que las interacciones débiles son mediadas por partículas W y Z. Para estar de acuerdo con los resultados experimentales, Glashow reconoció que estas partículas tenían que tener unas enormes masas, docenas de veces mayores que el protón (como hoy sabemos, la W unas noventa veces y la Z casi cien).

Esto era un desastre; debido a que las partículas W, Z tienen autointeracciones, la teoría sólo puede ser consistente si su masa es cero. Higgs, entre otros, encontró una solución al problema. Consiste en imaginar que el vacío esta lleno de un campo, que en su honor se conoce hoy como campo de Higgs. En su modelo no todas las partículas interaccionan con ese campo; las que lo hacen adquieren algo indistinguible de la masa ya que, al moverse en el vacío ocupado por el campo de Higgs, tienen que arrastrarlo.

Weinberg e, independientemente, Salam y Ward, se dieron cuenta de que se podía salvar el modelo de Glashow suponiendo que las partículas W y Z no tienen masa por sí, sino sólo como reflejo de su interacción con el vacío de Higgs. De hecho, hay que suponer que las masas de *todas* las partículas que conocemos tienen este extraño origen.

El vacío de Higgs es muy incómodo. En primer lugar, la partícula correspondiente al campo de Higgs es la única que no ha sido encontrada experimentalmente. Como hemos dicho, existen indicaciones sobre su posible existencia en las medidas de precisión realizadas, especialmente por LEP y LEP200, particularmente sobre propiedades de las partículas W y Z; pero no hay nada definitivo. Lo peor, sin embargo, es el parecido del campo de Higgs con el éter, y el presentar problemas casi tan formidables como aquel. Por ejemplo, y como Linde, Dreitlein y Veltman[118] han hecho ver, la existencia del campo de Higgs tiene importantes consecuencias en conexión con las interacciones gravitatorias, a las que el campo de Higgs no puede sustraerse. En particular, la presencia de un campo llenando el "vacío" implica que todo el universo debería colapsar inmediatamente. La única solución para evitar este colapso es introducir una constante cosmológica *ad hoc* que cancele exactamente, con más de cincuenta cifras decimales de precisión, el efecto del campo de Higgs: una solución difícilmente creible.

En el momento de escribir este capítulo, en el otoño de 2000, llegaron noticias de que uno de los cuatro grupos que trabajan en LEP, conocido con

[118] M. Veltman, *Phys. Rev. Letters*, **34**, 777 (1975); J. Dreitlein, *ibid* **33**, 1243 (1974); A. D. Linde, *Pis'm Zh. Eksp. Teor. Fiz.*, **19**, 320 (1974).

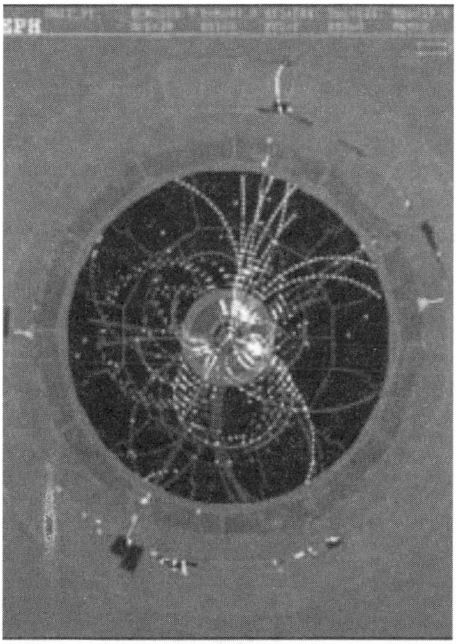

FIGURA 33. La señal de cuatro chorros, observada en el verano de 2000 en el detector Aleph, en LEP, puede interpretarse como producción de Z y Higgs, y posterior desintegración de estos.

el nombre de *Aleph*, ha encontrado señales de la existencia de la partícula de Higgs con una masa de unas 123 veces la del protón: compatible con la deducida de medidas de precisión a través de correcciones radiativas. Y esta señal ha sido parcialmente corroborada por indicaciones, algo menos claras, que aparecen en otros de los detectores de LEP, en particular L3 y Opal[119] En la figura 33 mostramos la reconstrucción de una señal con cuatro chorros de partículas encontrada en el detector Aleph, tal vez la más convincente de todas.

Sin embargo, la evidencia no es concluyente; como la triste historia de los monojets nos enseña, cuatro o cinco sucesos, obtenidos al límite de la energía disponible, bien pueden ser debidos a ruido de fondo. Y lo peor de todo es que el acelerador LEP se ha cerrado, así que tendremos que esperar cinco o

[119] R. Barate et al., *Phys. Letters*, **B495**,1 (2000) y M. Acciarri et al., *ibidem*, p. 18.

seis años hasta que el Tevatrón de Fermilab, mejorado, o tal vez LHC, puedan confirmar (o desmentir) la relevancia de las señales.

Pero, incluso si se demostrara que las señales observadas corresponden realmente a la partícula de Higgs, aún tendríamos preguntas básicas sin respuesta: ¿existe realmente el campo de Higgs, como campo fundamental? Nótese que no me estoy refiriendo aquí a si existe o no una partícula con las propiedades similares a las que predice el modelo de Weinberg–Salam; podría existir como existe el mesón π predicho por Yukawa, pero no ser una entidad fundamental. ¿Es la introducción del campo de Higgs únicamente un artilugio que esconde nuestra ignorancia acerca de una teoría más básica? Sin duda esta será una de las cuestiones más ardorosamente investigadas en los comienzos del siglo XXI.

Las masas de las partículas. En conexión con el problema del campo de Higgs tenemos el de los valores de las masas de las partículas; valores puramente *experimentales* ya que no hay indicación teórica acerca de los motivos por los que el demiurgo eligió los que observamos. En la tabla 4 adjunta mostramos una lista de las partículas, excepto los neutrinos que ya discutimos antes, y sus masas respectivas.[120]

En el año 1980, Froggatt y Nielsen[121] escribieron un artículo aplicando métodos estadísticos a las masas de los quarks. Llegaron a la conclusión que, si estas masas tenían correlaciones, es decir, si no formaban un conjunto de números aleatorios, la masa del quark t debería ser inferior a unas cien veces la del protón. Como sabemos, experimentalmente, esta masa es *ciento ochenta* veces la del protón. Si nos tomamos en serio el artículo de Froggatt y Nielsen parece que tenemos que concluir que, realmente, las masas de las partículas tienen valores al azar.

[120] Con respecto a las masas de los quarks, en especial los más ligeros (u, d, s) tenemos que hacer una puntualización. Puesto que los quarks están confinados, el concepto de *masa* de un quark no es fácil de definir, ya que siempre aparecen rodeados de una nube de gluones. Hasta ahora hemos dado la llamada *masa constituyente*, que tiene en cuenta la presencia de esta nube, y de valor alrededor de un tercio de la masa del protón. Pero la cantidad más fundamental es la masa que tendría el quark, con exclusión de la nube de gluones, cantidad que, para distinguirla de la anterior, se conoce a veces como *masa mecánica*. Es esta última la que damos en la tabla. Para los quarks pesados (c, b, t) reseñamos la llamada *masa polo*, que es la que tiene un significado físico más trasparente. Para los ligeros (u, d, s), la masa es la llamada "masa $\overline{\mathrm{MS}}$", definida en la energía en reposo del protón. No discutiremos ninguno de estos conceptos, muy técnicos.

[121] C.D. Froggatt y H.B. Nielsen, *Nucl. Phys.B*, **164**, 114 (1980).

$e: \; m_e = 0.51 \text{ MeV}/c^2$
$\mu: \; m_\mu = 100 \text{ MeV}/c^2$
$\tau: \; m_\tau = 1\,777 \text{ MeV}/c^2$

Masas de los electrones.

$d: \; m_d = 8 \text{ MeV}/c^2$
$s: \; m_s = 190 \text{ MeV}/c^2$
$b: \; m_b = 5\,000 \text{ MeV}/c^2$

Masas de los quarks de tipo d.

$u: \; m_u = 5 \text{ MeV}/c^2$
$c: \; m_c = 1\,700 \text{ MeV}/c^2$
$t: \; m_t = 175\,000 \text{ MeV}/c^2$

Masas de los quarks de tipo u.

Tabla 4. *Masas de las partículas. En unidades de* MeV/c^2.

¿Implica este argumento que estamos llegando a la región final del conocimiento, en la que aparece un sustrato aleatorio y no es posible profundizar más? En todo caso, la impresión que esto produce es que la explicación de la existencia y los valores de las masas de las partículas en el modelo estándar deja bastante que desear y que, aunque la partícula de Higgs existiese, la teoría de Weinberg–Salam representaría un mero modelo fenomenológico, que sería reemplazado en el futuro por una descripción más fundamental, radicalmente distinta: tal vez incorporando la gravitación, una interacción manifiestamente conectada con las masas.

15.2. Cuerdas y supercuerdas.

En 1984 John Schwartz en CalTech y Michael Green, en el *Queen Mary College* de Londres, publicaron unos trabajos resucitando las teorías de cuerdas, que se habían ya postulado quince años antes para explicar la dinámica de hadrones. En la nueva versión la dimensión de estas cuerdas no es ya el tamaño de los hadrones, digamos una billonésima de milímetro, sino muchísimo menor, de 10^{-32} centímetros. Esta es la llamada "longitud de Planck", y es la distancia a la cual los efectos cuánticos de la gravedad compiten con los de las interacciones, débiles, electromagnéticas y fuertes, del modelo estándar. Schwartz y Green propusieron interpretar las partículas elementales que conocemos como vibraciones de estas cuerdas. Es decir: el fotón y el electrón, los quarks, las partículas W y Z, etcétera, deben considerarse como los *quanta* de estas vibraciones.

Para que las teorías de cuerdas más sencillas sean consistentes es necesario suponer que el universo tiene diez dimensiones. El problema que plantean las dimensiones extra, que nadie por supuesto ha observado, se resuelve (?) suponiendo que están confinadas en una región muy pequeña, del orden del tamaño de las cuerdas.[122] Podemos pues imaginar el universo como un tubo como los menús de la *nouvelle cuisine*: muy largo, pero muy estrecho. Unos seres filiformes (es decir, nosotros) que vivieran en el tubo serían conscientes de una dimensión, a lo largo del tubo, pero no de las otras dos, ya que no podrían apenas moverse a lo ancho.

Estas dimensiones extra son esenciales para las teorías de cuerdas; en efecto, aunque plantean problemas, exhiben indudables virtudes. En primer lugar, podemos identificarlas con los espacios internos (isospín débil, color, carga eléctrica) de las distintas interacciones. En segundo lugar, proporcionan un mecanismo regulador de los infinitos que aparecen en el modelo estándar cundo se hacen cálculos a órdenes de aproximación superiores al primero: la teoría de cuerdas produce resultados *finitos*, sin necesidad de renormalización. Finalmente, el reflejo a escala macroscópica de la existencia de estas longitudes elementales, las de las dimensiones extra y la del tamaño de las cuerdas, es la interacción gravitatoria que así (por fin) aparece integrada con las demás.

Una propiedad extra de las teorías de cuerdas es que, para poder acomodar todas las partículas que conocemos, necesitan ser supersimétricas, por lo que en la actualidad a estas teorías se las conoce también como *supercuerdas*. A principios de los años ochenta, cuando la supersimetría era más popular e incluso parecía haber evidencia experimental de su existencia (los monojets), esta característica era un punto más a favor de los cuerdistas.

Todos estos motivos espolearon a una buena parte de la comunidad teórica de físicos de altas energías a explorar en detalle las teorías de cuerdas, exploración que no ha concluido, ni lleva visos de concluir. Pero el problema con estas teorías es que, como ha dicho en frase feliz Álvaro de Rújula, sus predicciones son inobservables o inobservadas. En efecto, una buena parte de las hipótesis de las teorías de cuerdas son imposibles de verificar experimentalmente; y, las que lo podrían ser, son inobservadas. La plétora de dimensiones extra que estas teorías predicen son tan extraordinariamente pequeñas que son inobservables. No sólo con los métodos de detección que poseemos hoy, sino con cualquiera de los que podamos imaginar: haría falta construir un acelerador

[122] Este mecanismo había sido propuesto mucho antes, en otro contexto, por Kaluza y Klein.

que llegase a la energía de Planck, diez millones de *billones* de GeV, o ir a las proximidades de un agujero negro. Y por otra parte predicen la existencia de muchas nuevas partículas, entre ellas de los *compañeros supersimétricos*, a los que ya nos hemos referido, todas ellas inobservadas.

Estos no son los únicos problemas de las teorías de cuerdas. Además de lo dicho, resulta que las teorías no son únicas; los mecanismos por los que las dimensiones extra se enrollan no son conocidos; y nadie ha conseguido demostrar que realmente contengan el modelo estándar. Y, lo que tal vez es peor, no resuelven ni uno sólo de los problemas que parecen básicos de este modelo. No proporcionan indicaciones de los valores de las masas de las partículas, ni de las intensidades de las interacciones, ni del mecanismo de Higgs.

Pero esto no detiene a los entusiastas de las teorías de cuerdas, fascinados por su consistencia y belleza interna (según ellos), y convencidos de que es posible descubrir la estructura última del universo por consideraciones de simetría. Así, en una entrevista con John Horgan (publicada en el libro del mismo *The End of Science*, p. 69), Edward Witten, un gran físico y (sobre todo) matemático, galardonado con la medalla Field por sus trabajos en este último campo campo, exulta:[123]

> *"I don't think I've succeeded in conveying to you its wonder [of string theory], its incredible consistency, remarkable elegance and beauty ... Generally speaking, all really great ideas of physics are really spin-offs of string teory ... Some of them were discovered first, but I consider that a mere accident of the development on planet earth ... But I don't believe, if there are many civilizations in the universe, that these four ideas [general relativity, quantum field theory, supersymmetry and superstrings] were discovered in that order in each civilization."*

Lo cierto es que Witten se pasa, en esta entrevista. Su punto de vista en ella parece excesivo, incluso a muchos partidarios de las supercuerdas.

---

[123] "No creo que le haya conseguido trasmitir lo maravilloso [de las teorías de supercuerdas], su increible consistencia, notable elegancia y belleza ... Desde un punto de vista general, todas las ideas verdaderamente grandes en la física son, realmente, subproductos de las teorias de cuerdas ... Algunas de esas ideas se descubrieron antes [que las teorías de cuerdas], pero yo considero esto un mero accidente debido al desarrollo [de la física] en el planeta tierra ... Pero no creo que, si hay muchas civilizaciones en el universo, esas cuatro ideas [relatividad general, teoría relativista de campos cuánticos, supersimetría y supercuerdas] hayan sido descubiertas en ese orden en todas las civilizaciones".

Mi opinión personal al respecto es bastante pesimista, como ya he mencionado. Por supuesto no podemos demostrar que las teorías de cuerdas son falsas: y tal vez en el acelerador LHC, que producirá resultados a partir del año 2008, se encuentre algún "compañero supersimétrico", o alguna partícula de tipo Z, además de la familiar que contiene el modelo estándar. Pero lo que va a ser poco menos que imposible es hallar indicaciones de que estas partículas impliquen una estructura de cuerdas.

Mientras tanto, mientras no haya indicaciones *experimentales*, deberán permanecer estas teorías en los dominios de la fantasía, y de lo que podríamos llamar *física-ficción*, en que cada vez se adentran más sus practicantes: las frases del artículo de Glashow y Ginsparg[124] con que encabezábamos este capítulo se aplican, hoy, mucho más que cuando fueron escritas.

Aunque no tengo dudas de que estas teorías continuarán siendo objeto de investigación en el siglo XXI, me parece poco probable que resolvieran en un futuro próximo el problema sin cuya solución una teoría se queda en mera especulación, a saber: producir predicciones que se puedan verificar experimentalmente. También es cierto que mi pesimismo no es unánimemente compartido por la comunidad de físicos de altas energías, que está dividida al respecto. Por poner ejemplos ilustres, Feynman, Veltman o Glashow han mostrado su total desconfianza hacia tales teorías; mientras que Gell-Mann o Witten, como ya hemos visto, piensan que son perfectamente viables, y Weinberg tiene una actitud más matizada. La opinión personal del que esto escribe se inclina bastante en la dirección de Feynman–Veltman–Glashow: me resultaría sorprendente que las teorías de cuerdas —al menos en su forma actual— proporcionaran una descripción de la realidad física.

SUSY, cuerdas y algo más sobre la polémica de simplicistas y no-simplicistas. En un par de ocasiones en este texto hemos dicho unas palabres, y esbozado algunos argumentos, a propósito de la polémica entre *simplicistas* (que creen que el universo es, en su estructura última, esencialmente sencillo) y no-simplicistas.

A pesar de las objeciones que hemos puesto a una visión excesivamente ingenua acerca de la sencillez del esquema que hemos ido describiendo de la física de partículas elementales, no cabe duda de que el modelo estándar funciona con una notable economía de estructuras y de parámetros. Tenemos

---

[124] "La contemplación de las supercuerdas puede evolucionar en una actividad tan remota de la física de partículas convencional como la física de partículas lo está de la química, para ser estudiada en escuelas de teología por los equivalentes futuros de los teólogos medievales. Por primera vez desde las edades oscuras podemos vislumbrar cómo nuestra noble búsqueda puede acabar, con la fe reemplazando a la ciencia de nuevo."

tres entidades fundamentales (electrones, neutrinos y quarks) que se comunican a través de tres interacciones básicas. Dejando de lado las masas de los neutrinos, tanto partículas como interacciones pueden describirse en términos de unos 24 parámetros: más o menos, tantos como el número de letras del alfabeto. Estos parámetros incluyen tanto las masas o los ángulos de mezcla como las intensidades de las tres interacciones. A pesar de las indudables dificultades existentes para llevar a cabo cálculos concretos, no parece el modelo estándar excesivamente complicado para describir —exceptuando las interacciones gravitatorias— todo el universo.

Pero si fuese cierta una estructura subyacente de tipo supersimétrico, y no digamos de cuerdas (o supercuerdas), esta simplicidad se revelaría como algo aparente. Al penetrar a escalas de unos TeV y, sobre todo, al investigar la escala a la que la estructura de cuerdas resultase aparente, la complejidad crecería de forma delirante y la sencillez del modelo estándar se revelaría como la aparente lisura de una jungla, observada desde un avión volando a muchos miles de metros sobre ella: debida tan sólo a la falta de resolución de nuestras teorías y a la falta de precisión de nuestros instrumentos. A los electrones, neutrinos y quarks, y a los trasmisores de las tres interacciones (fotones, gluones y W, Z), se añadiría un abigarrado zoo de nuevas partículas, para las que se han elegido nombres peculiares, y a alguna de las cuales nos hemos referido con anterioridad. Al menos, deberían existir selectrones, sneutrinos y squarks; fotinos, gluinos, winos y zinos; dos nuevos campos de Higgs (el del modelo estándar no basta), mas cuatro higgsinos. Todos estos objetos, un tanto surrealistas, tienen masas que la teoría no fija; y el número de parámetros crece en más de un centenar, como mínimo.

Pero si además tenemos una estructura subyacente de cuerdas la situación empeora. Debemos añadir, como cantidad desconocida, la tensión de la cuerda y los tamaños de las al menos seis dimensiones que hay que suponer compactas. Si la estructura del universo fuese realmente así, es difícil ver como podría mantenerse la realidad de una sencillez profunda: la victoria de los no-simplicistas sería completa.

15.3. ¿Hay algo además de lo que hemos visto? Neutrinos exóticos. Materia oscura y mundo espejo. Inflatones

Es posible preguntarse: ¿cómo podemos saber que las partículas que hemos detectado son todo lo que hay?

A primera vista esta pregunta no parece muy inteligente: si no hemos visto una partícula no podemos estar seguros de su existencia.

Esta objeción es correcta, pero sólo parcialmente. En efecto, está claro que hasta que no se detecta efectivamente una partícula tendremos dudas (razonables) acerca de su existencia. Un ejemplo de esto fueron en el pasado (entre otros) el quark c y las partículas W y Z. En el momento actual y, a pesar de la evidencia (parcial), nadie las tiene todas consigo a propósito de la existencia, o no existencia, de la partícula de Higgs. Y, también, a pesar de la indudable existencia de la gravitación, nadie ha detectado aún el correspondiente *quantum* del campo gravitatorio, el elusivo gravitón, que no será fácil de encontrar: su interacción con las cantidades de materia que podemos manejar en un laboratorio es irrisoria. Aunque en este caso yo, al menos, estoy convencido de su existencia. Hay indicaciones fiables de la existencia de ondas gravitacionales (la pérdida de energía del púlsar conocido como PSR 1913+16 coincide exactamente con lo que la teoría predice que debe ocurrir por radiación gravitacional) y, tal vez, esta radiación pueda ser revelada directamente por experimentos de detección de ondas gravitacionales a ser realizados en un futuro próximo en el espacio.

Pero en este capítulo, como en buena medida en el anterior, estamos en clave especulativa. Así, lo que en realidad nos preguntamos es sobre si hay *indicaciones* acerca de la posible existencia de constituyentes de la materia distintos de los electrones, neutrinos y quarks que (espero) nos son ya familiares.

Para empezar, digamos que es muy poco probable que exista una *cuarta* familia, similar a las tres que conocemos. Los argumentos que permitieron predecir la existencia del quark t mucho antes de haberse descubierto nos la hubieran delatado hace tiempo; pero puede existir materia más exótica.

Un tipo de esta materia distinta de lo que hemos visto hasta ahora y que tiene buenas posibilidades de existir son los neutrinos de quiralidad *dextro*. Las tres versiones de neutrinos que hemos presentado en este libro (electrónico, muónico y tauónico) son de tipo *levo*. Pero, si las indicaciones de una masa distinta de cero para los neutrinos se confirman, la manera más sencilla de incorporar esta propiedad en el modelo estándar es a través del mecanismo de Higgs e introduciendo tres nuevos neutrinos, electrónico, muónico y tauónico, pero ahora *dextro*.

No será fácil detectar estas partículas, que sólo interaccionan con el resto de la materia de forma muy, muy tenue, siendo dichas interacciones millones y millones de veces menos intensas que las propias interacciones débiles. Tampoco será fácil obtener evidencia de la existencia de otro tipo de neutrinos, extraordinariamente masivos éstos (con billones de veces la masa del protón), que se postulan en algunas de las teorías propuestas para explicar las minúsculas masas que, al parecer, tienen los demás neutrinos.

Otro tipo de partículas sugeridas, pero no observadas (al menos directamente), son los compañeros supersimétricos. Y decimos *directamente* porque algunos fans de la supersimetría indican que los fotinos pueden constituir la llamada *materia oscura* y, por ende, haber sido detectados *indirectamente*. Recordamos que los fotinos son los compañeros supersimétricos de los fotones; y que ya en el capítulo sobre supersimetría indicamos que interaccionan muy débilmente y son por ello difíciles de detectar. De lo que no habíamos hablado aún es de la materia oscura.

Consideremos el universo visible, es decir, la parte del universo del que nuestros telescopios y radiotelescopios nos dan noticia y que se extiende en una esfera con radio unos trece mil millones de años luz a nuestro alrededor. En él las galaxias se están alejando unas de otras, movimiento que es reliquia de la explosión del *big bang*. La cantidad de materia que contienen estas galaxias puede estimarse directamente, por observación telescópica o, indirectamente, por argumentos relacionados con la creación de elementos ligeros (en especial helio y deuterio) en el big bang. Pero esta cantidad de materia no es suficiente para, por atracción gravitatoria, frenar la expansión del universo al ritmo observado.[125] Hace falta (tal vez) postular la existencia de materia *extra* que nuestros telescopios no detectan y que, por ello, se conoce con el nombre de *materia oscura*.

Otra indicación de la posible existencia de esta materia, invisible a la observación óptica, es la velocidad de giro, alrededor del centro de las galaxias, de las estrellas y, sobre todo, de las nubes de gas más periféricas. Estas masas gaseosas giran bastante más deprisa de lo que se podría esperar, dada la cantidad observada de materia en el interior de las galaxias: ¿quizás debido a la presencia de grandes cantidades de la misteriosa materia oscura?

¿Existe realmente la materia oscura? Y si existe, ¿qué es? Hay muchas sugerencias al respecto: los llamados *axiones* (que no discutiremos), neutrinos masivos, etc. Y, por supuesto, los fotinos.[126]

Pero todavía tenemos una posibilidad más. En bastantes teorías de cuerdas existen, necesariamente, y además de partículas que podemos identificar

[125] De hecho, más que la propia expansión del universo es la dinámica de los cúmulos globulares la que indica la necesidad de existencia de materia oscura, o modificar la teoría de la relatividad general de Einstein a gran escala.

[126] Aunque no observados en la realidad, los fotinos ya han sido los héroes o, mejor dicho, los villanos, de al menos una obra de ciencia ficción: D. Baxter, en la delirante —y un tanto plúmbea— novela *Ring*, llega incluso a imaginar una guerra entre seres de materia ordinaria y seres de materia fotínica (!).

con las observadas, otras que se diferencian de éstas únicamente en su *quiralidad*, opuesta a la de las partículas del mundo ordinario. Como se ha dicho, esto es lo mismo que ocurre con la reflexión en un espejo, en la que la mano derecha se convierte en la izquierda; y por ello al universo constituido por estas fantasmales partículas se le llama *mundo espejo*.

Las partículas del mundo espejo interaccionan entre ellas como las de nuestro mundo lo hacen entre sí; pero ambos mundos sólo se comunican a través de la interacción gravitatoria: las partículas del mundo espejo son otros candidatos a materia oscura.

El siguiente tipo de materia exótica que vamos a discutir está también relacionado con cuestiones cosmológicas, concretamente con el llamado *modelo inflacionario* del cosmos. Este modelo, propuesto por Alan H. Guth y desarrollado por Andrei D. Linde, entre otros, es una respuesta a dos importantes observaciones realizadas en 1960 por R. Dicke: ¿por qué el universo es casi exactamente plano? y, ¿por qué es casi completamente homogéneo?

La primera cuestión se refiere a lo siguiente. Teniendo en cuenta la relatividad general de Einstein, se pueden clasificar las posibles estructuras del universo en tres tipos, clasificación debida a Alexander A. Friedmann.[127] Según ésta, el universo podría ser de tipo *elíptico*. En este caso, ocurriría que, después de un período de expansión, que duró desde el big bang hasta nuestros dias, y que continuará durante un tiempo indeterminado en el futuro, el universo volvería a contraerse, hasta llegar a un "big crunch" (*gran aplastamiento*). El universo podría ser del tipo conocido como *hiperbólico*, y entonces se expandiría a un ritmo cada vez más rápido. Y, finalmente, el universo podría ser plano. Esto es, la expansión del propio espacio (recuérdese que en la teoría general de la relatividad el espacio tiene propiedades dinámicas) estaría exactamente compensada por la atracción gravitatoria entre las estructuras materiales —galaxias, etc.— contenidas en él, de manera que el ritmo de la expansión del universo sería prácticamente constante. Por supuesto, parece muy poco probable, salvo que haya una importante razón, la existencia de tan delicado equilibrio.[128]

La siguiente cuestión es la increíble homogeneidad del espacio cósmico. La radiación electromagnética de fondo, que ya hemos mencionado, ha resultado ser, al medirse con más y más precisión, extraordinariamente homogénea e isótropa. Tal homogeneidad parece incompatible con las irregularidades que

[127] Para expertos, añadimos que estas soluciones suponen ausencia de constante cosmológica.

[128] La "llaneza" del universo constituye una de las indicaciones de existencia de la materia oscura, como ya hemos dicho; pero la existencia de la materia oscura no es suficiente para explicarla.

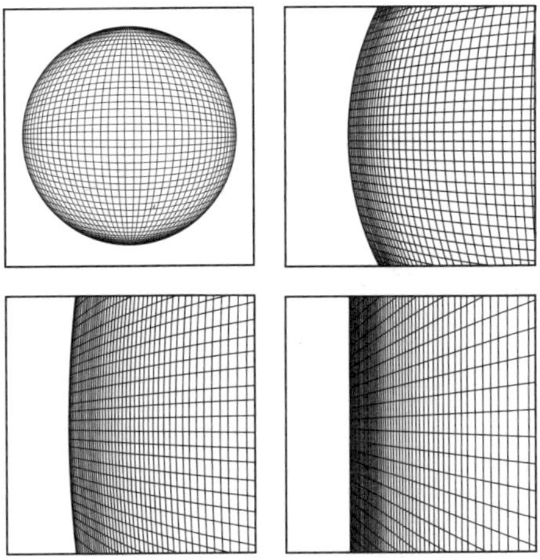

FIGURA 34. La superficie de una esfera hinchable se parece más y más, para un pequeño observador situado sobre ella, a una superficie plana.

se espera que se hubiesen producido en el big bang; por ejemplo, por efectos cuánticos amplificados. ¿Cuál es la razón de la falta de estructura?

El mecanismo de inflación resuelve ambos problemas de golpe, con el coste de una hipótesis fantástica y el postular nuevas partículas inobservadas. La hipótesis fantástica se basa en que la teoría de la relatividad prohibe velocidades superiores a la de la luz, c, en nuestro espacio; pero, *el propio espacio* podría expandirse a velocidades muy superiores a c. El modelo inflacionario supone que esto es exactamente lo que sucedió en el principio del big bang: una expansión del universo extraordinariamente rápida que generó un universo curvado pero, con tan enorme radio de curvatura, que a una criatura qua habita una pequeña porción de él le parece plano (ver fig. 34); de la misma manera que la superficie de la tierra nos parece plana, si no nos desplazamos una gran distancia. Por supuesto, esto implica que el universo visible, diez mil millones de años luz, sería sólo una minúscula fracción del universo total.

El panorama que nos presenta el universo inflacionario es sobrecogedor. Para intentar hacernos una idea de sus dimensiones (aunque realmente éstas están mucho más allá de lo que la mente humana puede concebir) consideramos el problema a trozos.

Imaginemos un vehículo capaz de dar ocho veces la vuelta a la tierra en un segundo, o de ir a la luna en poco más del mismo intervalo de tiempo: de hecho, viajando a la velocidad de la luz. Tal vehículo tardaría unos cuatro años en llegar a la estrella más próxima, y llegar al centro de nuestra galaxia le llevaría unos diezmil años. Para recorrer la parte visible del universo, nuestro transporte se demoraría unos diezmil *millones* de años.

Pues bien, este gigantesco amasijo de galaxias, quasares y otros objetos más o menos extraños que constituyen el universo visible es sólo una minúscula fracción del universo postulado por la teoría inflacionaria, que resulta ser, como mínimo, un *billón* de veces mayor que la parte visible. No cabe duda de que, como dice Weinberg, cuanto más conocemos del universo más ajeno es éste al ser humano.

Pero volvamos al mecanismo de la inflación, que también resuelve otros problemas. Por ejemplo, explica porqué no hemos encontrado monopolos magnéticos: la inflación los diluye (lo mismo pasa con micro-agujeros negros); pero esto no es muy impresionante, porque no sabemos si existen realmente los monopolos. Más interesante es que la inflación resuelve el problema de la homogeneidad del universo: al inflarse, las irregularidades se "planchan", al igual que las arrugas de un globo de plástico se allanan al hincharlo. Incluso la inflación predice, estadísticamente, las fluctuaciones que han llevado a la formación de estructuras tales como cúmulos galácticos. Resulta, por tanto, bastante probable que en el inicio del tiempo se diera algún mecanismo de tipo inflacionario; pero la inflación plantea el problema de explicar qué es lo que la causa.

No hay una respuesta totalmente satisfactoria a esta pregunta. La más popular es postular la existencia de un campo que llena todo el espacio (un *éter* más) y que proporciona la fuerza de repulsión que obliga al espacio a expandirse. El *inflatón* es la hipotética partícula correspondiente a este campo. De hecho, se han inventado modelos aún más alambicados, con varios inflatones, para intentar también resolver el problema de la asimetría materia-antimateria, pero (justo es decirlo) con poco éxito.

El mayor problema del inflatón es su caracter, completamente *ad hoc*. Aparte de provocar la inflación, tal partícula no hace nada: ¿con quién interacciona el inflatón? Porque con las partículas ordinarias lo tiene que hacer muy débilmente, ya que si no se hubiese observado. Así, el inflatón aparece, de momento, como otro nombre dado a nuestra ignorancia.

Las partículas que hemos discutido hasta ahora no agotan la lista de las postuladas en distintas teorías, pero no detectadas experimentalmente. En efecto, es (casi) imposible imaginar una modificación del modelo estándar que no implique nuevas partículas. Así, las llamadas "teorías de technicolor" (en las que el Higgs es una partícula compuesta), las teorías de *subconstituyentes*[129] o las conocidas como "simétricas dextro-levo", y otras muchas, postulan numerosos entes fundamentales, ciertamente no observados, y que no vamos a discutir para no hacer la lista infinita; sólo hemos considerado una muestra representativa de las extensiones del modelo estándar escogida entre aquellas que nos parecen más interesantes y/o populares.

¿Cuál, o cuáles de todas estas nuevas partículas, algunas con propiedades bastante fantásticas, se hará realidad, si se hace realidad alguna? ¿O la naturaleza nos reserva sorpresas inimaginadas? Por supuesto no lo sabemos: es poco probable que se llegue en ningún momento a desvelar la estructura última del microcosmos y a mí, personalmente, no me cabe duda de que nuestros sucesores, tanto experimentadores como teóricos, tienen labor para rato.

[129] Es decir, aquellas en las que se supone que electrones, neutrinos y/o quarks son compuestos de "preones", de otras partículas más primordiales que ellos (para lo que, por otra parte, no hay ni la más mínima evidencia).

CAPÍTULO 16.

Epílogo: El vacío

Hay un conocido chiste respecto a la *Encyclopædia Britannica*, que es como sigue. La *Encyclopædia* tenía que tener artículos sobre todos lo temas; entre ellos el artículo más corto, acerca del tema *Tigres en el Ártico*. El texto: "*No hay*". De manera análoga, cabría esperar que un capítulo sobre el *vacío*, incluido aparentemente por un prurito como el de los autores de la *Britannica* de tratar de todo, fuese también el más corto y, o no tener nada, o contener tan sólo hojas en blanco. Pero la realidad es más compleja, y, como veremos, pueden decirse muchas cosas acerca del vacío: el capítulo sobre éste no va a hacer honor a su nombre. Según Aristóteles, la naturaleza aborrece el vacío, pero nosotros no vamos a ser partícipes de este rechazo.

En varias oportunidades ha aparecido ya en este texto la cuestión del *vacío*: tanto al hablar de las peculiaridades de la teoría de interacciones de quarks y gluones, como al discutir el mecanismo de Higgs o la solución inflacionaria a los problemas cosmológicos. Ciertamente el vacío, lejos de ser la nada, tiene una importancia cada vez mayor en la física moderna, lo que justifica el dedicarle un capítulo (basado, en parte, en el artículo de Sánchez Ron y el autor citado en la bibliografía, y donde el lector interesado puede encontrar más detalles) que constituirá, espero, un apropiado epílogo para este texto. Aunque algunas de las cuestiones que discutiremos ya hayan sido tocadas, parece razonable volver sobre ellas desde un punto de vista unificador.

Lo primero que es necesario antes de ocuparse del tema es aclarar confusiones semánticas. Si seguimos la epistemología que la relatividad y la mecánica cuántica han forzado a adoptar a la ciencia moderna, tenemos que definir al vacío *operacionalmente*. Si hacemos esto, nos daremos cuenta de que dicho concepto puede encerrar (de hecho, encierra) una riqueza de estructuras que no se hubieran podido imaginar por quien identificase ingenuamente el *vacío* con la *nada*. Algunas de estas estructuras las hemos visto, más o menos de pasada; otras las discutiremos en detalle a continuación. Pero antes vamos a poner de manifiesto el problema discutiendo un ejemplo (aparentemente) sencillo.

Todo el mundo entiende, al menos a un nivel intuitivo, que en el espacio extraterrestre existe un vacío casi perfecto. Sin embargo, está también claro que, aunque no haya nada entre nosotros y la luna, ni entre nosotros y el sol, hay, por así decirlo, más "cantidad de vacío" entre el sol y la tierra que entre la tierra y la luna.

Naturalmente, la primera objeción que se le ocurre a uno al pensar en ese ejemplo es que hemos cometido un error semántico: hemos confundido la "cantidad de vacío" con otro concepto, el de distancia o "cantidad de espacio". Sin embargo esta objeción es superficial: si este *espacio* sólo contiene *vacío*, no se ve bien qué es esa *cantidad de espacio*. Que la cuestión no es trivial se comprende sin más que recordar los problemas de Newton a los que nos referimos en la sección 10.7, a propósito de la "acción a distancia". Como también mencionamos entonces, más satisfactoria epistemológicamente era la teoría cartesiana de la gravedad, en la que se suponía que el espacio extraterrestre no está vacío, sino ocupado por unas ciertas sustancias (esencialmente, el éter).

Una vez establecido que la situación no es tan clara como de forma *naïve* se podría pensar, vamos a comenzar a intentar precisarla. Para ello, y como indicábamos más arriba, lo primero que tenemos que hacer es dar una idea clara, es decir, operativa, de lo que es el vacío. Definición que debe tener en cuenta la relatividad y mecánica cuántica: sin ellas, el vacío es indistinguible de la nada y la protesta de Newton ("Que ...un cuerpo pueda actuar sobre otro a distancia, a través del vacío, sin mediación por y a través de la cual su acción y fuerza pueda ser acarreada de uno a otro, es para mi tan absurdo que creo que ningún hombre capacitado para pensar en materias filosóficas pueda nunca caer en ello") sigue siendo válida.

Como sabemos, la teoría de la relatividad implica que la masa y la energía son equivalentes; por tanto, para definir el vacío no basta con pedir que en él no haya objetos materiales; también tenemos que requerir que no haya energía. La definición operacional de vacío que debemos adoptar es, en consecuencia, la que sigue: *"Decimos que en una región del espacio, R, tenemos el vacío si la energía total (incluida la masa) en dicha región R es la mínima posible"*.

Como veremos, esta definición tiene importantes implicaciones en lo que respecta a la estructura, *cuántica*, del vacío en relación con las interacciones electromagnéticas, fuertes y débiles; pero, incluso a nivel no-cuántico, el vacío tiene una estructura peculiar si se tienen en cuenta las propiedades de la relatividad general.

El vacío de la relatividad general: universos vacíos y curvos. Las propiedades más relevantes de la teoría de la relatividad general de Einstein son las relacionadas con la identificación de campo gravitatorio y geometría del espacio (y del tiempo). No es éste el lugar de presentar una descripción detallada de la relatividad general; pero sí podemos discutir algunas características importantes.

En primer lugar, en esta teoría se supone que el *espaciotiempo* no es llano, sino que tiene la estructura de un espacio curvo, o, con terminología matemática, *(pseudo)-riemanniano*. Esto es: consideramos que un espacio es *llano* si es como, precisamente, un plano; pero un espacio curvo o riemanniano sería, por ejemplo, el de la superficie de una esfera. Una propiedad importante de los espacios curvos es que la distancia s entre dos puntos, separados por las coordenadas x_i (suponemos las x_i infinitesimales), es tal que

$$s^2 = \sum_{i,j=0}^{n} g_{ij}(x) x_i x_j.$$

n es la dimensión del espacio. En relatividad, la coordenada x_0 debe de interpretarse como el producto del tiempo por la velocidad de la luz, $x_0 = ct$. Las funciones $g_{ij}(x)$ nos determinan la "métrica"; en un espacio plano, todas las $g_{ij}(x)$ son cero, excepto las que tienen índices iguales, que valen la unidad, y la distancia satisface la condición

$$s^2 = \sum_{i=0}^{n} x^2 :$$

si el número de dimensiones fuese dos, esta fórmula nos reproduciría el conocido teorema de Pitágoras, válido en geometría plana.

En la teoría einsteniana de la gravitación resulta que la presencia de campos gravitatorios modifica las funciones $g_{ij}(x)$, y por lo tanto las distancias en el espaciotiempo: la distancia más corta etre dos puntos, en presencia de campos gravitatorios, ya no es pues la línea recta. Esto explica las trayectorias curvadas que siguen los planetas, o la propia luz, y resuelven de manera elegante el problema newtoniano de la "acción a distancia": no hay acción a distancia, sino modificación de la propia estructura del espacio. Así, el propio espacio vacío tiene existencia objetiva, medible, y no es la mera nada.

Una consecuencia extraordinariamente importante de esta existencia del espacio como algo objetivo se da en las soluciones de las ecuacionnes de Einstein en el espacio *vacío*, que aquí entendemos como en ausencia de materia o radiación electromagnética. Como el propio espacio tiene existencia objetiva, puede interaccionar consigo mismo. Uno de los primeros en considerar lo que esto implicaba fue el holandés W. de Sitter. Éste pensó que un modelo en el que se imaginase el universo como vacío, esto es, sin materia ni radiación, podía ser una buena aproximación a la realidad: en efecto, en el universo real en el que vivimos, la materia forma islas, minúsculas en comparación con la inmensidad *vacía* que las rodea.

Lo sorprendente del caso es que de Sitter no encontró como solución a las ecuaciones de Einstein únicamente las correspondientes a una geometría plana, como parecería razonable, ya que no hay, por hipótesis, masas que pudiesen generar la curvatura. Por el contrario, encontró que había soluciones en las que la interacción del espacio consigo mismo lo curvaban.

Espacios como el de de Sitter plantean de nuevo el problema de lo que debe entendese por el vacío, incluso definido operacionalmente. En efecto, en un espacio de de Sitter no hay materia, ni radiación electromagnética, ni siquiera radiación gravitatoria. Sin embargo, las tensiones generadas por la propia curvatura del espacio hacen que la *energía* no sea nula en él; aunque sí es mínima. ¿Debemos considerar al espacio de de Sitter como *vacío*? ¿O, adscribiendo realidad al propio espacio, tenemos que considerar que no lo es? El problema no es académico; en un espacio tipo de Sitter, la (observada) expansión del universo ocurre de forma automática, luego no es un mal modelo de la realidad.

Las soluciones encontradas por de Sitter no son las únicas que representan espacios curvos; en particular Robertson y Walker han descrito una serie de espacios generales en los que la autointeracción del espaciotiempo consigo mismo genera parte de la curvatura, y que son útiles modelos cosmológicos. Una conclusión de estos estudios es que tenemos que suponer que, como una propiedad general, nuestro espacio debería ser curvo, y esto con independencia de la curvatura extra que puedan producir las galaxias, quásares y otros objetos celestes que en él se encuentran. De hecho, como comentamos en el capítulo precedente, lo que resulta difícil de comprender es que el espacio sea, aparte de distorsiones locales como resultado de la materia en él existente, tan llano como nuestras observaciones parecen indicar.

Esta estructura del espacio *vacío* se complica mucho más si tenemos en cuenta la mecánica cuántica. Aunque no haya una teoría totalmente consistente de, a la vez, gravitación, relatividad y mecánica cuántica, lo que sí sabemos es que la última implica la existencia de fluctuaciones, sea como sea que las implementamos. En particular, Wheeler ha sugerido que estas fluctuaciones deberían afectar a la métrica, con lo cual aparecerían, a distancias del orden de la longitud de Planck ($1,6 \times 10^{-33}$ cm), y durante tiempos extraordiariamente cortos (el tiempo de Planck, $0,52 \times 10^{-43}$ segundos), conexiones entre puntos alejados del espaciotiempo, los llamados "wormholes"; expresión en general traducida como *agujeros de gusano.*

El espacio, *vacío*, adquiriría así una estructura altamente compleja. Si pudiéramos resolver distancias tan minúsculas, y trabajar en tiempos tan infinitesimales como los involucrados, comprobaríamos que la estructura inducida por fluctuaciones cuánticas en el vacío hacen que el espacio se asemeje a una manzana podrida de gusanos (llena de *wormholes*), un queso de gruyere, o una esponja, trufado de agujeros y túneles en continua formación y desaparición. Hawking ha descrito a esta estructura con el gráfico término de "espuma".

Estas sorprendentes propiedades son casi unánimemente aceptadas por los físicos; pero no existe, hoy por hoy, posibilidad de comprobación experimental de su realidad, debido a lo infinitesimal de las escalas de tiempo y espacio involucradas. Pero sin pedir auxilio a la gravedad podemos encontrar estructuras complejas para el vacío en interacciones débiles, electromagnéticas y fuertes; y, bastantes de ellas con indudable verificación experimental.

A las dos últimas dedicamos el resto de este capítulo que, si no vacío, si al menos va a ser un tanto corto: no sería razonable dedicar un mamotreto a describir lo más próximo que existe a la nada. No se va por tanto a tratar el vacío de Higgs, suficientemente discutido con anterioridad; ni tampoco discutiremos el tipo de vacío (los *vacíos*) como el que necesitamos para explicar el modelo del universo inflacionario (donde la energía necesaria para generar la inflación se supone proveniente de una "caída" del universo desde un vacío a otro más vacío aún), un mecanismo en mi opinión aún insuficientemente comprendido y verificado.

El vacío en la teoría cuántica del electromagnetismo. Comenzamos por una breve discusión del vacío en las interacciones electromagnéticas. Recordamos que, según el principio de incertudumbre, existe la posibilidad de una fluctuación cuántica de la energía que permita la materialización espontánea de materia, con tal que esta materia se aniquile (y por tanto devuelva la energía a la *banca Heisenberg*) en un intervalo de tiempo suficientemente pequeño. En particular, puede aparecer espontáneamente un par electrón-positrón; para ello hace falta *pedir prestada* una energía mínima que viene dada por la fórmula de Einstein: para cada partícula, mc^2, luego en total, para los dos, electrón y positrón, alrededor de 1 MeV.

El tiempo t que puede subsistir este par electrón-positrón, antes de aniquilarse, viene dado por la relación de incertidumbre y es por tanto de

$$t \simeq \hbar/1 \text{ MeV} \simeq 10^{-21} \text{ segundos.}$$

Este es un tiempo muy pequeño; pero no tan minúsculo como los $0,52 \times 10^{-43}$ segundos que encontrábamos en el caso de las fluctuaciones gravitatorias (la "espuma"). Efectivamente, es posible medir las fluctuaciones inducidas por las interacciones electromagnéticas.

Una manera de hacerlo es utilizando el hecho de que tanto el electrón como el positrón tienen carga eléctrica, lo que hace que el vacío pueda *polarizarse*: la estructura de las fluctuaciones cuánticas del vacío hacen que este se comporte como un dieléctrico. Esto afecta a las energías de partículas cargadas que se mueven en el vacío, tal el electrón de un átomo de hidrógeno. En éste el protón atrae al electrón que se ha creado por la fluctuación cuántica, y repele al electrón; y el electrón del átomo tiene el efecto opuesto. Por tanto, el átomo de hidrógeno no se mueve en la *nada*, sino que el protón se rodea de electrones (virtuales) y el electrón de positrones, también virtuales. Estas nubes están continuamente apareciendo y aniquilándose, al ritmo de una vez cada 10^{-21} segundos, o, si se prefiere, *mil millones de billones* de veces por segundo.

Por supuesto, la existencia de estas nubes afecta a los niveles energéticos del átomo de hidrógeno. Ya mencionamos que, por ejemplo, entre los niveles 2S y 2P la separación es equivalente a $1057,8 \pm 0,1$ megaciclos (efecto Lamb). El cálculo muestra que, de estos, unos 27 megaciclos se deben al efecto de la polarización del vacío, y su inclusión es esencial para obtener el fantástico acuerdo entre teoría y experimento que discutimos en el capítulo 8 para las interacciones electromagnéticas; no sólo para el efecto Lamb, sino para todas las cantidades mostradas en la tabla 3 de la sección 8.6.

El vacío en la teoría de interacciones fuertes. Condensados e instantones. La estructura inducida en el vacío por las interacciones fuertes tiene características comunes con la inducida por las interacciones electromagnéticas, que acabamos de considerar, con peculiaridades debidas a las autointeracciones de los campos intermediarios, los gluones. Por este último motivo, el vacío inducido por las interacciones fuertes presenta también estructuras similares a las discutidas en el caso de la interacción gravitatoria.

Consideramos, en primer lugar, la posibilidad de que, gracias a una de las típicas fluctuaciones energéticas cuánticas, se materialice de la nada un par de gluones. Como estas partículas no tienen masa, podemos suponer que su energía, que denotaremos por E, es tan pequeña como queramos. Esto ya indica que la fluctuación puede durar mucho tiempo, con tal de que E sea pequeño; pero, de hecho, el tiempo de duración puede ser *infinito*, es decir, la fluctuación puede ser permanente.

Esto es así porque la intensidad de las interacciones fuertes es mayor a menor energía. Por tanto, los gluones pueden llegar a formar un estado ligado, y su energía de ligadura puede compensar exactamente E, de manera que la energía efectiva de la fluctuación sea cero, y los gluones no tienen por qué devolver una energía que no tienen. A diferencia del vacío inducido por la interacción electromagnética, donde la existencia de pares electrón-positrón en él es efímera, el vacío inducido por las interacciones fuertes contiene gluones en permanencia.[130] De hecho, también contiene en permanencia pares quark-antiquark; y todo ello a pesar de que su energía es cero.

[130] Este tipo de argumento se debe, esencialmente, a Bogoliubov.

La evidencia experimental de esta estructura no es tan precisa como para el caso electromagnético. Se manifiesta en la propiedad de libertad asintótica y, de manera más aparente, en contribuciones a lo análogo al efecto Lamb, pero ahora debido a las interacciones fuertes en estados ligados de quark-antiquark, y también en modificaciones de la probabilidad de desintegración de estos estados. No daremos más detalles de esta cuestión, bastante técnica.

Finalmente, tenemos la estructura creada en el vacío por las autointeracciones de los campos gluónicos. El origen de esta estructura es similar al de la curvatura del espacio generada por la autointeracción del campo gravitatorio. El fenómeno peculiar que ocurre ahora es que, debido a las autointeracciones, los campos gluónicos se alinean en el espaciotiempo a lo largo de *tubos* que crean una singularidad en su interior. Estas estructuras, descubiertas teóricamente por los rusos Belavin, Polyakov, Schwartz y Tyupkin en 1975, se conocen con el nombre de *instantones*, debido a que fluctúan, teniendo una vida media muy corta.

Es posible clasificar las estructuras del vacío según el número de instantones que contenga; por lo tanto resulta, aparentemente, que hay innumerables vacíos distintos según contengan cero, uno, dos, ... , n, ... instantones; pero esto no es así. La estructura que hemos descrito se obtiene sin tener en cuenta la mecánica cuántica. En efecto, las fluctuaciones cuánticas pueden hacernos saltar de un vacío a otro, y el vacío "real" resulta pues ser una superposición de vacíos con todos los números posibles de instantones. A este vacío, lleno de estructuras tubulares, se le conoce a veces con el nombre de *vacío de espagueti*, por su parecido con un plato de dichas pastas. (Sería interesante probar el sabor de espaguetis cuánticos). También observamos una evidente similitud con la "espuma" de Hawking inducida por las interacciones gravitatorias.

La estructura del vacío de las interacciones fuertes se refleja, aparte de otras cosas (alguna de las cuales hamos comentado, y otra que discutiremos después), en la aparición de una nueva cantidad, la conocida como "parámetro-θ". Esta cantidad mide la *fase* relativa con la que los distintos vacíos con cero, uno, dos, ... , n, ... instantones aparecen en el vacío que se da en nuestro universo. Si el vacío de nuestro universo correspondiese a un valor distinto de cero del parámetro-θ, entonces en nuestro universo la invariancia bajo inversión temporal sería violada por las interacciones fuertes.

Empíricamente, sabemos que la invariancia bajo inversión temporal es válida para las interacciones fuertes con gran precisión; si no fuese así, esperaríamos que el neutrón tuviese un momento dipolar eléctrico, que no ha sido observado. Numéricamente, esto implica que θ es de menos de una milésima de millonésima. Lo que implica que, dentro de esta precisión, los distintos vacíos con diversos números de instantones contribuyen en fase al vacío que ocurre en nuestro universo. Nadie sabe por qué esto es así, aunque la americana Helen Quinn y el argentino Roberto Peccei han propuesto modelos (pero no validados experimentalmente) en los que esto ocurre de forma natural.

Uno puede preguntarse si hay otra evidencia experimental más cuantitativa de estas complejas y un tanto fantásticas estructuras del vacío. Efectivamente, para las inducidas por las interacciones fuertes la hay. Entre los estados ligados de quarks y antiquarks ligeros tenemos nuestros viejos conocidos, los piones (símbolo π) y también otra partícula, representada por el símbolo η. Si el vacío no contuviese instantones, las masas de estos tipos de partículas (π y η) deberían diferir como mucho en un 40%; lo que no ocurre experimentalmente: la masa de la η es más de tres veces la de los piones. La explicación teórica de esta discrepancia, debida esencialmente a 't Hooft, en 1976, es que la partícula η, a diferencia de las π, puede atrapar a los instantones que hay en el vacío, lo que incrementa su masa. Los cálculos teóricos, muy complejos, sugieren que el efecto es suficiente para explicar los resultados experimentales.

APÉNDICE

La física de altas energías en Europa occidental. El CERN. La física de partículas en España

La física europea de altas energías en la posguerra. El CERN

Hasta la segunda guerra mundial la mayor parte de la investigación en lo que en aquella época podía llamarse física de altas energías, y que se solapaba con lo que hoy conocemos como física nuclear, se realizaba en Europa. A pesar de que había importantes contribuciones americanas, notablemente en la construcción de aceleradores (recordemos a Lawrence y van der Graaff), tanto en teoría (esta sobre todo en Alemania) y experimentación, liderada por Gran Bretaña, el viejo continente producía la mayor cantidad y calidad de ciencia en esta disciplina.

Como para tantas otras cosas, la guerra produjo un desastre completo en la física de altas energías europea. Todos los físicos alemanes de origen judío, y muchos de los que no lo eran, emigraron; algunos, como Peierls o Schrödinger, a las islas Británicas; pero la mayoría a Estados Unidos. Los más brillantes físicos italianos también siguieron el camino de América. Lo cual tuvo dos efectos que se reforzaron entre sí.

En primer lugar, esta emigración implicó un importante incremento de la calidad de la física americana; en efecto, y sin despreciar —ni mucho menos— la importancia del contingente autóctono, la estela de excelencia que dejaron tras de sí personalidades como Wigner, Bethe y, en especial, Fermi fue espectacular.

En segundo lugar, la *ausencia* de figuras carismáticas en Europa, sobre todo continental, pesó muy fuerte a la hora de la reconstrucción. La gran tradición de la física teórica alemana, que había dominado completamente la ciencia europea, se quebró de tal manera[131] que, en el dia de hoy, su nivel está

[131] Heisenberg, que permaneció en Alemania, nunca se sobrepuso a su fracaso personal, el colaborar con el Tercer Reich, ni al profesional, en su faceta como experimentador, en el fiasco del programa nuclear nazi. Aunque dejó algún sucesor (varios de los más competentes teóricos alemanes de la posguerra tuvieron contacto con él) su herencia no puede ni de lejos compararse con la dejada por Fermi, o Bethe, en los Estados Unidos.

por debajo incluso del nivel de la española. La física centroeuropea, escandinava, holandesa y suiza, tradicionalmente ligadas de manera muy estrecha a la alemana, quedaron también desnortadas. En Francia, a los problemas derivados de la guerra, se añadía el tradicional defecto de nuestros vecinos: muy buenos físicos experimentales y brillantes matemáticos, pero raquítico elenco de fenomenólogos. Finalmente, la ciencia británica fue la única que, mal que bien (las dificultades económicas no perdonaron a nadie) consiguió mantener un buen nivel: de hecho algún importante descubrimiento de la posguerra se realizó en suelo británico.

El problema era agudo. Y además, era evidente para los europeos occidentales (con la excepción temporal de los británicos) que unos paises devastados por la guerra mal podían, individualmente, competir con el gigante americano. Todavía en 1963 la renta *per capita*[132] de los EE UU, casi 3 000 dólares de la época, doblaba a la alemana o francesa, que no llegaban a los 1 500, y más que triplicaba a la italiana, con 900. (Con respecto a la española, estaba en menos de 300 $). Esto decidió a un conjunto de personalidades, científicos y administradores, a proponer formalmente la creación de un organismo supranacional que, entre otras cosas, se encargase de la costrucción de un gran acelerador. Así se constituyó primero el *Conseil Européen de la Recherche Nucléaire*, en 1952, que dio paso en 1954 al establecimiento del *Centre Européen pour la Recherche Nucléaire*, conocido por sus iniciales CERN[133] y situado en las afueras de Ginebra.

En este sitio se construyó en primer lugar un pequeño acelerador, con energía de 600 MeV, que comenzó a operar en 1957 y proporcionó ya un resultado interesante (la medida de la desintegración del pión en electrón y neutrino). Y, simultáneamente, comenzó la construcción del que era entonces el mayor acelerador del mundo, el PS (*Proton Synchrotron*), con una energía de 28 GeV (7,5 GeV efectivos en el centro de masas). Los británicos, que habían tonteado con la idea de ir por su cuenta, y de hecho habían decidido la construcción de su propio acelerador,[134] acabaron participando en el CERN. España se unió al

[132] L. de Villefosse, *Géographie de la liberté*, Laffont, 1964.

[133] El organismo ha cambiado su denominación oficial a *European Laboratory for Particle Physics*, pero ha guardado el nombre de CERN.

[134] El *Nimrod*, en el laboratorio Rutherford cerca de Oxford, con 3,7 GeV en el centro de masas y operativo en 1963.

FIGURA 35. Vista aérea de la parte suiza del laboratorio CERN. Al fondo, las montañas del Jura, hasta donde llega el túnel del acelerador LEP. (CERN photo)

CERN en 1961, y lo abandonó diez años después para volver (esperamos que definitivamente) en 1983.

No cabe duda de que el CERN ha jugado un papel clave en la ciencia europea, y no sólo en la física de altas energías, desde el principio; aunque tardó bastante tiempo en colocarse en primera fila: la tradición es más importante en la ciencia de lo que muchos piensan. En mi opinión, esta tardanza fue debida en buena parte a que no existían en Europa fenomenólogos (teóricos o experimentales) del rango de los que había en los Estados Unidos, y que hubiesen podido dirigir las investigaciones del laboratorio. Durante bastante tiempo éste se limitó a poco más que imitar la física que se hacía en América. Esta falta de liderazgo es la que hizo al CERN perder el descubrimiento de los dos tipos de neutrinos, el no aprovechar las potencialidades del ISR, o retraerse frente al descubrimiento de las corrientes neutras, todavía en 1973.

A partir de este momento, sin embargo, la situación cambia y puede decirse que, desde el descubrimiento de las partículas W y Z en 1982-1983, la física del CERN se pone por delante de la americana. Este adelanto fue observado incluso por la prensa diaria: cinco dias después del hallazgo en el CERN de las primeras señales de estas partículas, el periódico *New York Times* publicó un artículo virulento: "Europa 3, U.S. ni siquiera Z-zero",[135] en el que clamaban venganza (!). Pero la venganza no llegó; lo más que ha podido hacer la física experimental americana es no quedase muy atrás.

Laboratorios y aceleradores europeos fuera del CERN

Por supuesto el CERN es un laboratorio europeo: en prácticamente cualquier experimento que se realiza en él, participan físicos de otros laboratorios que colaboran en la construcción de detectores, e incluso partes de los aceleradores, y en el análisis de los datos obtenidos en el CERN. Pero, además de esta participación, algunos paises europeos han seguido programas (incluyendo construcción de aceleradores) propios; aunque, a pesar de este carácter *autóctono*, los más importantes de estos programas contaban con colaboración de sustanciales contingentes de físicos de paises distintos del propietario. La física de altas energías requiere demasiados medios como para que ningún país europeo haya podido mantener instalaciones en solitario.

Ya hemos mencionado el acelerador Nimrod, en Gran Bretaña, que también construyó otro en 1966, en Daresbury, especializado en producir fotones de gran energía y que pasó más adelante a utilizarse para estudios de ciencia de materiales. El mismo sino tuvo el acelerador que, a partir de 1976, funcionó en Orsay, cerca de París. Los franceses ya habían construido otro para el Comisariado de la Energía Atómica en Saclay, también en los alrededores de la capital. En Suiza funciona el SIN, especializado en producir grandes cantidades de piones a baja energía y más útil para física nuclear que para física de partículas. Con respecto a los italianos, ya hemos contado la mala suerte (relativa) de ADONE. En la actualidad se está construyendo en Frascati un acelerador de 1 GeV, con la idea de producir grandes cantidades de kaones y estudiar el fenómeno de violación de invariancia de cambio de partícula en antipartícula y paridad.

Finalmente tenemos el programa alemán, el único que puede compararse con el del CERN. Comenzó por la construcción del sincrotrón de electrones

[135] *"Europe, 3; U.S., not even Z-zero"*. Juego de palabras; los europeos habían identificado tres partículas Z, conocidas también como Z^0 (*Z cero*) por no tener carga eléctrica.

conocido como DESY (*Deutsches Elektronen Synchrotron*, que luego dio nombre al laboratorio), cerca de Hamburgo.

Posteriormente se instaló el acelerador llamado DORIS, operativo desde 1974, y con el que se pudo verificar que la partícula J/ψ, descubierta en Stanford, era realmente un estado ligado de quarks c y anti-c y, a finales de los setenta, PETRA, con energía de hasta 44 GeV, que produjo una importante cosecha de física. En primer lugar, en 1979, las primeras observaciones de producción de tres chorros y su posterior análisis que representaron la detección directa de gluones (los *quanta* de las interacciones fuertes). En segundo lugar, fue en PETRA donde primeramente se obtuvo evidencia, aunque indirecta, de la existencia de la partícula Z (y no simplemente de corrientes neutras, que hubieran podido ser generadas por una interacción de contacto tipo Fermi). Esto fue posible por la extraordinaria fiabilidad de las medidas realizadas de interferencias entre producción de hadrones a través de materialización de fotones o Z, ambas virtuales, pero donde se observaba claramente el efecto de la propagación de la partícula Z. Finalmente, tenemos el acelerador actualmente en funcionamiento, HERA, un colisionador de protones y electrones a enorme energía, y que es uno de los tres aceleradores más potentes del mundo. Desgraciadamente, su extraordinaria calidad técnica no ha producido éxitos comparables en la física.

La física de partículas en España

España[136] estuvo ausente en las primeras fases (digamos, hasta los años cincuenta) de la física de altas energías. El primer grupo en hacer realmente física de altas energías en nuestro país fue el del centro del CSIC asociado a la Universidad de Valencia (cuyo cincuentenario se acaba de celebrar), donde se llevaron a cabo durante bastantes años estudios de interacciones de rayos cósmicos utilizando, en particular, las técnicas de emulsiones; estudios al principio puramente experimentales, sin presencia de físicos teóricos.

El segundo camino, indudablemente el más importante a la larga, fue a través de la JEN (Junta de Energía Nuclear) creada en 1951. Aunque en aquella época estaba ya claro que los núcleos atómicos no son elementales, y por tanto la JEN no se ocupaba primordialmente de física de partículas, este organismo (imitando en ello a los análogos del mundo más desarrollado) estableció un pequeño grupo, al principio fundamentalmente de estudios teóricos, de física

[136] Esta sección contiene un resumen de los artículos del autor en el libro *Un siglo de ciencia en España*, publicado por la Residencia de Estudiantes, 1999, y en la *Revista Española de Física*.

subnuclear. Especialmente, la incorporación de España al CERN, cuyas relaciones con nuestro país se llevaban a cabo a través de la JEN, actuó de acicate para el desarrollo de este tipo de física. De todas maneras durante bastante tiempo el grupo de la JEN, aunque llegó a contar con media docena de físicos de partículas, se limitó a la parte teórica: principios que, en cierto modo, han marcado todo el desarrollo posterior de esta rama de la ciencia en España.

A mediados de los sesenta era evidente para algunos dirigentes de la JEN que la situación era difícilmente sostenible, en especial en la relación con el CERN. En estos años España contribuía a este organismo con unos 300 millones de pesetas anuales, cifra desorbitada para aquella época, sobre todo comparándola con los retornos obtenidos. En efecto, y por citar una fecha, en 1963 el contingente español en el CERN se reducía a dos físicos teóricos, tres experimentales y dos técnicos. De estos, dos provenían del centro de Valencia y el resto de la Junta. Lo peor de la situación no estaba en lo reducido del contingente *en el CERN*, sino en que este grupo representaba casi la mitad del total de físicos de altas energías del país. Era necesario intentar desarrollar esta física, para lo que las autoridades de la JEN organizaron un programa de formación de dos años y, lo más importante, se puso en marcha un grupo experimental.

El programa fue un éxito y así, en el año 1967, España, con dos grupos experimentales, uno en la JEN en Madrid y otro en Valencia, y un incipiente pero interesante desarrollo en la vertiente teórica (que comentaremos después) parecía en la buena vía para desarrollar una investigación de punta en el campo.

1969-1982. Salida del CERN. La física experimental. Las perspectivas razonablemente halagüeñas que acabamos de mencionar se mantuvieron para la física teórica, pero se truncaron para la experimental. En efecto, en 1969 el gobierno español anunció su retirada del CERN, retirada que se materializó el año siguiente. Esto fue un rudo golpe para los grupos experimentales, los cuales dependían en buena parte de los datos obtenidos con los aceleradores de este laboratorio para su subsistencia.

Las vitales conexiones con el CERN se conservaron a duras penas gracias a los esfuerzos de los científicos que habían retornado en los últimos años de este organismo, y a la comprensión del mismo, cuyos responsables fueron capaces de diferenciar entre la actuación del gobierno español y los científicos de nuestro país. El contacto se mantuvo, en colaboraciones experimentales, y en la organización de los *Winter Meetings*[137] que, desde 1973, ayudaron al

[137] Reuniones mixtas de congreso internacional y escuela avanzada organizadas anualmente y financiados en sus primeros años a través del Instituto de Estudios Nucleares de la JEN con apoyo del CERN.

mantenimiento de la conexión internacional de la física experimental de altas energías. Aunque en un momento dado la física experimental estuvo a punto de desaparecer se consiguió mantener una actividad, e incluso al final de los setenta fue posible una revitalización del grupo de la Junta de Energía Nuclear.

Esta revitalización puede ponerse de manifiesto mencionando una acción, de una importancia capital, que consistió en ponerse al dia en métodos experimentales electrónicos (contadores, cámaras de chispas, etc.). Ello garantizó el futuro de la física de altas energías a nivel competitivo y las conexiones con grupos líderes mundiales, trabajando en particular en física de colisionadores electrón-positrón: uno de los campos con más proyección de futuro.

La labor de formación de físicos experimentales de altas energías realizada en aquella época tuvo una gran importancia. Podemos decir que, a finales de los años setenta, el grupo de la JEN, aunque poco numeroso, estaba establecido, colaboraba en dos grandes laboratorios (CERN y DESY) y gozaba de reconocimiento internacional. Pero la situación, a nivel nacional, no podía describirse como boyante. El grupo de Madrid era un caso aislado; los otros grupúsculos apenas sobrevivían.

La física teórica y el GIFT. En contraste con esta incierta situación, la física teórica de altas energías conoció un espectacular despegue entre los años 1969 y 1982, despegue que la ha llevado a ser una de las pocas áreas de la ciencia española en la que no sólo el nivel medio es elevado, sino que existen unos cuantos centros cuyo altura científica está bastante por encima del nivel medio de los paises desarrollados.

Un papel central en el desarrollo de la física teórica lo tuvo el GIFT. El GIFT (iniciales del Grupo Interuniversitario de Física Teórica), que nunca llegó a tener existencia legal, ha sido una de las instituciones más peculiares que hayan existido en nuestro país. Su origen fue el ahorro de 300 millones de pesetas que España realizó al abandonar el CERN: para hacer algo más digerible esta medida, el gobierno declaró que estaba dispuesto a invertir este dinero en el país, parte en financiar a los grupos experimentales, y parte en la física teórica. Aunque la cantidad de hecho librada nunca llegó probablemente (para el total, teoría mas experimento) ni al 30% de la cuota del CERN, y además disminuyó año tras año, lo cierto es que la física teórica española nunca ha sufrido apreturas económicas desde 1970.

A pesar de su inexistencia legal, o tal vez debido a ello, la labor del GIFT fue extraordinariamente positiva. No sólo para la física teórica sino, por contagio, para toda la física (y, en menor medida, para toda la ciencia) española, ya que implicaba una bocanada de aire fresco, de modernidad y de internacionalización[138] de que la universidad de la época estaba muy necesitada (como por desgracia todavía lo está la de ahora).

1982 al presente: vuelta al CERN. La situación en la actualidad. La situación boyante de la física teórica a principios de los años ochenta no ocultaba a los más lúcidos de los físicos españoles (teóricos y experimentales) lo necesario de un desarrollo de la parte experimental de la disciplina: ésta corría el serio peligro de quedar anquilosada, e incluso la parte teórica, con escaso contacto con el experimento, hubiera tendido a amanerarse. Parecía pues natural el intentar una vuelta al CERN. Retorno que además se acompañó de una serie de acciones en el propio país, encaminadas a hacer este retorno rentable. Entre éstas tenemos la creación de nuevos grupos experimentales en algunas universidades, recuperando para dirigirlos a científicos españoles en aquel momento en el extranjero. No menos importante fue la creación de un plan especial de financiación para la física de partículas, que la ha permitido desarrollarse prácticamente sin apreturas económicas, algo decisivo sobre todo en los primeros años de funcionamiento de los nuevos grupos.

La situación de la física experimental de altas energías en la actualidad ofrece claros y oscuros. Su calidad está fuera de duda, pero hay que reconocer que las expectativas creadas en los años ochenta no se han materializado por completo. La desproporción entre el número de experimentales y teóricos, un factor dos a favor de los últimos, cuando lo normal en paises desarrollados es un factor tres o más a favor de los primeros, crea unas distorsiones muy preocupantes que sólo podrían solventarse con una intervención decidida de la Administración. Y lo mismo ocurre con una falta de puestos y soporte *técnicos* en los grupos experimentales que hacen muy difícil su funcionamiento: muchos físicos de los grupos experimentales españoles hacen en realidad labores de ingeniero.

La física teórica ha seguido creciendo en cantidad y calidad pero no todo es de color de rosa, incluso en este campo. La falta de conexión con grupos experimentales está llevando a una predominancia de investigaciones excesivamente especulativas. Tal vez por ello no se ha producido aún ningún descubrimiento fundamental que se pueda asociar al nombre de un teórico de nuestro país.

El impacto de la física de altas energías en España. Es difícil medir el impacto en nuestro país de la física de altas energías. Por una parte tenemos

[138] Por ejemplo, el GIFT fue el primer grupo científico español en organizar sistemáticamente escuelas de formación para doctorandos y posdoctorales recientes con participación mayoritaria de físicos extranjeros, en general de primera línea, y en financiar visitas a las universidades españolas de científicos extranjeros.

el importante efecto de *ejemplo*. En muchas universidades españolas la física moderna comenzó a entrar en el currículum de la mano de los físicos del GIFT; como también su presencia contribuyó a crear un ambiente internacional y con énfasis en la investigación de calidad. Pero además de esto tenemos la no despreciable repercusión en la industria y, en general, en lo que podríamos llamar actividades productivas. A pesar de que la física de altas energías es, indudablemente, una disciplina sin aplicaciones prácticas (al menos inmediatas) su carácter de ciencia de punta ha hecho de ella un vehículo de entrada de innovaciones tecnológicas en nuestro país, en primer lugar informáticas.

El hecho de que esta física haya necesitado desde el principio importantes capacidades de computación y el carácter esencial de la colaboración internacional han implicado que, tanto a nivel mundial (la red www fue creada en el CERN) como español, la física de altas energías haya sido instrumental en la informatización: en nuestro país las primeras redes www/internet fueron desarrolladas en conexión con el grupo experimental de física de altas energías en la JEN. La precoz alfabetización informática de estos científicos ha llevado a que muchos de ellos se hayan incorporado en puestos pioneros en la informática; y así, por ejemplo, la mayoría de los directores que ha tenido el centro de investigación IBM en nuestro país provenían, a distintos niveles, de física experimental o teórica de altas energías.

Pero la informática no ha sido la única actividad aplicada que se ha beneficiado en España de la física de altas energías. Aunque este no es el lugar de un análisis detallado, quiero mencionar dos ejemplos.

El primero es la importante participación española en la construcción del túnel LEP, con más de 27 kilómetros de circunferencia (aunque, bien es verdad, esta participación se redujo esencialmente a ingeniería civil). Un segundo ejemplo, este sí con connotaciones de innovación tecnológica, concierne a un importante desarrollo que ha tenido lugar a finales de los ochenta y principios de los noventa. En la segunda fase del acelerador LEP, en el CERN, se utiliza tecnología de superconductores. Esta tecnología era inexistente en la España de la época; pero la colaboración de grupos españoles en la implementación de estas técnicas ha llevado a que, con ayuda del propio CERN, se haya desarrollado en nuestro país el *know-how* tecnológico para tratar con superconductores en algunas industrias.

Aunque en bastante menor medida que en el caso de nuestros *partenaires* europeos más avanzados, a los que el mayor grado de desarrollo de la física experimental y de la industria ha permitido aprovechar mejor las oportunidades, también en nuestro país, en especial en conexión con la física de altas energías, la investigación básica de punta ha llevado a innovaciones tecnológicas con utilidad industrial.

Nota tipográfica

*"... most people will never need to know TEX in this much detail ... even if they use it every day. After all, it's possible to drive a car without knowing how the engine works. Yet the whole story is here, in case you are curious."**

D. KNUTH, The Textbook, Addison-Wesley, 1994

Antes de la invención de la imprenta los autores de libros realmente los *escribían*. Cuando en la Alejandría helenística produjo Euclides sus *Elementos*, no sólo eran suyas las ideas del libro, sino la caligrafía y el formato del mismo: el autor lo era en el sentido material tanto como en el intelectual.

Después de la introducción de los tipos móviles, probablemente por Gutenberg hacia 1450 (aunque algunos se lo atribuyen al holandés Laurens Coster, algunos años antes), la labor del autor y del compositor tipográfico se desdoblaron; y, hasta hace muy poco, una tercera persona se interpuso aún (al menos en textos científicos) entre ambos: el/la mecanógrafo/a. La situación ha revertido en la actualidad a algo parecido a lo que ocurría en la Antigüedad y Edad Media, por obra y gracia de los ordenadores y del tratamiento científico de la composición de textos. Tratamiento cuyos orígenes se remontan a 1698. Éste fue el momento en el que, bajo la influencia de Richelieu, el rey Luis XIII de Francia estableció la creación de una comisión dedicada a desarrollar de forma sistemática el diseño y utilización de tipos de imprenta. La idea era estandarizar y uniformizar todas las producciones tipográficas de la imprenta real aunque, por supuesto, las normas y métodos creados por la comisión se extendieron por muchas otras imprentas.

La tipografía creada por esta comisión (cuyos trabajos fueron posteriormente desarrollados por Pierre-Simon Fournier), conocida como *Roman du Roi*,[139] es la primera tipografía que podemos considerar moderna. En particular, por primera vez se introdujo entonces la *métrica* en los tipos de imprenta, medidos en *puntos* ("points") con una dimensión de aproximadamente un tercio de milímetro cada uno; unidad de medida que ha perdurado hoy en dia. Por

---

* "... la mayor parte de la gente no tendrá nunca necesidad de conocer TEX en detalle ... incluso si lo usan todos los dias. Después de todo, es posible conducir un coche sin saber cómo funciona el motor. Sin embargo, aquí está toda la historia, por si tienen curiosidad."

[139] Nombre que podríamos traducir por "[tipografía] redonda (o redondilla) real".

ejemplo, para este texto se han utilizado caracteres de diez puntos, agrandados un 5% para facilitar la legibilidad.

La investigación en tipos de imprenta no se redujo, por supuesto, a la de la comisión real de Francia, ni a la métrica de los tipos. Muchos de los más extendidos se diseñaron después de probar con muchas variantes, y escoger las que más facilitaban la lectura. A estos estudios se debe, por ejemplo, el uso *sistemático* de los trazos finos que adornan las terminaciones de las líneas que forman las letras, las "barbas"[140] (que en inglés se llaman *serif*) para el texto, lo que hace su lectura más agradable; reservando los tipos de letra sin dichos adornos (*sans-serif*, o *sin barbas*) para textos muy cortos, como encabezamienos o para las citas con las que empiezan algunos capítulos; lo que hemos hecho en este libro, para (parte de) éstas.

Con el advenimiento de los ordenadores pronto se empezó a desarrollar la posibilidad de impresión informática. Tres problemas hubieron de resolverse para ello. El primero fue el de diseño de tipos por ordenador. Un paso importante en esta dirección consistió en reconocer que el efecto agradable para la vista de los tipos antiguos (tal el *Roman du Roi* que hemos citado) se debía a que las líneas que formaban las letras dibujaban curvas de Bezier. Estas curvas constituyen interpolaciones "suaves" entre distintos puntos y son generalizaciones de lo que en inglés se llaman *splines* (nombre de un instrumento utilizado por los delineantes, y que podríamos traducir como *plantilla*). De manera que para diseñar, por ejemplo, la letra "a" cursiva (*a*) bastaba dar al ordenador unos pocos puntos de referencia en la estructura de la letra, y hacerle después que trazara la curva de Bezier que los recorre (*metatipos*). Este método (interpolación de Bezier) es también el utilizado en ciertos programas de diseño por ordenador, en particular para generar alguno de los diagramas presentados en este libro.

Pero no basta con tener una colección de tipos básicos, digamos los tradicionales de cursivas, redondas, negritas y góticas. Es necesario *ordenar* el texto, lo que se conoce como darle un *formato*: hay que decidir los tamaños de las páginas, separación entre líneas, elegir qué va en cursivas, qué en negritas y qué en redondas; cómo se organizan los títulos de capítulos y subcapítulos, organizar los encabezamientos y un largo etcétera.

---

[140] Aunque su introducción es, por supuesto, muy anterior; los mismos romanos, por intuición, habían ya añadido los *serifs* a las letras de su alfabeto. Dicho sea de paso, no he encontrado palabra castellana que corresponda a *serif* (o *ceriph*, como también se escribe en inglés). En francés hay dos palabras: *obit*, para los adornos de la parte alta, y *empattement*, para la baja. *Barbas* es la que más se aproxima, desde el punto de vista descriptivo.

Finalmente, había por supuesto que escribir un programa que implementase todo esto y fuese, además, suficientemente flexible para permitir al autor (en especial en textos técnicos) introducir sus propias idiosincrasias; es prácticamente imposible tener en *stock* todos los tipos necesarios para un texto matemático. Cada autor se cree (quizás con razón) en la necesidad de introducir algún símbolo nuevo.

De todos los procesadores de textos disponibles en el mercado, probablemente el más eficaz es el conocido como TEX, desarrollado a principios de los ochenta por Donald Knuth, en Stanford. Este método es el seguido en la actualidad por la mayoría de los autores, y de las editoriales, en matemáticas y física nuclear y de partículas. Con respecto a *formatos* compatibles con TEX, existen en el mercado una variedad de ellos, en general basados en el conocido como LaTEX, diseñado por Leslie Lamport; y muchas casas editoriales y organizaciones tienen el suyo específico. Particularmente potente es el de la American Mathematical Society. Pero unos pocos autores (entre los que me cuento), recuperando el disfrute artesanal de los tipógrafos de otros tiempos, diseñan sus propios formatos. Y así, este texto ha sido escrito con el formato PHysMaTEX, adaptado para la ocasión.

Algo parecido ocurre también con el diseño de los gráficos que aparecen en este ensayo, para lo que se ha utilizado el programa Kdraw, creado por K. Adel inspirándose a su vez en otro desarrollado por Martinus Veltman.

El utilizar técnicas tan sofisticadas para un texto que, al no tener las complicadas fórmulas o diagramas de uno de física o matemáticas podría haberse tecleado con programas más sencillos, es un poco como matar pulgas a cañonazos; probablemente alguno de los procesadores de textos del tipo Word o Claris hubiera permitido una labor de casi la misma calidad. La clave de por qué se han utilizado PHysMaTEX y Kdraw es ese *casi*.

Una cuestión relacionada es por qué se ha incluido esta discusión acerca de técnicas de impresión en un ensayo sobre partículas elementales. La respuesta está en en un deseo de intentar contar al lector cómo se producen la mayor parte de los textos profesionales sobre la materia: desde mediados de los años noventa, la práctica totalidad de investigación en física de partículas, tanto artículos científicos como actas de congresos o libros, se escribe en alguna de las variantes de TEX. Y, además, por el placer de comunicar un conocimiento que no muchas personas poseen: ¿a quién no le ha picado la curiosidad, cuando lee un libro, de saber algo más de lo habitual sobre el modo como se produce materialmente?

Glosario

Aceleradores: Sincrotrón, Ciclotrón, Colisionador. Distintos tipos de aceleradores de partículas.
Aceleradores: LEP, LHC, SLAC, SPEAR, HERA, PETRA, DORIS, ISR, DESY, SLC, Tevatron, Collider, Adone, KEK, ... Distintos aceleradores, conocidos muchas veces por acrónimos. Ver texto.
Aleph. Detector que opera en LEP.
Angstrom. Símbolo Å; unidad de longitud. 1 Å= una diez millonésima de milímetro. Órden de magnitud de las distancias interatómicas.
Anomalía magnética. En lo que se diferencia el magnetón experimental del de Bohr (*q.v.*).
Antimateria. A cada partícula le corresponde su antipartícula, con propiedades idénticas excepto sus cargas (en particular la eléctrica), que son opuestas. A pesar de la simetría entre materia y antimateria, en nuestro universo parece haber mucho más de la primera. Las razones de esto no están muy claras.
Antipartícula. Ver *antimateria.*
Ases. Otro nombre propuesto para los quarks por uno de sus descubridores, Zweig. Obsoleto.
Átomo. Partícula indivisible por métodos *químicos*, pero en realidad formada por constituyentes más elementales.
Avogadro, número de. Número de átomos de hidrógeno en un gramo de esta materia; aproximadamente, 6×10^{23}.
b. Quark, conocido también por *bottom* ("abajo") , o *beauty* ("belleza").
Barn. Unidad de superficie. 1 barn= 10^{-24} cm^2.
Beauty. Literalmente, belleza. El quark *b*; la propiedad de contener un quark de tipo *b*.
Big bang. La gran explosión con la que, al parecer, comenzó nuestro universo. La expresión inglesa ha tomado carta de naturaleza en castellano, y nosotros la aceptamos aquí.
*Bosones vectoriales intermedios (*o *intermediarios).* Nombre colectivo de las partículas W y Z.
c. Quark, conocido también por *charm*, o "encantado".
c. La velocidad de la luz; aproximadamente, 300 000 kilómetros por segundo.
Cámaras de niebla. Detectores; ver texto.
Cámaras de burbujas. Detectores; ver texto.
Charm. Literalmente, encanto. El quark *c*; la propiedad de contener un quark de tipo *c*.

Charmada (partícula). Partícula conteniendo un quark de tipo *c*.
Chorros. Ver *jets*.
Compañeros supersimétricos. Hipotéticas partículas que, en supersimetría y teorías de cuerdas, se necesita postular. Tienen propiedades similares a las partículas y fuerzas ordinarias, pero media unidad de espín menos, y mucha mayor masa.
Constante de Planck. Constante característica de la mecánica cuántica. Símbolo $\hbar$. En unidades de centímetros, gramos y segundos, su valor es de aproximadamente 10^{-27}.
Colisión profundamente inelástica. Colisión entre electrones (o neutrinos) y hadrones, especialmente protones y neutrones, que penetran profundamente y rompen el hadrón.
Colisionador. Acelerador en el que se hacen chocar dos racimos de partículas.
Collider. Inglés. Ver *colisionador*.
Color. Sin relación con el *color* ordinario. Juega el mismo papel en las interacciones fuertes que la carga eléctrica en las electromagnéticas.
Confinamiento. Alude a que un quark o gluón no puede existir aislado, a distancias muy superiores a un fermi (10^{-13} centímetros) de todos los demás quarks y gluones.
Conjugación partícula-antipartícula; id. de carga. Cambio de partículas por sus antipartículas.
Constante de estructura fina. Símbolo α. Se tiene $\alpha = e^2/\hbar c$, con e la carga del electrón.
Contadores. Detectores electrónicos.
Corpúsculo. Cualquiera de las partículas de las que está hecha la materia. A nivel químico, átomos y moléculas. A un nivel más fundamental, electrones, neutrinos y quarks.
Correcciones radiativas. Correcciones a los cálculos en primera aproximación que aparecen cuando se tiene en cuenta la posiblilidad de *radiar* (emitir) partículas, que luego se reabsorben.
Corriente eléctrica. Para una carga eléctrica en movimiento, producto de la carga por su velocidad. La intensidad de la energía de interacción (electro)magnética es proporcional al producto del potencial vector por la corriente.
Corriente débil (cargada). Análogo a la corriente electromagnética para las interacciones débiles. El equivalente del potencial vector son ahora las partículas W^+ y W^- (que tienen también carga eléctrica).
Corriente débil (neutra). Análogo a la corriente electromagnética para las interacciones débiles pero, en oposición a la *cargada*, se acopla ahora con la partícula Z, que no lleva carga eléctrica.

Cromodinámica cuántica. Ver QCD.
Cuanto (de energía). Ver *quantum.*
Cuerno de neutrinos, o cuerno de van der Meer. Focalizador de partículas utilizado en el CERN en el experimento de neutrinos de 1963.
CERN. Acrónimo de "Centre Européen de Recherche Nucléaire" (hoy, Laboratorio Europeo de Física de Partículas). Laboratorio establecido en los alrededores de Ginebra por un grupo de paises europeos para recuperar el retraso en investigación en altas energías con respecto a los EE UU, después de la segunda guerra mundial. España ha participado intermitentemente en este organismo, del que en la ctualidad es miembro.
d. Quark, conocido también por *down* ("abajo").
DIS. Deep inelastic scattering. Colisiones profundamente inelásticas (*q.v.*).
Electrodinámica cuántica. Ver QED.
Electrón. Partícula elemental, que participa en interacciones electromagnéticas y débiles.
Electrón-voltio. Unidad de energía. Ver texto.
Enfriamiento estocástico. Una muy eficaz manera de agrupar y focalizar partículas en aceleradores.
Encanto. Charm (*q.v.*)
Espacio interno. Espacio, distinto del ordinario tridimensional, cuya existencia es deducible de las propiedades de partículas e interacciones.
Espín. Castellanización del inglés *spin.* Momento angular interno que tienen las partículas elementales. En unidades naturales (de la constante de Planck racionalizada), el electrón, los neutrinos y los quarks tienen espín $^1/_2$. El fotón, gluones, W y Z, tienen espín unidad. Los hipotéticos gravitón y partícula de Higgs tienen, respectivamente, espín 2 y cero.
Éter. Hipotético medio que permea el universo y en el que, según la teoría clásica del electromagnetismo, se transmitirían las vibraciones del campo electromagnético, en particular la luz.
eV, o electrón-voltio. Energía que adquiere un electrón en una corriente de un voltio.
Fermi. Unidad de longitud; símbolo *fm.* 1 fm=10^{-13} centímetros.
Fermi, teoría de las interacciones débiles de. En ella se supone que las interacciones débiles sólo actúan cuando las partículas involucradas se encuentran en el mismo punto.
Femtómetro. Otro nombre del fermi.
Feynman, reglas de. Permiten encontrar la expresión algebraica que corresponde a cada diagrama de Feynman.
Feynman, diagramas (o gráficos) de. Diagramas que representan la propagación e interacción de partículas elementales.

Física de partículas elementales. Sinónimo de física de altas energías. El estudio de los constituyentes últimos de la materia y de sus propiedades.
Física de altas energías. Sinónimo de física de partículas elementales.
Flavours. "Sabores". Nombre por el que se conoce a los distintos tipos de quark: u, d, s, c, b, t.
Fotino. Compañero supersimétrico (*q.v.*) del fotón.
Fotón. Símbolo γ. *Quantum* de la radiación electromagnética, cuyas interacciones intermedia.
Gargamelle. Nombre de una cámara de burbujas, fabricada por físicos franceses, y operando en el CERN, instrumental en descubrir las *corrientes neutras* (*q.v.*).
Gauge, invariancia o simetría. El nombre es la transcripción literal del utilizado en inglés. A veces traducido como *calibre*, *contraste* o *escala.*
Gauge, transformaciones. En electromagnetismo, cambio de los potenciales vector y escalar sin alterar los campos eléctrico y magnético.
GeV, o giga electrón-voltio. Mil millones de electrón-voltios.
Gluino. Compañero supersimétrico (*q.v.*) del gluón.
Gluones. Símbolo G. Partículas intermediadoras de las interacciones fuertes.
Gran unificación. Esquemas de unificación de las interacciones débiles, electromagnéticas y fuertes en una sola interacción, y de electrones, neutrinos y quarks en distintos estados de una única partícula.
Gravitino. Compañero supersimétrico del gravitón.
Gravitón. Hipotética partícula que media las interacciones gravitatorias.
Hadrones. Partículas que participan en las interacciones fuertes. En particular: quarks y gluones, pero también protones, neutrones, piones o kaones.
Higgs, campo y partícula de. Entidades aún hipotéticas, responsables de la masa de las partículas.
Higgs, mecanismo de. Mecanismo hipotético según el cual la masa de una partícula se debería a que avanza interaccionando con el campo de Higgs, que supuestamente lo llena todo.
Interacción débil. Interacción mediada por las partículas W y Z y responsable, en particular, de las desintegraciones radiactivas β. A bajas energías es menos intensa que la electromagnética.
Interacción electrodébil. Nombre colectivo de las interacciones débiles y electromagnéticas en el modelo estándad (*q.v.*) teniendo en cuenta que están (parcialmente) unificadas.
Interacción electromagnética. Interacción que afecta a las partículas con carga eléctrica. Intermediada por el fotón.

Interacción fuerte. Más intensa que la elecromagnética es responsable en particular de la cohesión de los núcleos atómicos, y de la ligadura de los quarks en protones y neutrones.
Interacción gravitatoria. Responsable de la atracción gravitatoria y, en particular, del peso.
Inversión temporal. Cambio de pasado por futuro, y recíprocamente. Equivalentemente, inversión del movimiento.
Isospín. Espacio interno. Puede ser nuclear, o débil. En el primer caso, afecta a neutrón y protón; en el segundo, a (por ejemplo) electrón y neutrino.
J/ψ. Partícula compuesta de un quark c y un antiquark $\bar{c}$.
Jet. Cuando un quark (o un gluón) recibe un fuerte golpe, arrastra consigo otros quarks y gluones que producen un *chorro* ("jet") de partículas.
Kaones. Símbolo K. Partículas inestables formadas por un quark, de tipo u o d y un antiquark, de tipo s (o al revés).
Leptones. Nombre colectivo de neutrinos, electrón, mu y tau. Participan en las interacciones débiles y, excepto los neutrinos, en las electromagnéticas, pero ninguno de ellos tiene interacciones fuertes.
Libertad asintótica. La propiedad que tienen las interacciones fuertes de hacerse menos intensas a pequeñas distancias (o, equivalentemente, a grandes energías), llegando (asintóticamente) a desaparecer a distancia cero (energía infinita).
Magnetón de Bohr. Momento magnético hipotético de una partícula elemental, de valor $\mu_{\rm B} = e\hbar/2mc$.
MeV, o mega electrón-voltio. Un millón de electrón-voltios.
Mesón. Antiguamente, el muón. Modernamente, nombre colectivo de piones, kaones, etc.
Mesotrón. Antiguo nombre del muón.
Modelo de Glashow. Modelo de interacción débil en el que ésta está mediada por las partículas W, Z y en la que se unifica (parcialmente) con la interacción electromagnética.
Modelo de Glashow–Weinberg–Salam. Lo mismo que el modelo de Weinberg–Salam.
Modelo de Weinberg–Salam. El modelo de Glashow con las masas de las partículas introducidas por el mecanismo de Higgs.
Modelo estándar. La teoría de interacciones electromagnéticas, débiles y fuertes de electrones, neutrinos y quarks establecida en los años 1971-1973.
Molécula. Cantidad más pequeña de una substancia que guarda sus atributos químicos.

Muón, o partícula mu. (Símbolo μ). Partícula con propiedades idénticas a las del electrón, pero con masa unas 200 veces mayor.
Neutrinos: tipo electrón, mu y tau. Símbolos ν_e, ν_μ, ν_τ. Partículas de masa extraordinariamente pequeña (o cero) que sólo participan en las interacciones débiles.
Neutrón. Constituyente del núcleo atómico. A su vez constituido por tres quarks, dos quarks de tipo d, y uno de tipo u.
Núcleo atómico. Compuesto por protones y neutrones (y, en última instancia, de quarks) forma la parte cenntral del átomo.
Operador. En mecánica cuántica, entidad matemática que representa a una cantidad que no tiene valor bien definido.
Paridad, o inversión espacial. Cambio de derecha por izquierda, y recíprocamente. También cambia el signo de los vectores ordinarios, pero no el de los axiales.
Partículas elementales. Partículas de las que está constituida la materia y las que, a su vez, no pueden dividirse en constituyentes.
Partículas extrañas. Partículas que contienen un quark de tipo s.
Partículas W. Partículas que existen en dos estados: W^+, con carga eléctrica igual a la del electrón, y W^-, con carga opuesta. Intermedian las interacciones débiles llamadas "corrientes cargadas". El símbolo W^0 se utiliza para la hipotética partícula neutra que existiría (en lugar de la Z) si no hubiese interacciones electromagnéticas.
Partículas Z. Partículas con carga eléctrica cero. Intermedian las interacciones débiles llamadas "corrientes neutras". El símbolo W^0 también se utiliza (poco) para esta partícula, reservándose para ella sólo en (hipotética) ausencia de interacciones electromagnéticas.
Partones, modelo de. En este modelo se supone que, a pequeñas distancias, los hadrones actúan como si estuviesen hechos de partes (*partones*) que no interaccionaran entre sí. Posteriormente se identificaron los *partones* con quarks y gluones.
Perturbativos, cálculos; perturbaciones, teoría de. Cálculos en aproximaciones sucesivas.
Piónes. Símbolos π^+, π^-, π^0. Partículas inestables formadas por un quark y un antiquark, de tipos u, d. En un tiempo se creyó que eran los intermediadores de las interacciones fuertes.
Planck, constante de. Ver *constante de Planck.*
Planck, energía o masa de. Energía a la que la intensidad de las interacciones gravitatorias es similar a la de las otras interacciones; y la masa correspondiente a esta energía. Sus valores son, respectivamente,

$E_P = c^2(\hbar c/G_N)^{1/2}$; $M_P = (\hbar c/G_N)^{1/2}$, donde G_N es la constante de gravitación universal de Newton.
Planck, longitud de. Distancia a la que la intensidad de las interacciones gravitatorias es similar a la de las otras interacciones. Su valor es $d_P = c\hbar/E_P$, con E_P la energía de Planck.
Positrón. Antipartícula del electrón.
Principio de incertidumbre, o indeterminación (de Heisenberg). Principio que relaciona, entre otras muchas cosas, la capacidad de penetración de una sonda y su energía.
Protón. Constituyente del núcleo atómico. A su vez constituido por tres quarks, dos quarks de tipo u, y uno de tipo d.
Psi. Ver J/ψ.
Quanta. Plural (latino) de *quantum.*
Quantum. Latín. Cantidad mínima ("paquete") de energía posible, según la mecánica cuántica. El nombre castellano es *cuanto.*
Quarks: u, d, s, c, b, t. Constituyentes de los hadrones. Participan en las interacciones fuertes; también tienen interacciones electromagnéticas y débiles.
QED. Quantum electrodynamics ("Electrodinámica cuántica"). Teoría cuántica y relativista de las interacciones electromagnéticas.
QCD. Quantum chromodynamics ("Cromodinámica cuántica"). Teoría cuántica y relativista de las interacciones fuertes.
radiactividad. Proceso por el que ciertas sustancias se desintegran emitiendo diversos tipos de radiaciones.
radiactividad beta. Proceso de desintegración de un núcleo, debido a que uno de sus neutrones se desintegra convirtiéndose en un protón y emitiendo un (anti-)neutrino y un electrón (llamado "partícula beta" antes de ser identificado).
Rayos alfa (α). Nombre que se les da en teoría de la radiactividad a los núcleos del atomo de helio emitidos por algunas sustancias radiactivas.
Rayos beta (β). Nombre que se les da en teoría de la radiactividad a los electrones emitidos por algunas sustancias radiactivas
Rayos cósmicos. Radiación, constituida por partículas de gran energía (algunas de hasta 10^{20} electrón-voltios), procedentes de fuentes muchas de elllas no identificadas, que bombardea la tierra continuamente.
Rayos gamma (γ). Nombre que se les da en teoría de la radiactividad a los fotones emitidos por algunas sustancias radiactivas. Más generalmente: fotones, en especial los muy energéticos.
Relatividad. Ver texto.

Relatividad general. Teoría relativista (pero *no* cuántica) de la interacción gravitatoria.
Renormalización. Proceso de rearreglar las expresiones en teorías cuánticas y relativistas de interacciones para evitar que aparezcan valores infinitos en cantidades observables.
s. Quark, conocido también por *strange* ("extraño").
Sabores. Ver *flavours.*
Scaling. Propiedad de las colisiones profundamente inelásticas por la que su probabilidad no depende por separado de la energía total y del momento transferido, sino del cociente entre ambos.
Spin. Ver espín.
Squark. Compañero supersimétrico (*q.v.*) del quark.
Supergravedad. Teoría supersimétrica de la gravitación.
Supersimetría. La simetría de una teoría superunificada.
Supersimétricos, compañeros. Partículas que resultarían de aplicar transformaciones de supersimetría a las partículas ordinarias.
Superunificación. Unificación de fuerzas y constituyentes de la materia.
SUSY. Supersimetría. Contracción del nombre inglés, *super symmetry.*
t. Quark, conocido también por *top* ("arriba") o *truth* ("verdad").
Tau. Partícula con propiedades idénticas a las del electrón, pero con masa unas 3 500 veces mayor.
Teorías de cuerdas. En estas teorías las entidades fundamentales no son partículas, sino objetos unidimensionales ("cuerdas").
TeV, o Tera electrón-voltio. Un billón de electrón-voltios.
Top. El quark t.
Truth. El quark t; la propiedad de contener un quark de tipo t.
Tubo de Crookes, o de rayos catódicos. Ver texto.
u. Quark, conocido también por *up* ("arriba").
Upsilon. Símbolo Υ. Partícula compuesta de un quark b y un antiquark $\bar{b}$.
Virtuales (partículas). Partículas emitidas en un proceso y que sólo duran un tiempo microscópico antes de ser absorbidas.
W (partículas). Colectivamente, W^+, W^- y, a veces, W^+, W^- y W^0.
W^+, W^- (partículas); colectivamente, W. Intermediadoras de las interacciones débiles asociadas con corrientes cargadas.
Yukawa, modelo de. Modelo en que se suponía a los neutrones y protones elementales, y a la interacción fuerte mediada por piones.
Yang–Mills, teoría de. Cualquier teoría de interacciones de tipo gauge en la que los portadores de la interacción también interaccionan entre sí. El nombre de *teoría gauge no-abeliana* se utiliza de forma sinónima.

Z, partícula. Intermediadora de las interacciones débiles asociadas con corrientes neutras.
Zeus. Detector que opera en HERA.

Bibliografía.

Presentamos una pequeña lista de libros, artículos y alguna revista que complementan lo aquí desarrollado. No pretendemos que sea exhaustiva; y, cuando conocemos bibliografía en castellano (original o traducida), la hemos preferido a la sólo accesible en otros idiomas.

R. F. Álvarez-Estrada y M. Ramón Medrano, *Partículas elementales,* Eudema Universidad, 1988.

R. P. Feynman, *Six Easy Pieces,* Addison-Wesley, 1995.

R. P. Feynman, *Surely you are joking, Mr. Feynman!,* Norton, 1985.
Existe traducción española publicada por Alianza Editorial.

R. P. Feynman, *El placer de descubrir.* Ed. Crítica, 2000.

G. Fraser (Ed.), *The Particle Century,* Inst. of Physics, Londres 1998.
Colección de artículos por algunos de los más prominentes físicos modernos sobre temas de física de partículas.

A. Galindo, *Tras el tiempo,* Pub. Real Acad. de Ciencias, 1994.

A. Galindo, " El tiempo en la física", en el libro *El Tiempo,* UPCO, Madrid, 1995.

M. Gell-Mann, *El quark y el jaguar,* Metatemas, 1995.
Con algunos capítulos sobre nuestro tema.

J. Gribbin, *Intoducción a la ciencia,* Drakontos, 2000.

S. Hawking, *Breve historia del tiempo.*
Contiene discusiones sobre algunos de los temas tratados por nosotros, en especial la invariancia bajo inversión temporal.

S. Hawking y R. Penrose, *La naturaleza del tiempo y del espacio,* Debate, 1996.
Muy técnico a ratos, contiene interesantes discusiones acerca, en particular, de la teoría de cuerdas, la mecánica cuántica o la imbricación cuántica de la gravedad.

J. Horgan, *The End of Science,* Abacus, 1996.
Contiene uno o dos capítulos directamente relacionados con la física del microcosmos. Altamente controvertido, en mi opinión sus tesis, si bien algo simplistas, son básicamente correctas. Existe traducción al español.

G. Johnson, *Strange Beauty,* Vintage, 2000.
Una entretenida biografía de Murray Gell-Mann, contiene también informacion sobre otros físicos y sobre la historia de buena parte de los descubrimientos en física de partículas en la segunda mitad del siglo XX, con algunas interesantes explicaciones para profanos.

A. Pais, *El señor es sutil,* Ariel, 1984.

Aunque es una biografía de Einstein, contiene también informacion sobre los temas que nos interesan aquí, sobre todo en los primeros años del siglo XX.

H. Poincaré, *Ultimos Pensamientos*; *La ciencia y la hipótesis*; *La ciencia y el método.* Espasa.

Estos ensayos, escritos a fines del siglo XIX y principios del XX, constituyen una lúcida y amena descripción y discusión del estado de la física (y las matemáticas) de la época.

C. Sánchez del Río, *Principios de la física en su evolución histórica,* 1986.

J. M. Sánchez Ron, *Como al león por sus garras,* Debate, 1999.

J. M. Sánchez Ron, *Marie Curie y la radiactividad,* CSN, 1998.

Existe una versión más moderna, y algo condensada, publicada por Editorial Crítica. Una excelente introducción a la física atómica y nuclear hasta la primera mitad del siglo XX.

J. M. Sánchez Ron, *El siglo de la ciencia,* Taurus, 2000.

J. M. Sánchez Ron y F. J. Ynduráin, *La imagen del vacío en la física actual,* Revista de Occidente, núm. 32, p. 75 (1984).

S. S. Schweber, *QED and the men who made it,* Princeton, 1994.

La parcialidad de Schweber hacia sus paisanos, y su escasa comprensión de la *nueva física* (*post* 1975) no quitan validez a esta historia de la electrodinámica cuántica, y de sus creadores. Claro que Schweber no es el único en mostrar parcialidad; en el libro citado más arriba, Gribbin se las arregla para contar una historia de la ciencia sin mencionar a Lavoisier.

G. Taubes, *Nobel Dreams,* Random House, 1986.

Entretenida historia de algunos de los descubrimientos (y pseudodescubrimientos) modernos en física de partículas, incluyendo los de las partículas W, Z, las *corrientes neutras alternas,* y la triste historia de los monojets.

F. Wilczek y B. Devine, *Longing for the Harmonies: Themes and Variations from Modern Physics,* Norton, 1988.

M. Veltman, *Partículas muy elementales,* NIKHEF, Amsterdam, 2000.

Un librito claro y directo centrado en algunas técnicas experimentales y desarrollos teóricos de interacciones débiles.

C. N. Yang, *Elementary Particles.*

Muy claro y entretenido, sólo llega hasta la época moderna (1970).

F. J. Ynduráin, *Teorías unificadas y constituyentes fundamentales de la materia,* Espasa Calpe, 1988.

Centrado en la física de partículas. Los logros y problemas de esta ciencia no han cambiado sustancialmente desde que se escribió el libro aunque, por supuesto, la información (sobre todo experimental) se ha completado enormemente.

F. J. Ynduráin, *Espacio, Tiempo, Materia.* Revista Española de Física, **12**, $\mathcal{N}$ º2, 1998.

Se discuten algunas de las especulaciones de los últimos 25 años en física de partículas.

F. J. Ynduráin, *Medio Siglo de Física de Altas Energías en España*, Revista de Española de Física, **8**, $\mathcal{N}$ º1, 13 (1999).

Además de estos libros y artículos, hay algunas referencias de carácter general. Entre ellas las siguientes revistas:

"Revista de Española de Física".

En particular, el número monográfico dedicado a la mecánica cuántica (año 2000) contiene varios artículos relacionados con nuestro tema.

"Scientific American" (versión española: "Investigación y Ciencia").

Esta prestigiosa revista publica regularmente artículos sobre nuestro tema, entre muchos otros.

"CERN Courier". Publicada en inglés y francés.

"Physics Today". Órgano del *American Istitute of Physics.*

Etc. etc.

Índice de nombres.